AF393594

Institut für Standardisierung und Dokumentation
im Medizinischen Laboratorium e. V. (INSTAND)
Düsseldorf

Personalbedarf und Kosten
im Medizinischen Laboratorium

Anleitungen zur Ermittlung

Herausgegeben von K. Osburg

Unter Mitarbeit von
P. M. Bayer, K.-G. v. Boroviczény, G. Fischer
M. Fischer, R. Haeckel, O. Henker, A. Prüsse
G. Schumann und M. Walker

Dritte, überarbeitete und erweiterte Auflage

Mit 58 Abbildungen und 17 Tabellen

Springer-Verlag
Berlin Heidelberg New York
London Paris Tokyo

Reihenherausgeber

INSTAND, Institut für Standardisierung und Dokumentation
im Medizinischen Laboratorium e.V.
Johannes-Weyer-Straße 1, 4000 Düsseldorf 1

Bandherausgeber

Dr. Karl Osburg
Allgemeines Krankenhaus Harburg, Zentrallaboratorium
Eißendorfer Pferdeweg 52, 2100 Hamburg 90

Die erste Auflage ist 1976 erschienen bei Triltsch, Druck und Verlag,
Düsseldorf, unter dem Titel: Bewertungssystem zur Berechnung des
Personalbedarfs im Medizinischen Laboratorium

ISBN-13: 978-3-642-73068-9   e-ISBN-13: 978-3-642-73067-2
DOI: 10.1007/978-3-642-73067-2

CIP-Kurztitelaufnahme der Deutschen Bibliothek
Personalbedarf und Kosten im medizinischen Laboratorium: Anleitungen zur Ermittlung/
hrsg. von K. Osburg. Unter Mitarb. von P. M. Bayer ... – 3., überarb. u. erw. Aufl.
– Berlin; Heidelberg; New York; London; Paris; Tokyo: Springer, 1987
(INSTAND-Schriftenreihe; Bd. 1)

NE: Osburg, Karl [Hrsg.]; Bayer, Peter M. [Mitverf.]; Institut für Standardisierung und
Dokumentation im Medizinischen Laboratorium: INSTAND-Schriftenreihe

Bindearbeiten: J. Schäffer, Grünstadt
2123/3140-543210

Vorwort zur 3. Auflage

Bereits gut ein Jahr nach Erscheinen der 2. Auflage war auch
diese wieder vergriffen. Das beweist auch weiterhin die Aktualität des Themas, besonders im Hinblick auf die neuen Bestimmungen der Bundespflegesatzverordnung zur Leistungserfassung in den Krankenhauslaboratorien.

Im Rahmen von Pflegesatzverhandlungen oder Wirtschaftlichkeitsberechnungen hat es sich immer wieder als sehr günstig
erwiesen, daß für den Laborbereich entsprechende objektive
Maßstäbe als Berechnungsgrundlagen oder Vergleichswerte vorhanden waren.

Aufgrund der hierdurch bedingten weiterhin bestehenden großen
Nachfrage nach dem Buch haben wir uns entschlossen, eine weitere Auflage herauszugeben.

Ganz neu aufgenommen wurde ein Kapitel "Deskriptive Laborstatistik". Dazu wird der Versuch unternommen, die wichtigsten
Begriffe so zu definieren, daß es über diesen Weg zu einer
einheitlichen und gleichartigen statistischen Erfassung der
Laborleistungen kommt.

Der Bereich Kostenerfassung wurde aktualisiert und durch ein
weiteres Kapitel über Struktur und Wirtschaftlichkeitsanalysen
im medizinischen Laboratorium ergänzt.

VI

Zum Schluß gilt mein besonderer Dank meinem Mitarbeiter Dr. H.-J. Drygas, der mir einen erheblichen Anteil der Arbeiten zur 3. Auflage abgenommen hat

K. Osburg

Vorwort zur 2. Auflage

1976 wurde vom "Institut für Standardisierung und Dokumentation im medizinischen Laboratorium e.V." die Instand-Schriftenreihe aufgelegt, um einem dringenden Bedürfnis nachzukommen, aktuelle Probleme, die von seinen Mitgliedern bearbeitet worden sind, schneller als dies sonst möglich ist, an den Interessentenkreis heranzubringen.

In Band 1 wurde von Herrn Dr. Osburg ein "Bewertungssystem zur Berechnung des Personalbedarfs im medizinischen Laboratorium" veröffentlicht. Dies ergab erstmalig die Möglichkeit, Leistungen eines medizinischen Laboratoriums mit ihren vielfachen, durch die Fortschritte der Technik entstandenen Differenzierungen zu bewerten und damit den Personalbedarf festzulegen.

Die Aktualität des Themas führte relativ schnell zu einer großen Nachfrage. Insbesondere die Einführung des kaufmännischen Rechnungswesens mit Kostenstellenrechnung und genauer Personalbedarfsberechnung in den Krankenhäusern bewies die Notwendigkeit eines solchen "Bewertungssystems für die medizinischen Laboratorien". Die erste Auflage war schnell vergriffen.

Währenddessen hat der Springer-Verlag die Herausgabe der Instand-Schriftenreihe übernommen.

VIII

Das Bewertungssystem erscheint jetzt in der 2. Auflage unter
dem Titel:

"Personalbedarf und Kosten im Medizinischen Laboratorium".

Da gerade im Bereich der medizinischen Laboratorien das
Interesse an Personalbedarfsermittlungen und Kostenrechnungen
erheblich gestiegen ist, werden in der Neuauflage neben dem
vollständig überarbeiteten und verbesserten Bewertungssystem
von Dr. Osburg ein vom Wiener Arbeitskreis erarbeitetes System
(eine Methode zur Erstellung eines Personalplanes im medizi-
ninischen Laboratorium) sowie die amerikanische "Workload-
Recording-Method" (Arbeitsbelastungs-Erfassungs-Methode)
vorgestellt.

Da außerdem in den Laboratorien vielfach selbstständig
Arbeitszeitermittlungen und Kostenberechnungen durchgeführt
werden müssen, sind entsprechende Kapitel auch diesen beiden
Bereichen gewidmet.

Die Zusammenstellung auf dem Laborsektor soll ausreichend
Hilfe und Anregung geben, Probleme der Laborleitung im Bereich
La28organisation, Personalbedarfsberechnung, Kostenstellen-
rechnung und Kosten-Nutzen-Analysen einer Lösung zuzuführen.

Herr Dr. Osburg ist Chefarzt eines großes Kliniklaboratoriums,
hat sich der Thematik seit 1968 besonders gewidmet und verfügt
über große praktische Erfahrungen.

Prof. Dr. R. Merten

Vorwort zur 1. Auflage

Mit der Einrichtung einer INSTAND-Schriftenreihe kommt das
Institut für Standardisierung und Dokumentation im medizinischen Laboratorium e.V. einem dringenden Bedürfnis nach,
aktuelle Probleme, die von seinen Mitgliedern bearbeitet
werden, schneller als dies sonst möglich ist, an den Inte-
resenten heranzubringen. Dies betrifft z.B. Themen, die in
INSTAND-Symposien und in den Arbeitsausschüssen des Normenausschusses Medizin (NAMed) innerhalb des DIN (Deutsches Institut für Normung e.V.) zur Diskussion gestellt worden sind.
Nach unserer landjährigen Erfahrung vergehen, ehe eine Norm in
der endgültigen Form des Weißdrucks vorliegt, zwangsläufig
eine Reihe von Jahren. Dies hat in 1976 eine zusätzliche Ver-
zögerung erfahren, da DIN nicht über ausreichende Mittel
verfügt, damit die Geschäftsstelle des NAMed den laufenden
Anforderungen nachkommen kann. Ein sogenannter "Prioritäten-
ausschuß" hat z.B. die weitere Bearbeitung des in Heft 1
veröffentlichten Bewertungssystems zur Berechnung des Personalbedarfs im medizinischen Laboratorium vollkommen zurück-
gestellt, so daß der Arbeitsausschuß seine Arbeiten aus
eigener Initiatve fortsetzen muß.
Herr Dr. Osburg hat bereits 1970 ein Bewertungssystem veröffentlicht, das seitdem mit Erfolg zur Personalberechnung der
chemischen Laboratorien in den Städten Hamburg und Berlin herangezogen wird. Es gibt erstmals die Möglichkeit, Einzelleistungen eines medizinischen Laboratoriums mit ihren vielfachen
durch die Fortschritte der Technik entstandenen Differenzierungen zu bewerten und damit den Personalbedarf festzulegen.
Dies gilt sowohl für die großen Zentrallaboratorien der Kli-
niken wie für das Laboratorium des niedergelassenen Arztes.

R. Merten

Inhaltsverzeichnis

1   K. OSBURG
            EINLEITUNG   1

2   A. PRÜSSE
            ARBEITSZEITERMITTLUNGSVERFAHREN UND FLEXIBLE
            BERECHNUNG DES PERSONALBEDARFS IN KLINISCHEN
            LABORATORIEN   7

2.1   Wozu Arbeitszeitermittlungen in Krankenhaus-
            laboratorien?   7

2.2   Einzelne Arbeitszeitermittlungsverfahren für
            Klinische Laboratorien   11
2.2.1   Vorbereitende Überlegungen   11
2.2.1.1   Ziel der Arbeitszeitanalyse   11
2.2.1.2   Die Bezugsgröße: Meßbare Leistungseinheiten ..   12
2.2.1.3   Strukturierung und Abgrenzung von Tätigkeiten.   13
2.2.2   Schätzen von Arbeitszeiten   14
2.2.3   Verfahren der Selbstaufzeichnung   15
2.2.4   Arbeitsplatzstudie (Fremdbeobachtung)   19
2.2.4.1   Auswertung der Arbeitszeitstudie   21
2.2.4.2   Berücksichtigung des Leistungsgrades (quali-
            tative Komponente der Personalausstattung) ..   22
2.2.5   Multimomenthäufigkeitsverfahren   23
2.2.6   Systeme vorbestimmter Zeiten - weitere Ansätze
            zur Arbeitszeitermittlung in Laboratorien   26

2.3   Arbeitszeitermittlung - Ist-Analyse und Soll-
            konzeption   30
2.3.1   Berechnung einer Soll-Tätigkeitsverteilung ...   31
2.3.2   Berechnung des Soll-Arbeitszeitbedarfs   33

2.4   Resümee   36

3   K. OSBURG
            BEWERTUNGSSYSTEM ZUR ERMITTLUNG DES PERSONAL-
            BEDARFS IM MEDIZINISCHEN LABORATORIUM   37

3.1   Einführung   37
3.2   Begriffe   38

3.2.1   Jahresstatistik 38
3.2.1.1   Erfassung zur Jahresstatistik 39
3.2.1.2   Erfassungsbogen 39
3.2.2   Analyse 39
3.2.2.1   Primäranalyse 40
3.2.2.2   Hilfsanalysen 40
3.2.2.3   Standard 40
3.2.2.4   Kontrollproben 40
3.2.2.5   Ringversuchsproben 41
3.2.3   Profil 41
3.2.4   Mehrkanalige, selektive Analysengeräte 41
3.2.5   Laborarbeitsschicht 42
3.2.6   Arbeitsminuten je Jahr 42

3.3   Grundlage des Bewertungssystems 44

3.4   Grundeinstufung 52

3.5   Bewertungstabelle 56

3.6   Mechanisierungsstufen 61

3.7   Durchführung der Berechnung 65
3.7.1   Laboratoriumstechnisches Personal 65
3.7.1.1   Untersuchungszahlenabhängiges Personal 65
3.7.1.2   Untersuchungszahlenunabhängiges Personal 67
3.7.1.3   Personal außerhalb der regulären Arbeitszeit . 75
3.7.1.4   Notfall-Laboratorium 76
3.7.1.5   Zuordnung des Technischen Personals 80
3.7.2   Personal mit Hochschulbildung 81
3.7.3   Verwaltungspersonal 83
3.7.4   Personal im Reinigungsdienst 83
3.7.5   Neueinrichtung eines Laboratoriums 86

3.8   Liste der Grundeinstufungen 86

3.9   Liste der Mechanisierungsstufen 104

3.10   Muster der Berechnungsbögen 120

4   M. FISCHER, P.M. BAYER, G.FISCHER
            EINE METHODE ZUR ERSTELLUNG EINES PERSONAL-
            PLANES IM KLINISCHEN LABORATORIUM 123

4.1   Einleitung 123

4.2   Begriffe 124
4.2.1   Zählobjekte 124
4.2.1.1   Angeforderte Analysen 125
4.2.1.2   Durchgeführte Analysen 125
4.2.1.3   Mitgeteilte Analysenergebnisse 126
4.2.2   Zeitbegriff 126
4.2.2.1   Spezimenzeit 127
4.2.2.2   Personalzeiten 127
4.2.2.3   Arbeitszeiten 128

4.3   Grundlagen des Systems 128
4.3.1   Leistungseinheitsrechnung 129
4.3.2   Arbeitsplatzberechnung 133

4.4   Berechnung der variablen und fixen Bearbei-
           tungs- bzw. direkten Personalzeit 134

4.5   Bewertungszahl 138
4.5.1   Bewertungszahl für das technische und admi-
           nistrative Personal "B" 138
4.5.2   Bewertungszahl für das Reinigungspersonal "B". 139
4.5.2.1   Reinigungsfläche 139
4.5.2.2   Geräte- und Glasreinigung 141

4.6   Zuschlagkoeffizient 142
4.6.1   Zuschlagkoeffizient für nicht quantifizierbare
           Tätigkeiten 143
4.6.2   Mehrdienstleistungskoeffizient 143

4.7   Turnusdienst 144

4.8   Berechnung des Technischen Personals 147

4.9   Berechnung des Reinigungspersonals 148
4.9.1   Personal für die Flächenreinigung 148
4.9.2   Personal für die Reinigung wiederverwendbarer
           Gerätschaften 149

4.10   Berechnung des Personalplanes 149

4.11   Besonderheiten 152
4.11.1   Überleitung zu Punktesystemen 152
4.11.2   Selektiv arbeitende Mehrkanalgeräte 153
4.11.3   Durchsatzraten von mechanisierten Systemen ... 154

4.12   Schnittstellen zur Geräteauslastung und Inve-
           stitionsplanung, Kostenkalkulation 154

5   G. SCHUMANN, R. HAECKEL
           CAP WORKLOAD RECORDING METHOD 158

5.1   Vorgeschichte 158

5.2   Einführung in die CAP-Methode 160

5.3   Der Aufbau eines user procedure file 160

5.4   Beispiele 163

5.5   Berechnung der workload 166

5.6   Der Einfluß mechanisierter Analysentechnik auf
           unit value und workload 166

5.7   Kritische Betrachtung 169

XIV

5.8   CAP-Zeitstudien 170

5.9   CAP-Methode als Management-Instrument 172

6   K.-G. v. BOROVICZENY
IST-AUFNAHME, KOSTENERMITTLUNG U. IST-ANALYSE   176

6.1   Einleitung 176
6.1.1   Allgemeines 176
6.1.2   Zweck 177
6.1.3   Begriffe 178
6.1.4   Geltungsbereich 184

6.2   Datensammlung zur Ist-Aufnahme 187
6.2.1   Allgemeines 187
6.2.2   Vorarbeiten 187
6.2.2.1   Bauplan, Raumverzeichnis u. Arbeitsbereiche .. 188
6.2.2.2   Inventar, Flächenbedarf, Brauchbarkeitsdauer
u. Abschreibung 188
6.2.2.3   Raumkosten 191
6.2.2.4   Energiekosten 191
6.2.2.5   Stellenplan 192
6.2.2.6   Verbrauchsmaterial- u. Instandhaltekosten 192
6.2.3   Einrichtung der Arbeitsgruppen 192
6.2.3.1   Aufgaben der Statistikgruppe 194
6.2.3.2   Aufgaben der Datengruppe 197
6.2.3.3   Aufgaben der Kostengruppe 199

6.3   Beschreibung des Ist-Zustandes 204
6.3.1   Geltungsbereich 204
6.3.1.1   Laboratorium 204
6.3.1.2   Umfeld 204
6.3.1.3   Zeitraum 205
6.3.2   Umfeld des Labors 205
6.3.2.1   Beschreibung des Gesamtbetriebes 205
6.3.2.2   Bereich des Gesamtbetriebes 205
6.3.3   Laborbeschreibung 206
6.3.4   Laboraufwand 208
6.3.4.1   Räumlichkeiten 208
6.3.4.2   Personal 208
6.3.4.3   Inventar 208
6.3.4.4.   Wartung u. Pflege 208
6.3.4.5   Verbrauchsmaterial 209
6.3.4.6   Energie u. Wasser 209
6.3.4.7   Sonstiges 209
6.3.5   Labororganisation 209
6.3.5.1   Personalmanagement 209
6.3.5.2   Sicherheitswesen 210
6.3.5.3   Beschaffungswesen u. Lagerhaltung 210
6.3.5.4   Spezimengewinnung u. Transportwesen 210
6.3.5.5   Verteilung 211
6.3.5.6   Methodologie 211
6.3.5.7   Arbeitsplatzpflege 211
6.3.5.8   Qualitätssicherungsmaßnahmen 211
6.3.5.9   Ergebnis u. Befunderstellung 212

6.3.5.10   Rechnungswesen 212
6.3.5.11   Dokumentation u. Archivierung 212
6.3.5.12   Sonstiges 212
6.3.6   Laborleistungen 213
6.3.6.1   Zeitunkritischer Leistungskatalog 213
6.3.6.2   Semizeitkritischer Leistungskatalog 213
6.3.6.3   Zeitkritischer Leistungskatalog 213
6.3.6.4   Befundungen, Konsiliarleistungen 214
6.3.6.5   Patientenversorgung 214
6.3.6.6   Fremdanalysen 214
6.3.6.7   Leistungserfassung 214
6.3.6.8   Sonstiges 215
6.3.7   Kostenermittlung 215
6.3.7.1   Allgemeines 215
6.3.7.2   Fixe Kosten u. Betriebskosten 220
6.3.7.3   Sprungfixe Personalkosten 225
6.3.7.4   Variable Kosten 227
6.3.7.5   Gesamtkosten 227
6.3.7.6   Vereinfachte Kostenrechnung (Durchschn.kosten)   229
6.3.8   Laborerträge 230
6.3.9   Sonstiges 231

6.4   Ist-Analyse 231
6.4.1   Vorgaben zur Ist-Analyse 231
6.4.2   Durchführung der Ist-Analyse 231
6.4.3   Konsequenzen der Ist-Analyse 232

7   O. HENKER, M. WALKER
            STRUKTUR- u. WIRTSCHAFTLICHKEITS-ANALYSE
            IM MEDIZINISCHEN LABORATORIUM 233

7.1   Notwendigkeit von Wirtschaftlichkeits-
            untersuchungen 233

7.2   Die Problematik von Wirtschaftlichkeits-
            untersuchungen im medizinischen Labor 235
7.2.1   Grundsätzliche strukturelle Probleme 235
7.2.2   Die Problematik der Kostenstruktur 236
7.2.3   Problematik der Erlösstruktur 238
7.2.4   Schwachstellen im Rechnungswesen 240
7.2.5   Betriebswirtschaftliches Know-How-Defizit
            u. mangelndes Kostenbewußtsein 241

7.3   Struktur-Analyse als Voraussetzung für
            Wirtschaftlichkeitsuntersuchungen 242

7.4   Die integrierte Struktur- u. Wirtschaftlich-
            keits-Analyse als praktikable Problemlösung .. 245
7.4.1   Anforderungen u. Ziele 245
7.4.2   Computerunterstützung 246
7.4.3   Betriebswirtschaftliche Methodik 247
7.4.4   Formularsystem zur Ist-Analyse 250

7.5   Module u. Auswertungen aus der Struktur- u.
            Wirtschaftlichkeitsanalyse 253

7.5.1   Mehrjahres-Entwicklung 253
7.5.2   Struktur-Analyse 258
7.5.3   Kosten- u. Leistungsrechnung 260

7.6   Vorgehensweise, Zeitbedarf 276

7.7   Erkenntnisse, Vorteile, Nutzen 279

7.8   Planung u. Realisierung neuer Labor-
          konzeptionen 281

7.9   Grundlagen, Ausgangspunkt zur permanenten
          Wirtschaftlichkeitsüberwachung (Controlling) . 282

7.10   Zusammenfassung 283

8   K.-G. v. BOROVICZENY; K. OSBURG
          DESKRIPTIVE LABORSTATISTIK 284

8.1   Einleitung 284

8.2   Fragestellungen 286
8.2.1   Fragestellungen der Antragsstatistik 286
8.2.2   Fragestellungen der Eingangsstatistik 287
8.2.3   Fragestellungen der Leistungsstatistik 287
8.2.4   Fragestellungen der Ergebnisstatistik 289

8.3   Systematik der gegenseitigen Zuordnung von
          Analysen und Ergebnissen 290

8.4   Tabelle der Zählregeln 295

8.5   Datenerfassung 297
8.5.1   Manuelle Statistikführung 297
8.5.2   Maschinelle Datenerfassung 298

8.6   Anhang 300
8.6.1   Zählobjekte 300
8.6.2   Zählperioden 318
8.6.3   Erfassungseinheiten 324

LITERATURVERZEICHNIS 331

SACHREGISTER/STICHWORTVERZEICHNIS 343

Mitarbeiterverzeichnis

P.M. Bayer
Arbeitsgruppe für Laborbewertungssysteme Wien
Zentrallaboratorium Krankenhaus Lainz
Wolkersbergenstraße 1,   A-1130   Wien

K.-G. v. Boroviczény
INSTAND Labor und Bibliothek
Haslacher Straße 51,   D-7800   Freiburg

G. Fischer
Arbeitsgruppe für Laborbewertungssysteme Wien
Zentrallaboratorium Krankenhaus Lainz
Wolkersbergenstraße 1,   A-1130   Wien

M. Fischer
Arbeitsgruppe für Laborbewertungssysteme Wien
Zentrallaboratorium Krankenhaus Lainz
Wolkersbergenstraße 1,   A-1130   Wien

R. Haeckel
Institut für Labormedizin, Zentralkrankenhaus
St. Jürgenstraße,   D-2800   Bremen   1

O. Henker
Bismarckstraße 20,   D-7410   Reutlingen

K. Osburg
Allg.Krankenhaus Harburg, Zentrallaboratorium
Eißendorfer Pferdeweg 52,   D-2100   Hamburg   90

A. Prüsse
Schildhornstraße 94,   D-1000   Berlin   20

G. Schumann
MHH, Zentrum Laboratoriumsmedizin
Abt. III: Klinische Chemie I im Zentralklinikum
Konstanty-Gutschow-Straße 8,   D-3000 Hannover 61

M. Walker
Otto-Schöpfer-Straße 17,   D-7016 Gerlingen

1 Einleitung

K. Osburg (Hamburg)

Nachdem sich seit den 50er Jahren in den Krankenanstalten die
Laboratoriumsmedizin zu einem selbstädigen Fachgebiet und als
eigene Abteilung entwickelt hatte, traten bald Schwierigkeiten
mit Verwaltungsstellen auf, da objektive Berechnungsmöglich-
keiten des tatsächlichen Personalbedarfs fehlten.

Erstmals 1954 wurden von HöHN die "Hamburger Punkttabellen für
Laboratoriumsuntersuchungen" veröffentlicht, die in der Folgezeit nicht nur in Hamburg, sondern bald auch im ganzen Bundesgebiet, z.T. etwas modifiziert, für Personalberechnungen angewandt wurden.

Bei den Hamburger Punkttabellen handelt es sich um eine Zeitbewertung jeder einzelnen Laboratoriumsmethode (1 Punkt =
1 Arbeitsminute), mit denen anfänglich recht gut gearbeitet
werden konnte.

Bei den dann aber auftretenden Umstrukturierungen der Arbeits-
weisen in den chemischen Laboratorien durch Mechanisierung kam
es jedoch zunehmend zu Schwierigkeiten bei Berechnungen mit
dem starren und nicht flexiblen Punktsystem. 1965 wurden nochmals überprüfte neue Punkttabellen von HöHN herausgegeben.

Da die Differenz zwischen den Punktwerten und den aufgrund der
Mechanisierung möglichen tatsächlichen Leistungen in der

2

Folgezeit zunahmen, war die Entwicklung eines anderen Bewer-
tungsmodus, der die verschiedenen Mechanisierungsmöglichkeiten
berücksichtigt, dringend notwendig.

Daraufhin wurde 1968 das nachstehend beschriebene Bewertungssystem für Personalbedarfsberechnungen im medizinischen La -
boratorium in den Grundzügen für die chemischen Laboratorien
der großen Hamburgischen Krankenhäuser von mir entworfen und
in Zusammenarbeit mit den Leitern dieser Laboratorien (s.
Fußnote 1) soweit ausgebaut, daß es 1970 erstmalig veröffentlicht werden konnte.

In den folgenden Jahren erwies sich dieses Bewertungssystem in
Hamburg bei Verhandlungen zwischen den Krankenhauslaboratorien
und den zuständigen Verwaltungsstellen als eine sehr nützliche
Berechnungsgrundlage nicht nur für alle Personalberechnungen,
sondern auch zur Begründung notwendiger Rationalisierungsmaß-
nahmen bei der Einführung mechanisierter Analysenhilfen bzw.
vollmechanisierter Analysengeräte.

Nachfragen von Fachkollegen und Krankenhausverwaltungen sowie
Veröffentlichungen, die sich mit ähnlichen Problemen befaßten,
betonten in der Folgezeit immer wieder die Aktualität des Pro-
blems.

Das Bewertungssystem wurde in der Folgezeit laufend verbessert
und mit Hilfe eines Kreises interessierter Kollegen der Versuch unternommen, weitere Teilbereiche der Laboratoriumsmedizin mit einzubeziehen.

---

1) Dres. BONITZ, FÜHR, FUHRMANN, MEINECKE, MOSER, MÜLLER und
   MÜLLER-PLATHE

1972 beschloß der Fachnormenausschuß Medizin in DIN einen Arbeitsausschuß "Personalbedarf und Kosten" ins Leben zu rufen. Grundlage zur Ermittlung des Personalbedarfs sollte das Bewertungssystem werden.

Innerhalb von 8 Jahren wurden von diesem Ausschuß (s. Fußnote 2) das Bewertungssystem in ca. 45 Sitzungen normengerecht bearbeitet und 1980 als Normenentwurf veröffentlicht. Bedauerlicherweise scheiterte die Norm speziell an den Einspüchen von solchen Institutionen - wie ÖTV und BMA -, die an und für sich ein Interesse an einer objektiven Personalbemessung haben sollten. Aufgrund dieser Einsprüche wurde der Normentwurf vom DIN zurückgezogen und der Arbeitsausschuß aufgelöst.

1978 begann ein vom BMA geleitetes Forschungsvorhaben gem. § 26 KHG: "Verfahren zur Berechnung des leistungsbezogenen Personalbedarfs (PBBV) für Krankenhäuser", (später PBEV - Erfassungsverfahren). Anfänglich wurde von dem für den Laborbereich zuständigen Landesministerium eine Querverbindung zum bestehenden Bewertungssystem versucht. Da jedoch die Vorgaben für das Projekt damit nicht erfüllt waren, wurde darauf verzichtet, ein brauchbares und bereits angewandtes Bewertungssystem zu übernehmen. Soweit mir bekannt, ist das Forschungsvorhaben nicht wesentlich über erste Anfänge hinausgekommen.

1976 wurde das Bewertungssystem von mir im Rahmen der INSTAND-Schriftenreihe (Band 1) als Broschüre herausgegeben. Da es bisher etwas derartiges nicht gab, fand die Broschüre sehr großen Anklang, insbesondere bei Laboratoriums- und Verwaltungsleitern der Krankenhäuser.

---

2) Dr. v. BOROVICZENY, Dr. EICKE, Prof.Dr. HAECKEL, Dr. HINZE, Dipl.Ing. KROPP, DIPL.VW LEHMANN, Dr. SCHLICHT, Dr. STEFFEN

4

Selbstverständlich fehlte es auch nicht an Kritik, z.T. berechtigt, da einige Einstufungen nicht immer ganz realistisch waren, wodurch sich teilweise ein etwas zu hoher Personalbedarf errechnete.

Nachdem weitere Erfahrungen gesammelt waren und die Nachfrage nach einem Bewertungssystem für Laborleistungen nicht geringer geworden ist, habe ich mich bereit erklärt, eine 3. Auflage zusammenzustellen, in der Hoffnung, daß diese den Bedürfnissen der Praxis noch näher kommt. Kritiker mögen dabei berücksichtigen, daß es mit der laufenden Fortentwicklung von Labormethoden und -techniken immer schwieriger wird, ein möglichst allumfassendes und praktikables Bewertungssystem zusammenzustellen.

In den USA wurde 1970 vom College of American Pathologists ein Bewertungssystem für Laborleistungen "Laboratory Workload Recording Method" herausgegeben. Auch dieses System basiert auf einer Festlegung der Anzahl der ohne Mechanisierungshilfen je Zeiteinheit und Arbeitskraft durchzuführenden Analysen. Diese sind in Listen zusammengefaßt. Zusätzlich werden Faktoren für die einzelnen mechanisierten Analysensysteme angegeben.

Da dieses System währenddessen in Amerika weite Verbreitung gefunden hat, und auch für uns von Interesse sein könnte, wird dieses von HAECKEL und SCHUMANN in einem gesonderten Kapitel vorgestellt.

1980 wurde von einer "Arbeitsgruppe für Laboratoriumsbewertungssysteme Wien" eine sehr interessante Methode zur Erstellung eines Personalplanes im klinischen Laboratorium veröffentlicht, die z.T. aufbauend auf meinem Bewertungssystem Formeln zur Ermittlung des Personalbedarfs erarbeitet hat. Auch dieses System wird in einem Kapitel vorgestellt.

Da seit einigen Jahren in zunehmenden Maße auch auf die Krankenhauslaboratorien Kostenrechnungen zukommen, ist es notwendig, sich auch mit diesem Problem zu befassen. Bereits von dem 1972 ins Leben gerufenen Normenausschuß "Personalbedarf und Kosten" war dieses Gebiet mit zur Bearbeitung vorgesehen. Währenddessen befassen sich eine Reihe von Arbeitsgruppen mit diesen Problemen. Um auch hier Anregung und Hilfestellung zu geben, sind diesem Bereich jetzt zwei gesonderte Kapitel gewidmet.

Im Zusammenhang mit dem Bewertungssystem zur Personalbedarfsberechnung kann es ggf. notwendig sein, selbständig Arbeitszeitermittlungen durchzuführen. Um hier einen Überblick über die unterschiedlichen Möglichkeiten und Verfahren zu geben, haben wir auch diesem Bereich ein gesondertes Kapitel gewidmet und dieses im logischen Aufbau dem Bewertungssystem vorangestellt.

Die neue Bundespflegesatzverordnung vom 21.08.1985 (BGBl. I. S.1666 ff.) schreibt vor, daß alle nicht bettenführenden Leistungsbereiche, also auch alle Laboratorien, in Krankenanstalten in Zukunft eine Leistungsstatistik führen müssen, ohne daß dabei näher ausgeführt wird, was unter einer Labor-Leistungs-Statistik zu verstehen ist.

Da hier erhebliche Unklarheiten bestehen und Leistungsstatistiken unter z.T. völlig anderen Voraussetzungen erhoben werden, ist es dringend notwendig hierfür eine Vereinheitlichung zu erreichen.

Nur wenn in allen Krankenhauslaboratorien nach gleichen Richtlinien gezählt wird, ergibt sich überhaupt erst eine Vergleichbarkeit der Laboratorien und ihrer Leistungen untereinander. Obgleich das Problem erkannt ist und mehrere Ausschüsse

(Bundesärztekammer; Laborärzte; Klinische Chemiker; FaMed im
DIN) sich hiermit z.Zt. befassen, sind wir der Ansicht, daß
zumindest der Versuch einer Begriffsdefinition von uns gemacht
werden sollte. Wir haben deshalb ein neues Kapitel aufgenommen, in dem der Versuch unternommen wird, wenigstens die wichtigsten Begriffe zu definieren und zu erläutern, in der Hoffnung hierdurch zu gleichartigen statistischen Erfassungen zu
kommen.

2 Arbeitszeitermittlungsverfahren und flexible Berechnung des Personalbedarfs in klinischen Laboratorien

A. Prüsse (Berlin)

2.1 WOZU ARBEITSZEITERMITTLUNGEN IN KRANKENHAUS-LABORATORIEN?

Der Begriff der Arbeitszeitermittlung im Zusammenhang mit klinischen Laboratorien wirkt auf den ersten Blick suspekt: Leistungsdruck und Leistungskontrolle, Stellenstreichungen, normative Vorgaben, bürokratische Spielerei, das Krankenhaus als Industriebetrieb - solche oder ähnliche Assoziationen tauchen auf. Bei sachlicher Betrachtung stellt sich allerdings heraus, daß mit dem Instrument "Arbeitszeiterfassung" einige Probleme eines Laboratoriums gelöst werden können. Unter welchen Aspekten sollte eine Arbeitszeitermittlung durchgeführt werden?

Aus der Aufgabenstellung eines Krankenhauslaboratoriums, der Unterstützung klinischer Tätigkeit durch Verfahren der Laboratoriumsdiagnostik (KELLER, 1980) folgt, daß ein Krankenhauslaboratorium als ein Subsystem innerhalb des Dienstleistungsbetriebes Krankenhaus zu verstehen ist. Dieses Subsystem muß über die notwendigen personalen Ressourcen verfügen,um seinen Aufgaben gerecht zu werden. Die notwendige Personalausstattung weist hierbei zwei, nicht unabhängig voneinander wirkende Komponenten auf: eine qualitative, die "Leistungsbandbreite" der Labormitarbeiter betreffend und eine quantitative Komponente,die die Anzahl der Mitarbeiter in einem Labor betrifft. Vereinfachend sollen hier die beiden Komponenten isoliert betrachtet werden, um die Aspekte getrennt analysieren zu können. Von der Fragestellung ausgehend, kann mit dem Instrumentarium der Arbeitszeitermittlung bestimmt werden, wieviel Mitarbeiter zur Aufgabenerfüllung eines klinischen Laboratoriums notwendig sind.

Eine weitere Ursache, das Instrumentarium der Arbeitszeitermittlung einzusetzen, wird durch den Einsatz neuer Geräte in klinischen Laboratorien gegeben.

Neue Geräte als Träger des "technischen Fortschritts" führen zumeist zu einem höheren Mechanisierungs- und Automatisierungsgrad der gesamten Geräteausstattung in einem Labor. In der Tendenz bedeutet dies, daß mit weniger Geräten mehr Leistungsparameter (Analysenarten) in höherer Serienzahl erbracht werden können. Die Anschaffung eines neuen Gerätes bringt häufig eine Umgruppierung der in den einzelnen Bereichen eines Labors zusammengefaßten Leistungsparameter mit sich. Die hierfür notwendige Änderung des Personaleinsatzes für ein neues Gerät läßt sich mittels der Daten aus einer Arbeitszeitermittlung erleichtern.

Werden vor der Anschaffung neuer Geräte Kosten-Nutzen-Analysen durchgeführt, so müssen hierbei auch die Personalkosten einbezogen sein. Eine personalintensivere Geräteausstattung führt zu pflegesatzerhöhenden Folgekosten. Die exakte Quantifizierung der Personalkosten für eine Investitionsentscheidung wird für das zu ersetzende, wie auch für ein in der Erprobung befindliches und evtl. zu kaufendes Gerät möglich.

Wie auch in den anderen Bereichen des Krankenhauses erfolgt die Dienstleistungserstellung im Laboratorium nach bestimmten Regelungen, d.h., ihr liegt eine Organisationsstruktur zugrunde. Rein formal gliedert diese sich in eine Aufbauorganisation (wer übernimmt welche Aufgaben, wo sind diese Aufgaben abge-

grenzt?) und eine Ablauforganisation (wie sind die einzelnen Arbeitsvorgänge geordnet?).

Die Organisationsstruktur von Krankenhauslaboratorien weist
oft Schwachstellen auf. An dieser Stelle muß darauf hingewiesen werden, daß eine "optimale" Organisation (und deren Inhalte) kein Ziel an sich ist: eine verbesserte Organisationsstruktur hat entscheidenden Einfluß auf eine **höhere Effizienz**
- als Quotient von Resultat und Mitteleinsatz - und **bessere
Wirtschaftlichkeit** - als Quotient von Gesamt-Erlös zu Gesamt-
Kosten (HILDEBRAND, 1981)

Wenn an den klinischen Gesundheitsbereich so unterschiedlich
wirkende Forderungen wie beispielsweise Kostendämpfung, Humanität für den Patienten im Krankenhaus und akzeptable Arbeitsbedingungen der im Krankenhaus Beschäftigten gestellt werden,
so verlangt dies neben der Berücksichtigung ökonomischer auch
die Einbeziehung "humaner" Zielvariablen. Eine mit diesen
Zielvariablen formulierte **Effektivität** als Anknüpfungspunkt
für ein Input-Output-Konzept wird so zu einer operationalen
Zielvorgabe, wobei sich die Effektivität auf das Verhalten des
gesamten Systems bezieht (GEORGOPOULUS/TANNENBAUM, 1957).

Auf die Organisationsstruktur eines klinischen Laboratoriums
konkret übertragen, heißt dies, daß für eine solche Effektivi-
tätsbetrachtung (Abb. 1) eine Ist-Analyse der Organisation
voranzustellen ist. Bei dieser Aufgabe wird auch die Einbin-
dung des klinischen Laboratoriums in den Dienstleistungsbetrieb Krankenhaus deutlich (Abb. 2).

Eine Ist-Zustandsbeschreibung mit anschließender Schwachstellenanalyse sowie die Entwicklung eines Soll-Konzeptes ist kaum
vorstellbar ohne die detaillierte Berücksichtigung der Ablauf-

organisation und hierbei insbesondere des Arbeitszeitbedarfs
für die einzelnen Arbeitsprozesse im Labor.

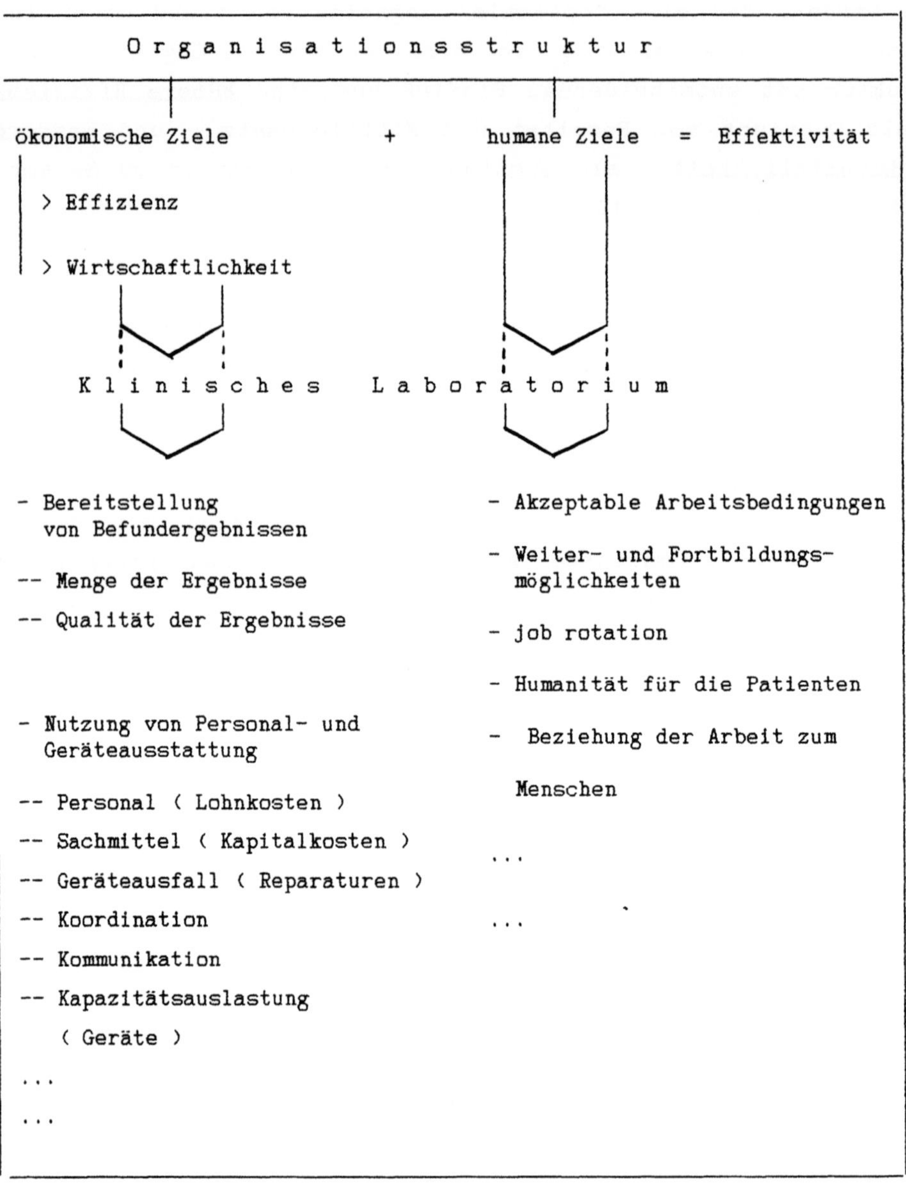

Abb. 1:

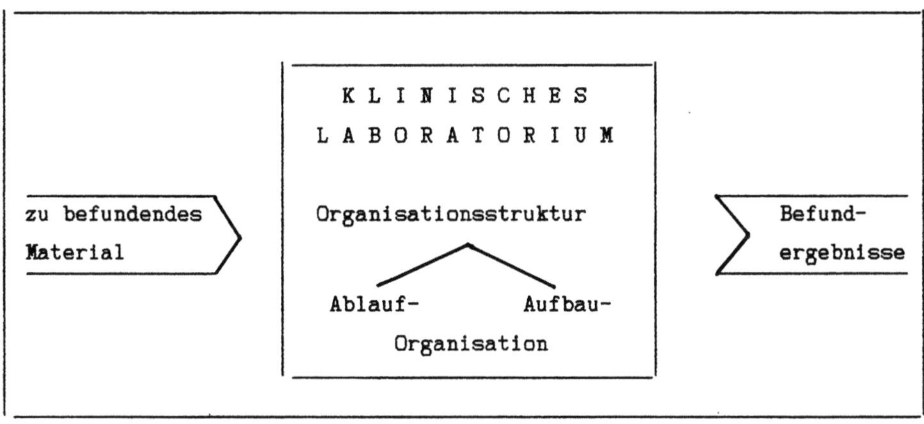

Abb.: 2

2.2 EINZELNE ARBEITSZEITERMITTLUNGSVERFAHREN FÜR KLINISCHE LABORATORIEN

2.2.1 Vorbereitende Überlegungen

Der Anwendungsbereich für ein Arbeitszeitermittlungsverfahren soll auf das (Medizinisch-) Technische Personal für den Normaldienst (ohne Samstags-, Sonntags- und Bereitschaftsdienste) eines Laboratoriums begrenzt werden.

2.2.1.1 Ziel der Arbeitszeitanalyse

Mit Hilfe eines Arbeitszeitermittlungsverfahrens soll der Ist-Zeitbedarf für einzelne Tätigkeitsblöcke erhoben werden. Folgende Fragen sollen beantwortet werden:

- Wie hoch ist die Gesamtarbeitszeitbelastung des (Medizinisch-) Technischen Personals?

- Wie hoch ist der Zeitaufwand gegliedert nach Tätigkeitsblöcken?
- Wie hoch ist der Zeitbedarf für die Erstellung einer (zu
  definierenden) Leistungseinheit?
- Wie ändert sich der Zeitbedarf bei variierenden Leistungseinheiten (lineare, progressive oder degressive Fortschreibung)?
- Wie hoch ist die Arbeitszeitbelastung bezogen auf jeweils
  eine Arbeitskraft?
- Welcher Zeitbedarf ergibt sich aus Tätigkeiten außerhalb des
  Labors?

2.2.1.2 Die Bezugsgröße: Meßbare Leistungseinheiten

Bei der Auswahl einer geeigneten Bezugsgröße im Rahmen der Arbeitszeitermittlung bietet sich in einem Laboratorium die Anzahl der durchgeführten Analysen, differenziert nach den einzelnen Bestimmungsparametern (Analysenarten), an. Wohl in
jedem Laboratorium ist die Erstellung einer Statistik über die
Anzahl der tatsächlich ausgeführten Analysen (angeforderte
Analysen einschließlich Wiederholungen, Kontrollen, Standards
etc.) für den Normaldienst möglich. Die Basis für ein Arbeitszeitermittlungsverfahren bildet dann die Auswertung einer
solchen Statistik nach folgenden Kriterien:

- Durchschnittliche Anzahl der Analysen pro Tag,
- durchschnittliche Anzahl der einzelnen Bestimmungsparameter
  pro Tag,
- durchschnittliche Anzahl der durchgeführten Analysen pro Arbeitsplatz,
- durchschnittliche Serienlänge pro Analysenart und

- durchschnittliche Anzahl der Einzelanalysen pro Tag (Arbeitsschicht),
- Streuung der durchgeführten Analysen um den Mittelwert je Arbeitsplatz und Tag.

Mit Hilfe einer über einen längeren Zeitraum geführten Statistik lassen sich zusätzliche Aussagen über das Auftreten periodischer Anforderungsschwerpunkte treffen.

2.2.1.3 Strukturierung und Abgrenzung von Tätigkeiten

Eine weitere Voraussetzung für eine Arbeitszeitanalyse ist die Strukturierung der einzelnen vom (Medizinisch-) Technischen Personal auszuführenden Tätigkeiten. Hierzu soll zunächst eine Differenzierung von quantifizierbaren (direkt leistungsbezogenen) und nicht-quantifizierbaren (indirekt leistungsbezogenen) Tätigkeiten getroffen werden: Quantifizierbare Tätigkeiten sind von nicht-quantifizierbaren dadurch abzugrenzen, daß quantifizierbare Tätigkeiten sich zum einen regelmäßig wiederholen und zum anderen einen weitestgehend konstanten und von anderen Tätigkeiten abgrenzbaren Arbeitszeitaufwand vermuten lassen. Analog zu den Aussagen über die Festlegung einer Bezugsgröße lassen sich zur Bestimmung der quantifizierbaren Tätigkeiten auch hier diejenigen Tätigkeiten heranziehen und zusammenfassen, die mit der Analysendurchführung unmittelbar zusammenhängen: Von vorbereitenden Analysentätigkeiten (Identifikation und Sortieren von angelieferten Proben) am Arbeitsplatz bis zum Feststehen des Analysenwertes. Für die Begrenzung der quantifizierbaren Tätigkeiten auf diese Tätigkeiten spricht, daß die so zusammengefaßten "analytischen Tätigkeiten" ein zahlenmäßiges Äquivalent in der oben aufgeführten Statistik finden. Denkbar ist auch eine Erweiterung der quan-

tifizierbaren Tätigkeiten auf Schreib- und Sortierarbeiten sowie Telefonate (WüST, 1980) - hierfür wäre allerdings eine
zusätzliche Statistik dieser Tätigkeiten erforderlich.

Außer den quantifizierbaren "analytischen Tätigkeiten" ließe
sich mit folgenden nicht-quantifizierbaren Tätigkeiten das Tätigkeitsspektrum des (Medizinisch-) Technischen Personals in
einem Laboratorium vervollständigen (s. Fußnote 1):

- Probenannahme (Sortiertätigkeiten) und Probenverteilung
  (Zentrifugation),
- administrative Tätigkeiten,
- Einarbeitung, Methodenerprobung,
- sonstiges,
- Pausen.

2.2.2   Schätzen von Arbeitszeiten

Die wichtigsten Voraussetzungen für das Schätzen sind Erfahrung, übung und genaue Kenntnis des Arbeitsablaufes
(KAMINSKY, 1979).

Zur Durchführung dieses Verfahrens bietet sich eine gestaffel-
te, nach den einzelnen Tätigkeitsblöcken und einzelnen Arbeitsplätzen sukzessive Vorgehensweise an. Ausgehend von den

---

1) Im einzelnen müssen hierbei die laborindividuellen Gegebenheiten bei der Strukturierung des Tätigkeitsspektrums berücksichtigt werden. Probennahme auf Station, Probennahme im
Labor, Kontakte zu den Stationen, Instandhaltung von Geräten
etc. können u.a. als gesonderte Tätigkeiten hinzukommen - die
hier vorgenommene Aufzählung erhebt nicht den Anspruch auf
Vollständigkeit.

durch die Auswertung der Statistik gewonnenen Daten läßt sich der für die durchschnittlichen Serienmengen und/oder Einzelanalysen benötigte Zeitbedarf schätzen. Hierzu werden die geschätzten Zeiten der übrigen Tätigkeiten addiert, so daß der Arbeitsablauf zunächst für den einzelnen Arbeitsplatz und schließlich für alle Arbeitsplätze des Laboratoriums vorliegt.

Dieses Verfahren weist den Vorteil eines relativ geringen Aufwandes auf. Die so gewonnenen Daten sind letztendlich aber immer nur so gut, wie der Schätzende selbst. Dieses Verfahren bietet sich insbesondere dann an, wenn ein neues Gerät eingesetzt wird und der für dieses Gerät benötigte Arbeitszeitaufwand in einem ersten Schritt ermittelt werden soll.

2.2.3 Verfahren der Selbstaufzeichnung

Beim Verfahren der Selbstaufzeichung wird das gesamte (Medizinisch-) Technische Personal eines Laboratoriums beteiligt. Hierzu werden zuvor Arbeitszeiterfassungsbögen ausgearbeitet, die von allen Mitarbeitern in einem Zeitraum von einer Woche oder von mehreren Wochen (s. Fußnote 2) parallel zu den Tätigkeiten am Arbeitsplatz auszufüllen sind. Für den inhaltlichen Aufbau stehen zwei mögliche Varianten zur Auswahl (Abb. 3 und 4). Der grundlegende Unterschied zwischen zwei Erfassungsbögen besteht darin, daß bei dem als Abb. 3 angeführten Bogen die einzelnen Tätigkeiten bereits aufgelistet und hier-

---

2) Die Auswahl sollte unter Repräsentativitätsüberlegungen erfolgen - nach Möglichkeit sind Wochen mit durchschnittlicher Belastung des Personals zu wählen oder je eine Woche mit über- und eine Woche mit unterdurchschnittlicher Arbeitsbelastung.

nach lediglich die Eintragung der entsprechenden Zeiten erforderlich sind. Der als Abb. 4 angeführte Bogen enthält kein Tätigkeitsraster; die einzelnen Tätigkeiten werden (evtl. unter Verwendung eines Abkürzungscodes) chronologisch aufgeführt und über den Tagesablauf fortgeschrieben. Vorteilhaft ist, daß dieser Erfassungsbogen - gegenüber dem der Abb.3 - zum kontinuierlichen Aufschreiben zwingt und so, da er neben der eigentlichen Arbeit auszufüllen ist, eine gute Übersicht ermöglicht. Parallel zu den Arbeitszeiterfassungsbögen werden Arbeitsplatzstatistiken über die Menge der einzelnen Analysenarten geführt.

Als spezielles Problem bei der Durchführung dieses Selbstaufschreibeverfahrens erweist sich die genaue und lückenlose Eintragung durch die Mitarbeiter des Labors. Hierzu ist vor und während der Durchführung des Verfahrens eine laufende Information, Unterweisung und Beratung unerläßlich. Insbesondere während der Vorbereitungsphase kommt es darauf an, Zweifelsfragen der Abgrenzung und Zuordnung von Tätigkeiten zu lösen und somit eine möglichst hohe Informations- und Konsensbreite zu erzielen.

Die Auswertungen der ausgefüllten Erfassungsbögen ermöglichen dann Aussagen über den Ist-Zeitbedarf für die einzelnen Tätigkeiten an den verschiedenen Arbeitsplätzen sowie die Umrechnung der für Serien und Einzelanalysen benötigten Zeiten pro Analyse.

Mit diesem Verfahren lassen sich keine "objektiven" Arbeitszeiten ermitteln, da subjektiv bedingte Abweichungen bei der Aufzeichnung entstehen. Dennoch ist dieses Verfahren allgemein anwendbar, wenn die Bereitschaft der Labormitarbeiter zum Ausfüllen dieser Erhebungsbögen vorhanden ist. Zugleich ermöglicht das Ausfüllen solcher Bögen eine individuelle kritische Überprüfung von Arbeitsabläufen und evtl. Schlußfolgerungen

ARBEITSZEITERFASSUNGSBOGEN

Datum   :

Name   :

Arbeitsplatz:

Tätigkeit	von	bis	Min.	Summe Min.	Analysenart
===========	=====	=====	======	============	=============
Probenannahme u. Verteilung					
Analytische Tätigkeiten					
Administrative Tätigkeiten					

Abb.: 3

```
ARBEITSZEITERFASSUNGSBOGEN            Datum        :
                                      Name         :
                                      Arbeitsplatz:

       Uhrzeit
   von      bis      Minuten      Art d. Tätigkeit (Analysenart)
 =======  =======  ===========  ================================
```

Abb.: 4

für das individuelle Gestalten von Arbeitsschritten. Zur Auswertung und Interpretation der aus den Arbeitszeitbögen gewonnenen Daten sollten die Mitarbeiter mit herangezogen werden.

2.2.4 Arbeitsplatzstudie (Fremdbeobachtung)

Die Arbeitszeitstudie durch Fremdbeobachtung zählt zu den Instrumenten der Arbeitswissenschaft, die sich mit der Erforschung des menschlichen Arbeitseinsatzes befaßt. Ziel der folgenden Abhandlung ist es, die Anwendung des Verfahrens der Arbeitszeitstudie im Rahmen eines klinischen Laboratorium zu erörtern. Nicht bezweckt ist hingegen, das Instrumentarium vollständig darzustellen und zu diskutieren. Hierzu existiert eine umfangreiche Literatur, auf die zu verweisen ist (REFA 1971/-1976), (KAMINSKY, 1980), (SPITZLEY, 1980).

Im Gegensatz zum Verfahren der Selbstaufzeichnung wird für die Arbeitszeitstudie durch Fremdbeobachtung eine weitere Person benötigt. Diese beobachtet die Arbeitsabläufe des an den Arbeitsplätzen beschäftigten (Medizinisch-) Technischen Personals, ordnet die beobachteten Tätigkeiten in ein Klassifikationsschema und stoppt mittels einer Uhr den für einzelne Arbeitsschritte benötigten Zeitaufwand.

Nach der Art der Zeitmessung läßt sich zwischen einer Fortschrittszeitmessung und einer Einzelmessung unterscheiden. Wird die Uhr zu Beginn des Arbeitszeitablaufes in Betrieb genommen und läuft sie während der gesamten Zeitaufnahme, so handelt es sich um eine Fortschrittszeitmessung, bei der der Beobachter am Ende eines jeden Ablaufschrittes die Zeit abliest und in ein Protokoll einträgt. Wird hingegen eine Einzelzeitermittlung vorgenommen, so wird die Uhr bei Beginn eines jeden Arbeitsablaufabschnittes gestartet. Einer der Vorteile bei der Fortschrittszeitmessung ist die kontinuierliche Zeitmessung.

MÖGLICHE SCHNITTSTELLENPUNKTE ZUR TÄTIGKEITSABGRENZUNG		
Tätigkeit (-sblock)	Beginn	Ende
- Proben- annahme	- Entgegennahme des zu befundenden Materials . . .	- Proben sind zen- trifugiert - Proben sind am Arbeitsplatz . . .
- Analyti- sche Tä- tigkei- ten	- Gerätevorbereitung - Ansetzen v. Reagenzien - Sortieren u. Identifi- zieren des zu befun- denden Materials - Erstellen einer Ar- beitsplatzliste . . .	- Vorliegen des Be- fundergebnisses (Gerät) - Niederschreiben von Befundergeb- nissen . . .
- Admini- strative Tätig- keiten	- Beginn eines Dienst- gesprächs - Beginn eines Telefon- gesprächs - Beginn v. Verwaltungs- und Organisationstä- tigkeiten - Beginn von Schreib- arbeiten . . .	- Ende eines Dienst- gesprächs - Ende eines Tele- fongesprächs - Ende v. Verwalt.- u. Organisations- tätigkeiten - Ende von Schreib- arbeiten . . .
- Einar- beitung, Methoden erpro- bung	- Beginn der Tätigkeit . . .	- Ende der Tätigkeit . . .
- Sonsti- ges	. . .	. . .

Abb.: 5

Allerdings muß bei dieser Art der Zeitmessung eine Umrechnung in Einzelzeiten für die jeweiligen Arbeitsschritte vorgenommen werden, was hingegen bei einer Einzelzeitmessung entfällt.

Vor der Durchführung einer Arbeitszeitstudie durch Fremdbeobachtung sind folgende Punkte zu beachten:

- Information (Diskussion) der betroffenen Mitarbeiter und
- Festlegung geeigneter Schnittpunkte (Meßpunkte) zwischen den einzelnen Arbeitsschritten.

Wird zu einer Arbeitszeiterfassung beispielsweise das unter 2.2.1.3 angeführte Klassifikationsschema zugrunde gelegt, so sind die entsprechenden Schnittstellenpunkte möglichst eindeutig und durchgängig für alle der im Labor vorkommenden Arbeitsabläufe festzulegen (Abb. 5).

2.2.4.1 Auswertung der Arbeitszeitstudie

Ist die Zeitmessung beendet, so kann diese nach folgenden Punkten ausgewertet werden:

a) Bei Fortschrittszeitmessung: Umrechnung in Einzelzeiten.
b) Bei Einzelzeitmessung: Summierung der Einzelzeiten zur Gesamtzeit, Kontrolle.
c) Mathematisch statistische Auswertung:
   - "Analytische Tätigkeiten" differenziert nach Leistungsparametern in Relation zu den erstellten Leistungsmengen;
   - Mittelwert errechnen,Feststellung der Variationsbreite;
   - Errechnen des Zeitbedarfs für Einzelanalysen;
   - Errechnung des Zeitbedarfs für Serienanalysen, kritische Betrachtung des gewonnenen Mittelwerts: weisen die ermittelten Durchschnittszeiten im Verhältnis zu den Leistungsmengen einen linearen Verlauf auf?

d) Analyse der Zeitanteile für nicht-quantifizierbare
    Tätigkeiten, differenziert nach einzelnen Arbeits-
    plätzen. Ursachenanalyse.

e) Analyse der Einflußgrößen: welche Einflüsse (nicht
    ausreichende Mengen des Untersuchungsmaterials, Stö-
    rung des Arbeitsablaufs durch defekte Geräte etc.) wir-
    ken auf den Arbeitsvorgang der Analysenbestimmung ein?

f) An welchen Arbeitsplätzen und bei welchen Analysen-,
    Gerätekombinationen treten (ablaufbedingte) Warte-
    zeiten auf?

2.2.4.2 Berücksichtigung des Leistungsgrades (qualitative Komponente der Personalausstattung)

Vergleicht man die bei identischen Tätigkeiten (insbesondere
die der "analytischen Tätigkeiten") mehrmals gewonnenen durchschnittlichen Ist-Zeiten, so differieren diese in der Regel.
Diese Differenzen treten sowohl dann auf, wenn **dieselbe** Arbeitskraft identische Tätigkeiten mehrmals ausgeführt hat
(intrapersonelle Divergenz), als auch dann, wenn die Ist-
Zeiten für identische Tätigkeiten bei **verschiedenen** Personen
ermittelt wurden (interpersonelle Divergenz). Während die
intrapersonelle Divergenz u.a. mit einer unterschiedlichen
"Tagesform" der Arbeitskraft erklärt werden kann und innerhalb
von Bandbreiten eine akzeptable Erklärung gestattet, kann die
interpersonelle Divergenz auf unterschiedliche Einarbeitungszeiten (Vertrautheit mit der Methode,einem Gerät u.ä.) hinweisen. Dies ist besonders dann bedeutsam, wenn in einem Laboratorium eine Arbeitsplatzrotationsregelung (job rotation),
der regelmäßige Arbeitsplatzwechsel des Laborpersonals, besteht. Mehr noch als Berufsjahre und -erfahrung ist in einem
automatisierten Laboratorium die Tätigkeitsdauer an einem
bestimmten Arbeitsplatz entscheidend für den Leistungsgrad des

(Medizinisch-) Technischen Personals und damit für die ermittelte und benötigte Arbeitszeit.

Die Ermittlung von verschiedenen Ist-Zeiten, die auf einen unterschiedlichen Leistungsgrad schließen lassen, ist daher für
Planungszwecke unabdingbar.

2.2.5   Multimomenthäufigkeitsverfahren

Das Multimomenthäufigkeitsverfahren (MM-Verfahren) ist ein
mathematisch-statistisches Verfahren zur Ermittlung der Häu-
figkeit von Tätigkeiten (HALLER-WEDEL, 1969). Ebenso wie die
Arbeitszeitstudie wird das MM-Verfahren zum arbeitswis-
senschaftlichen Instrumentarium gerechnet. Auf den Laborbereich angewendet, eignet sich dieses Stichprobenverfahren zur
Analyse der Arbeitszeitstruktur des (Medizinisch-) Technischen Personals. Ziel des MM-Verfahrens ist die mit Hilfe der
Ermittlung der (Ist-) Tätigkeitsstruktur mögliche Analyse
der Arbeitszeitausnutzung.

Anders als bei der Arbeitszeitstudie durch Fremdbeobachtung
wird beim MM-Verfahren kein Zeitmeßgerät benötigt. Das Prinzip
des MM-Verfahrens besteht darin, daß ein Beobachter in gleichbleibender Folge, aber in unregelmäßigen Zeitabständen (die
zuvor nach einer Zufallszahlentabelle ermittelt wurden) die
einzelnen Laborarbeitsplätze aufsucht.

Das zu dem jeweiligen Zeitpunkt auftretende, momentane Ereig-
nis (ausgeführte Tätigkeit) wird von ihm in einem Protokollbogen durch einen Strich notiert. Der Stichprobenumfang, An-

zahl der Notierungen (N), ergibt sich bei Zugrundelegung einer Aussagewahrscheinlichkeit von 95 % und einem absoluten Fehler (f) für den vermuteten Anteil (p) einer Tätigkeit an der Gesamttätigkeitszeit nach der Formel

$$N = \frac{1,96^2 \times p \, (\, 100 - p \,)}{f^2}$$

Beispiel: Wieviel Notierungen N sind bei einem absoluten Fehler von ± 2,5 % und einem vermuteten Anteil der analytischen Tätigkeiten von 30 % am gesamten Tätigkeitsspektrum notwendig?

$$N = \frac{1,96^2 \times 30 \, (\, 100 - 30 \,)}{2,5^2} = 1\,290$$

Bei einer statistischen Sicherheit von 95 % sind bei einem vermuteten Anteil der "analytischen Tätigkeiten" von 30 % und einem absoluten Fehler von ± 2,5 % ca. 1300 Notierungen erforderlich.

Die Notierungen identischer Tätigkeiten werden sodann jeweils addiert und in Relation zu der Gesamtzahl der Notierungen gesetzt, sodaß für jede Tätigkeitsart ein Prozentsatz am gesamten Tätigkeitsspektrum ermittelt wird (Abb. 6).

<table>
<tr><td colspan="4" align="center">T ä t i g k e i t s s t r u k t u r
ermittelt durch Multimomenthäufigkeitsverfahren</td></tr>
<tr><td colspan="4">(1.600 Beobachtungen, Notierungen = 100 % -
einschließlich tariflicher Pausen)</td></tr>
<tr><td>Tätigkeiten</td><td>Anzahl der
Strich-
notierungen</td><td>Anteil
p in %</td><td>Zeitaufwand
in %</td></tr>
<tr><td>- Probenannahme u.
  -verteilung</td><td align="center">92</td><td align="right">5,8</td><td>==
==
==</td></tr>
<tr><td>- Analytische
  Tätigkeiten</td><td align="center">754</td><td align="right">47,1</td><td>==============
==============
==============</td></tr>
<tr><td>- Adminstrative
  Tätigkeiten</td><td align="center">312</td><td align="right">19,5</td><td>======
======
======</td></tr>
<tr><td>- Einarbeitung,
  Methodenerprobung</td><td align="center">140</td><td align="right">8,8</td><td>===
===
===</td></tr>
<tr><td>- Sonstiges</td><td align="center">58</td><td align="right">3,6</td><td>=
=
=</td></tr>
<tr><td>- Pausen</td><td align="center">244</td><td align="right">15,2</td><td>=====
=====
=====</td></tr>
<tr><td>(Summe)</td><td align="center">1.600</td><td align="right">100,0</td><td></td></tr>
</table>

Abb. 6:

Die durch das MM-Verfahren ermittelten Prozentsätze stellen keine direkten Zeitwerte dar. Liegt dem Verfahren aber ein regelmäßiger 8-Stunden-Aufnahme- und Arbeitszeitraum zugrunde, so können die ermittelten Prozentsätze in Stunden und Minutenwerte umgerechnet werden. Wird zusätzlich parallel zur MM-Studie eine Leistungsstatistik geführt, die die Mengen der tatsächlich durchgeführten Analysenbestimmungen dokumentiert, so ist eine Umrechnung des Prozentsatzes für "analytische Tätigkeiten" in Zeitanteile pro Analysenbestimmung möglich (arithmetisches Mittel aller Analysenbestimmungszeiten).

Beim MM-Verfahren wird jeweils ein Moment eines Arbeitsablaufgeschehens erfaßt, eine nachträgliche Kontrolle der Notierungen ist nicht möglich. Ebenso kann eine Ursachenanalyse im Zusammenhang mit einer Ist-Aufnahme nicht erfolgen.

Wie bereits bei den anderen Verfahren betont, kommt es auch beim MM-Verfahren auf eine eindeutige Abgrenzung und Zuordnung einzelner Tätigkeitselemente zu Tätigkeitsblöcken an. Diese Klassifikationsprobleme sind bei der Vorbereitung einer solchen Studie zu klären, sodaß bei der Durchführung für den Beobachtenden kaum Schwierigkeiten dieser Art auftreten dürften.

Ein spezielles Problem stellt in großflächigen Laboratorien die Beobachtung von Labormitarbeitern dar, die nicht an einem Arbeitsplatz angetroffen werden, sondern sich gerade auf einen Weg innerhalb des Labors befinden. Hierfür könnten Notierungen in einer Zeile "Wege" oder "Sonstiges" erfolgen.

Die Vorteile des MM-Verfahrens liegen insbesondere darin, daß es neben der üblichen Tätigkeit innerhalb des Laboratoriums ducrhgeführt werden kann und alle Mitarbeiter erfaßt. Weiterhin wird die häufig als psychische Belastung empfundene Verwendung von Zeitmeßgeräten vermieden.

2.2.6 Systeme vorbestimmter Zeiten – weitere Ansätze zur Arbeitszeitermittlung in Laboratorien

In Ergänzung zu den bisher dargestellten Möglichkeiten der Arbeitszeitermittlung in klinischen Laboratorien sollen an dieser Stelle die "Systeme vorbestimmter Zeiten", auch als "Kleinstzeitenverfahren" bezeichnet (KAMINSKY, 1980), am Rande angeführt werden.

Ausgangspunkt der Anwendung dieser Systeme ist allgemein die Analyse von Bewegungsabläufen, die hierzu in einzelne standardisierte Bewegungselemente oder Grundbewegungen zerlegt werden (Abb. 7 : Entnahme einer Kolben-Hub-Pipette aus dem Ständer und Bestücken mit Auswechselspitze). über die so analysierten einzelnen Bewegungselemente (Greifen, Bringen, Fügen u.a.) sowie über die die Bewegungselemente tangierenden Einflußfaktoren, wie beispielsweise Bewegungslänge und der benötigte Kraftaufwand, existieren Tabellen mit den hierfür jeweils benötigten (Soll-) Zeitangaben. Aus der Addition der solchermaßen ermittelten Zeitangaben ergibt sich die benötigte (Soll-) Gesamtzeit.

Analyse des Bewegungsablaufes:

Entnahme einer Kolbenhubpipette aus dem Ständer und Bestücken mit einer Auswechselspitze

Nr.	Bewegungselement
1	<u>Hinlangen</u> (mit rechter Hand) zum Ständer
2	<u>Greifen</u> der Pipette
3	<u>Bringen</u> der Pipette
4	<u>Hinlangen</u> (mit linker Hand) zum Behälter mit Auswechselspitzen
5	<u>Greifen</u> einer Spitze
6	<u>Bringen</u> der Spitze
7	<u>Fügen</u> der Spitze an die Pipette
8	<u>Loslassen</u> der Spitze

Abb. 7:

Wegbereiter dieser Systeme vorbestimmter Zeiten waren vor allem TAYLOR (Scientific Management) und GILBRETH. Die spezifische Vorgehensweise bei den Systemen sollte vor allen die Nachteile des "Messens mit der Stoppuhr" überwinden. Zusätzlich zu dem Instrument der Zeitaufnahme und dem der statistischen Analyse tritt bei diesen Verfahren der Einsatz von Filmaufnahmen hinzu.

Die beiden vorherrschend angewandten Verfahren dieser Systeme sind das
- Work-Factor-Verfahren mit unterschiedlichen Varianten entsprechend des Detaillierungsgrades und das
- MTM-Verfahren (Method-Time-Measurement), ebenfalls mit einigen Varianten.

Beide Systeme unterscheiden sich im wesentlichen dadurch, daß das MTM-Verfahren gegenüber dem Work-Factor-Verfahren auch qualitative, zu beurteilende Einflußfaktoren berücksichtigt. Beim Work-Faktor-Verfahren handelt es sich hingegen vorwiegend um die Einbeziehung quantitativer Faktoren, die auf die Dimensionierung des Arbeitsplatzes und der Arbeitsmittel abstellen.

Als allgemeiner Vorteil können die konstanten Zeitnormen für die einzelnen Bewegungselemente angesehen werden. Mit ihnen ist gleichzeitig aber auch ein definierter Leistungsgrad festgeschrieben und damit nicht mehr variabel. Auch das oft für alle Beteiligten lästige Arbeiten mit oder nach der Stoppuhr entfällt. Im industriellen Bereich können die Systeme vorbestimmter Zeiten vorwiegend im Rahmen der Planung, zur Entwicklung von Arbeitsverfahren und zur optimalen Gestaltung von Arbeitsabläufen eingesetzt werden.

über den Einsatz eines Verfahrens der Systeme vorbestimmter Zeiten im klinischen Laboratorium gibt es nur fragmentarische Informationen. So soll in einer sogenannten "Salzburger Studie" im Zentrallaboratorium der Landeskrankenanstalten Salzburg im Zusammenhang mit der Kostenstellenrechnung das MTM-Verfahren eingesetzt worden sein. Hierbei wurden auch teil- oder vollmechanisierte Arbeitsplätze einbezogen.

Allgemein geht man davon aus (so auch KAMINSKY), daß das MTM-Verfahren lediglich auf manuelle Arbeitsabläufe bezogen und angewandt werden kann, nicht hingegen für von Prozessen bestimmte oder beeinflußte Arbeiten. Arbeitsabläufe an teil- oder vollmechanisierten Laboratoriumsarbeitsplätzen werden jedoch durch die Prozeßzeiten der Geräte determiniert, folglich wäre hier eine Anwendung des MTM-Verfahrens unmöglich.

Allerdings wäre es denkbar, daß diese Zeiten durch ein anderes Zeitmeßverfahren bestimmt und die manuellen Tätigkeitsanteile durch MTM ermittelt wurden. Diese Vorgehensweise ist insofern bedenklich, als hier mit einem Höchstmaß an Perfektion die manuelle Tätigkeitszeit festgelegt würde, die dann wohl kaum mehr mit der Bestimmung der Prozeßzeiten (bei unterschiedlichen Serienlängen, teilweiser variablen Gerätelaufzeiten etc.) kompatibel wäre.

Ganz generell aber läßt sich gegen den Einsatz dieser Verfahren in klinischen Laboratorien das Kostenargument anführen. Die Relation von Aufwand und Nutzen beim Einsatz dieser Verfahren dürfte insbesondere im Vergleich zu den anderen Arbeitszeitermittlungsverfahren beträchtlich schlechter sein. Dies gilt insbesondere dann, wenn zusätzlich Filmaufnahmen gemacht und ausgewertet werden müßten. Ergänzend hierzu läßt sich auch eine emotionale Ablehnung der Anwendung dieser Verfahren im Laborbereich damit begründen, daß diese Verfahren mit Akribie die (Soll-) Zeiten für manuelle Tätigkeiten des (Medizi-

nisch-) Technischen Personals erfassen können, die Probleme
des Laboralltags - wie unzulängliches Probenmaterial, Geräte-
ausfälle und viele weitreichende Einflußfaktoren mehr - aber
außer acht lassen würden.

2.3 ARBEITSZEITERMITTLUNG - IST-ANALYSE UND SOLL-KONZEPTION

Abschließend soll beispielhaft dargestellt werden, wie die ermittelten Ist-Daten in ein Soll-Konzept, das auch organisatorische Strukturveränderungen einbezieht, überführt werden
können. Hierbei werden das Verfahren der Arbeitszeitermittlung
durch Fremdbeobachtung und das MM-Verfahren (Multimomenthäufigkeitsverfahren) zugrunde gelegt, was aber nicht heißt, daß
die anderen Verfahren hierfür weniger geeignet sind. Sie
können modifiziert, analog dem dargestellten Beispiel, eingesetzt werden.

In einem ersten Schritt wird die Soll-Tätigkeitsstruktur berechnet und hieraus folgend der Arbeitszeitbedarf für die Normalschicht eines klinischen Laboratoriums. Abschließend wird
aus dem gesamten Arbeitszeitbedarf der Personalbedarf abgeleitet.

2.3.1 Berechnung einer Soll-Tätigkeitsverteilung

Mittels der MM-Studie sei folgende Tätigkeitsverteilung des
(Medizinisch-) Technischen Personals ermittelt worden:

Probenannahme und Verteilung	7 %
Analytische Tätigkeiten	38 %
Administrative Tätigkeiten	35 %
Sonstiges	5 %
Pausen	15 %
	100 %

Der Anteil für "Administrative Tätigkeiten", der nach der Ist-
Tätigkeitsverteilung fast ebenso groß ist wie der Anteil für
"Analytische Tätigkeiten", soll durch organisatorische Maßnahmen reduziert werden können. Nach der Entlastung des Personals
von diesen "Administrativen Tätigkeiten" sollen diese lediglich einen Anteil von 20 % am gesamten Tätigkeitsspektrum ausmachen. Hierdurch müssen die Anteile der anderen Tätigkeitsblöcke prozentual größer werden. Im einzelnen erfolgt die Berechnung des Soll-Anteils der übrigen Tätigkeiten nach folgender Formel:

SOLL-ANTEIL DER TÄTIGKEIT z (in %)

$$= \frac{100 - \text{Anteil "Administr. Tätigkeit" (Soll)}}{100 - \text{Anteil "Administr. Tätigkeit" (Ist)}} \times \text{Anteil Tätigkeit } z \text{ (Ist)}$$

Hieraus resultiert dann folgende Soll-Tätigkeitsverteilung:

Probenannahme und Verteilung	8,6 %
Analytische Tätigkeiten	46,8 %
Administrative Tätigkeiten	2o,0 %
Sonstiges	6,2 %
Pausen	18,4 %
	100,0 %

Nunmehr ist jedoch der Anteil der Pausen (einschließlich Verteilzeiten) auf 18,4 % angestiegen. Da der Anteil für die Pausen in diesem Soll-Konzept die 15 % nicht übersteigen soll, bedarf es einer erneuten Berechnung der einzelnen Tätigkeiten mit Ausnahme des Anteils der "Administrativen Tätigkeiten", der mit 20 % konstant gehalten werden soll. Die Umrechnung der übrigen Tätigkeitsblöcke erfolgt dann nach folgender Formel, die diese Restriktion berücksichtigt:

SOLL-ANTEIL DER TÄTIGKEIT z (in %)

$$= \frac{100 - \text{konst.Anteil} - \text{Anteil "Pausen" (Soll)}}{100 - \text{konst.Anteil} - \text{Anteil "Pausen" (Ist)}} \times \text{Anteil Tätigkeit } z \text{ (Ist)}$$

Nach der Umrechnung erhält die Soll-Tätigkeitsverteilung nunmehr folgendes Bild:

Probenannahme und -verteilung	9,1 %
Analytische Tätigkeiten	49,4 %
Administrative Tätigkeiten	2o,0 %
Sonstiges	6,5 %
Pausen	15,0 %
	100,0 %

2.3.2   Berechnung des Soll-Arbeitszeitbedarfs

Mit der Arbeitszeitermittlung durch Fremdbeobachtung ist der
Zeitbedarf pro Einzelanalysenbestimmung und pro Serienana-
lysenbestimmung, bezogen auf die jeweilige Analysenart, ermittelt worden. Aus Gründen der Übersichtlichkeit sollen jetzt
die verschiedenen Zeiten pro Analysenart der "Klinischen Chemie" und "Hämatologie/Serologie" aggregiert werden können (s.
Fußnote 3), so daß folgende Werte zur weiteren Berechnung zur
Verfügung stehen:

	Durchschnittlich benötigte Zeit/Analyse	
Bereich	für Einzelanalysen	für Serienanalysen
Klin. Chemie	1,4 min ($\bar{t}_K^e$)	1,0 min ($\bar{t}_K^s$)
Hämatologie	2,6 min ($\bar{t}_H^e$)	1,8 min ($\bar{t}_H^s$)

Weiterhin seien aus der Statistik folgende Analysenmengen pro
Jahr ermittelt worden:

	Analysen pro Jahr	
Bereich	Einzelanalysen	Serienanalysen
Klin. Chemie	60 000 (m_K^e)	240 000 (m_K^e)
Hämatologie	35 000 (m_H^s)	100 000 (m_H^s)

---

3) Dies geschieht hier lediglich, um die Systematik der Berechnung aufzuzeigen, ohne daß die gesamte Datenmenge detailliert berücksichtigt werden muß. Bei einer differenzierten
Vorgehensweise sind die ermittelten Durchschnittswerte pro
Analysenart einzusetzen.

Nunmehr werden die jeweils ermittelten Durchschnittswerte pro Analysenart (hier für das Beispiel aggregiert) mit der jeweiligen Analysenbestimmungsmenge pro Jahr multipliziert:

Arbeitszeitbedarf (min) für analytische Tätigkeiten pro Jahr

$$= (\ m_K^e \ x \ t_K^{-e}\ ) + (\ m_K^s \ x \ t_K^{-s}\ ) + (\ m_H^e \ x \ t_H^{-e}\ ) + (\ m_H^s \ x \ t_H^{-s}\ )$$

Mit den Daten des gewählten Beispiels ergibt sich dann:

(60.000 x 1,4)+(240.000 x 1)+(35.000 x 2,6)+(100.000 x 1,8) = 595.000 (min)

Für "analytische Tätigkeiten" werden 595.000 Minuten pro Jahr benötigt. Die "analytischen Tätigkeiten" betragen nach der Sollkonzeption 49,4% des gesamten Soll-Tätigkeitsspektrums. Die Ermittlung der gesamten Jahresarbeitszeit ergibt sich entsprechend der Formel:

$$\text{Jährliche Arbeitszeit (min)} = \frac{\text{Arbeitszeit "Analytische Tätigkeiten" x 100}}{\text{Anteil "Analyt.Tätigkeiten" (Soll)}}$$

Mit den eingesetzten Daten des Beispiels:

$$\frac{595.000 \ x \ 100}{49,4} = 1.204 \ 453 \ (\ \min\ ); \quad \text{gerundet } 1.205.000 \ (\ \min\ )$$

Mit den hier verwendeten Daten beträgt der gesamte jährliche Arbeitszeitbedarf 1.205.000 Minuten.

Soll hieraus der Personalbedarf abgeleitet werden, so ist der zuvor ermittelte jährliche Arbeitszeitbedarf durch die jeweils entsprechende Zahl der Jahresarbeitszeitminuten (JAM) pro Mitarbeiter zu dividieren.

Die entsprechenden Jahresarbeitsminuten pro Mitarbeiter können wie folgt ermittelt werden:

```
Kalendertage                              365
- Samstage/Sonntage/Feiertage            115
= Arbeitstage (Soll)                     250
- Erkrankungen/Kuren                      15
- Urlaub/Dienstbefreiungen                25
= Arbeitstage (Ist)                      210
x 480 Minuten pro Arbeitstag (Ist)
= 100.800 Arbeitsminuten pro Jahr
```

Verteil- und Rüstzeiten sind bereits in der Soll-Konzeption ("Pausen") enthalten, so daß sich der Wert von 100.800 Minuten pro Jahr nicht weiter reduziert.

Die Anzahl der benötigten Mitarbeiter für den Normaldienst (ohne Bereitschafts- und Wochenenddienste) ergibt sich dann aus:

$$\text{Personalbedarf} = \frac{\text{gesamter Arbeitszeitbedarf (Jahr)}}{\text{Jahresarbeitsminuten (JAM)}}$$

Mit den Daten des Beispiels:

$$\frac{1.205.000}{100.800} = 11,95 \; ; \quad \text{gerundet 12 Mitarbeiter}$$

Für die in dem Beispiel gewählten Analysenmengen und ermittelten Durchschnittszeiten pro Analysenart (aggregiert) sowie dem Soll-Tätigkeitsspektrum sind 12 Mitarbeiter während des Normaldienstes notwendig.

2.4   RESÜMEE

Eine Arbeitszeit- und Personalbedarfsermittlung für den Bereich der klinischen Laboratorien, die auf den hier dargestellten Verfahren basiert, weist eine hohe **Flexibilität** auf und bietet zudem durch ihre **Transparenz** die Möglichkeit der Nachvollziehbarkeit. Jede organisatorische Maßnahme und andere wesentliche Faktoren des Arbeitszeit- und Personalbedarfs können in ein derartiges Ermittlungsverfahren eingearbeitet werden. Änderungen des Personalbedarfs aufgrund variierender Analysenbestimmungsmengen und/oder anderer Geräteausstattung sind mittels dieser Verfahren fundiert nachzuweisen. Sie eignen sich zu einer Ist-Zustandsbeschreibung, deren kritischer Analyse und hierauf folgend einer Sollkonzeption. Durch die Berücksichtigung von humanen (Anpassung des Arbeitsumfeldes an den Menschen, nicht umgekehrt) und sachlichen Aspekten (den optimalen Arbeitsablauf hindernde, stochastische Einflüsse) - zusammengefaßt also durch die Einbeziehung gewisser Freiheitsgrade - wird eine derartige Soll-Konzeption den Postulaten der Realitätsnähe und dem Effektivitätserfordernis gerecht. Gegenüber einer starren Personalplanung (Kennziffernplanung) wird ein solches System auch bei der Prognose und Steuerung der Determinanten des Personalbedarfs (der Rahmenbedingungen) flexibler handhabbar und somit weitgehend überlegen sein.

3 Bewertungssystem zur Ermittlung des Personalbedarfs im medizinischen Laboratorium

K. Osburg (Hamburg)

3.1 EINFÜHRUNG

Medizinische Laboratorien sind Dienstleistungsbetriebe, die als Teilbetriebe (Krankenhauslaboratorien, Laboratorien der niedergelassenen Ärzte) oder als selbständige Betriebe (Praxis des Arztes für Laboratoriumsmedizin, Laborgemeinschaft) geführt werden können.

Die Leistungserstellung im Dienstleistungsbetrieb hängt direkt von der Nachfrage ab. Eine Lagerproduktion ist nicht möglich. Der Dienstleistungsbetrieb stellt daher zunächst nur Kapazitäten bereit. Ein nicht unerheblicher Teil dieser Kapazitäten ist das hierfür erforderliche Personal. Der Personalbedarf muß in geeigneter Weise berechnet werden.

Ziel des Bewertungssystems ist die objektive Ermittlung des Gesamtpersonalbedarfs eines medizinischen Laboratoriums.

Mit dem Bewertungssystem zur Ermittlung des Personalbedarfs läßt sich dieser Bedarf errechnen, wobei alle Variationsmöglichkeiten der Bewertung von Laborleistungen sowohl bei Änderungen in der Zukunft als auch bei den Unterschieden zwischen den einzelnen Laboratorien (unterschiedliche apparative Ausstattung und Art und Zahl der Untersuchungen) berücksichtigt sind.

Gleichzeitig bietet das Bewertungssystem die Möglichkeit, den wirtschaftlichen Nutzen und die durch Mechanisierung bedingte Kapazitätssteigerung einzustufen.

3.2   BEGRIFFE

Der folgende Abschnitt enthält die Definition einiger zum Verständnis und zur Anwendung des Bewertungssystems notwendiger Begriffe.

3.2.1   Jahresstatistik

Die Jahresstatistik im Sinne des Bewertungssystems ist die genaue Erfassung der Anzahl aller im Laufe eines Jahres während der regulären Arbeitszeit durchgeführten Analysen (unter Einbeziehung aller Folgeanalysen und Hilfsanalysen) und deren Unterteilung nach Methoden bzw. die Erfassung der Anzahl der Profile (s. 3.2.3).

Gezählt werden jeweils alle Einzelvorgänge, die einen vollen Analysengang durchlaufen und zu einem Ergebnis geführt haben. (s. hierzu auch Kapitel 7).

Erläuterung:
Es sei darauf hingewiesen, daß eine gute und exakte Erfassung aller im Laufe eines Jahres erfolgten Laborleistungen unbedingte Voraussetzung für eine genaue Ermittlung des Personalbedarfs ist. Hier werden relativ häufig insofern Fehler gemacht, als nicht nur alle Methoden getrennt und vollständig erfaßt werden, sondern häufig Unklarheit darüber besteht, was und wie gezählt werden soll. Es sei deshalb nochmals darauf hingewiesen, daß jede untersuchte Probe - egal ob Standard, Serum, Kontrollprobe usw. - als einzelne Analyse gezählt werden muß, mit Ausnahme der Profile, die gesondert erfaßt werden müssen.

3.2.1.1 Erfassung zur Jahresstatistik

Die Frage, wie eine solche Statistik erfaßt werden soll, muß
von Fall zu Fall entschieden werden. Unproblematisch wird die
Erfassung, sobald eine entsprechend vorprogrammierte Datenverarbeitung vorhanden ist. Die einfachste Möglichkeit ist, einen
Aktenordner im Labor bereitzustellen, in dem für jede einzelne
zu erfassende Untersuchungsmethode ein Blatt mit einer Tages-
einteilung vorhanden ist. Hier wird täglich von der jeweiligen
Arbeitskraft die am Arbeitsplatz durchgeführte Anzahl der zu
erfassenden Analysen - wie oben ausgeführt - eingetragen. Unter der Voraussetzung, daß diese Eintragungen regelmäßig und
korrekt erfolgen, gelangt man auf diese einfache Art und Weise
zu einer exakten Jahresstatistik.

3.2.1.2 Erfassungsbogen

Zur Erfassung der unter 3.2.1.1 beschriebenen Jahresstatistik
haben wir einen Erfassungsbogen zusammengestellt, der unter
3.10 als Muster abgebildet ist. Die Unterteilung in Anfor-
derungs-, Aufwands- und Befundstatistik hat sich uns aus praktischen Erwägungen bewährt, kann jedoch entsprechend den Gegebenheiten jedes einzelnen Laboratoriums variiert werden.

3.2.2   Analyse

Die Analyse im obigen Sinne ist ein Zählobjekt für eine durchgeführte Bestimmung mit dem Ziel, ein Ergebnis zu erhalten.
Auch eine Kontrolle oder eine Zweitbestimmung ist eine Analyse.

3.2.2.1 Primäranalyse

Eine Primäranalyse einer Untersuchungsmethode ist die in einer Probe jeweils zuerst durchgeführte Analyse. Auch Ringversuchsproben sind Primäranalysen.

3.2.2.2 Hilfsanalysen

Hilfsanalysen werden zur Absicherung der Primäranalysen durchgeführt (z.B. bei Werten außerhalb des Meßbereichs, bei groben Fehlern oder zweifelhaften Ergebnissen).

3.2.2.3 Standard

Ein Standard ist eine Substanz, die zur Kalibrierung eines Meß-, Prüf- oder Analysenverfahrens dient.

3.2.2.4 Kontrollproben

Kontrollproben im medizinischen Laboratorium sind Lösungen, die den zu bestimmenden Bestandteil bzw. die zu bestimmenden Bestandteile zum Untersuchungszeitpunkt in festgelegter Konzentration bzw. Aktivität enthalten und probenähnlich sind, also dem Milieu der untersuchten Probe (z.B. Eiweißgehalt, andere Begleitsubstanzen) soweit entsprechen, als dies für die gewählten Bestimmungsmethoden bedeutsam ist.

Es gibt gebrauchsfertige (flüssige) und erst nach entsprechender Vorbehandlung gebrauchsfertige (getrocknete, gefrorene, konservierte) Kontrollproben.

In mindestens einer dieser Zustandsformen sind die Kontrollproben über eine vom Hersteller angegebene Zeitspanne haltbar. Sie werden zur Überprüfung einer bereits kalibrierten Meßanordnung eingesetzt.

Derzeit gebräuchlich sind Präzisions- und Richtigkeitskontrollproben.

3.2.2.5 Ringversuchsproben

Ringversuchsproben sind Kontrollproben, die auf Anforderung einem Laboratorium zum Zwecke der externen Qualitätssicherung zugeschickt und von diesem analysiert werden.

3.2.3 Profil

Werden von einem Analysengerät aus einer Probe in einem zusammenhängenden Arbeitsgang mindestens zwei oder mehrere Bestandteile nichtselektiv analysiert und alle Ergebnisse immer als eine Gruppe ausgedruckt, so spricht man von einem Profil. Dieses wird wie eine Analyse gezählt (z.B. Elektrophorese, Blutgasanalyse).

3.2.4 Mehrkanalige selektive Analysengeräte

Bei mehrkanaligen Analysengeräten mit selektiver Analysenauswahl werden grundsätzlich alle Analysen gezählt. Bei nichtselektiven Geräten, bei denen einzelne Kanäle abgeschaltet oder mit Wasser im "Leerlauf" betrieben werden können, sind ebenfalls alle durchgeführten Analysen zu zählen.

3.2.5. Laborarbeitsschicht

Die Laborarbeitsschicht ist ein berechnungstechnischer Begriff. Sie umfaßt die Zeitspanne von 8 Stunden (480 Minuten). Sie ist unabhängig von arbeitsrechtlichen Festlegungen und organisatorischen Möglichkeiten des einzelnen Laboratoriums. Jede Arbeitsschicht, kurz Schicht genannt, zählt zu dem Kalendertag, an dem sie beginnt.

3.2.6 Arbeitsminuten je Jahr

Die Arbeitsminuten je Jahr dienen bei der Berechnung dazu, evtl. Änderungen der tariflichen Wochenarbeitszeit zu berücksichtigen. Die nachfolgende Zusammenstellung bezieht sich noch auf eine Wochenarbeitszeit von 40 Stunden (5 Tage zu 8 Stunden = täglich 480 Minuten).
Die Arbeitsminuten je Jahr werden von der Kommunalen Gemeinschaftsstelle zur Verwaltungsvereinfachung (KGSt) festgelegt Die Berichte Nr. 25/1973 vom 14. Dezember 1973 und Nr. 1/1979 vom 30. Januar 1979 sind den nachstehenden Berechnungen zugrunde gelegt(Siehe Fußnote 1).

---

1) zu beziehen bei: Kommunale Gemeinschaftsstelle für
                      Verwaltungsvereinfachung,
                      Lindenallee 13 - 17, 5000 Köln 51

Hiernach beträgt die Anzahl der möglichen Arbeitsminuten je
Kalenderjahr und Arbeitskraft 100.800 Minuten (In einigen
Bundesländern 88.000 Minuten).

Die Arbeitsminuten je Jahr ergeben sich aus folgendem Rech-
nungsgang:

Gerundetes mittleres Jahr	365 Tage
abzüglich Sonntage	52 Tage
Samstage	52 Tage
Feiertage u. feiertagsähnliche Zeit	11 Tage
Summe der Abzüge	115 Tage
Summe der möglichen Arbeitstage je Kalenderjahr und Arbeitskraft	250 Tage

Die Summe der rechnerisch einzusetzenden Arbeitstage je Kalenderjahr und Arbeitskraft ergibt sich
aus folgender Rechnung:

Summe der möglichen Arbeitstage je Kalenderjahr und Arbeitskraft	250 Tage
abzüglich rechnerisch einzusetzender Ausfälle durch Erkrankung, einschl. Kuren (Heilverfahren)	15 Tage
Urlaub und sonstige Dienstbefreiung	25 Tage
Summe der Abzüge	40 Tage
Summe der rechnerisch einzusetzenden Arbeits- tage je Kalenderjahr und Arbeitskraft	210 Tage

Die rechnerisch einzusetzenden Arbeitstage je Kalenderjahr und
Arbeitskraft von 210 Tagen entsprechen bei einer Schichtdauer
von 480 Minuten einer Jahresarbeitszeit von 210 x 480 =
100.800 Minuten.

44

In einigen Bundesländern werden für sogenannte Rüstzeiten
hiervon 13 % , das sind 13.104 Minuten, abgerechnet.

Die Arbeitszeit je Kalenderjahr und Arbeitskraft beträgt dann:

$$100.800 \text{ Minuten}$$
$$- \ 13.104 \text{ Minuten}$$
$$\overline{}$$
$$87.696 \text{ Minuten,}$$

aufgerundet   88.000 Minuten.

3.3   GRUNDLAGE DES BEWERTUNGSSYSTEMS

Grundlage des Bewertungssystems ist die genaue Kenntnis des
Arbeitsablaufes im medizinischen Laboratorium und die Aufgliederung der einzelnen Funktionsabläufe der unterschiedlichen Leistungsgruppen und Leistungsarten.

3.3.1   Der Gesamtpersonalbedarf eines Laboratoriums setzt sich aus folgenden Leistungsgruppen zusammen (Abb. 1):

3.3.1.1 Personal mit Hochschulbildung

3.3.1.2 Technisches Personal

3.3.1.3 Büropersonal

3.3.1.4 Personal im Reinigungsdienst

3.3.2

Wir gehen davon aus, daß ein medizinisches Laboratorium von Montag bis Freitag ca. 8 Stunden voll besetzt sein muß, im allgemeinem von 8°° bis 16°° Uhr.

Dieser Zeitraum wird kurz Laborarbeitsschicht (reguläre Arbeitszeit) genannt. Es handelt sich hierbei um einen berechnungstechnischen Begriff, der nicht mit einer festgelegten Arbeitszeitregelung verwechselt werden darf.

Nur für den Zeitraum einer Laborarbeitsschicht läßt sich aufgrund der erfolgten Leistungen der Personalbedarf berechnen, da nur hier der Personalbedarf in berechenbarer Beziehung zur Anzahl der Leistungen steht.

3.3.3

Aus diesem Grunde müssen alle sogenannten **Sonderdienste**, wie z.B. Cito- oder Notfall-Laboratorium, Sonntags- und Feiertags- dienst sowie Spät- und Nachtdienst, aus der Berechnung herausgenommen werden.

Hierbei handelt es sich um sog. Vorhalteleistungen. Diese Funktionen müssen auch dann besetzt sein, wenn evtl. keine Arbeit anfällt; sie lassen sich also nicht mit zahlenmäßigen Leistungen in Beziehung setzen.

3.3.4

Ebenso können die Funktionsgruppen **Personal mit Hochschulbildung und Büropersonal** nur bedingt mit den Leistungszahlen des Laboratoriums in Beziehung gebracht werden.

Ein Gleiches gilt für das **Reinigungspersonal**.

3.3.5

Entscheidend für die Berechnung nach dem Bewertungssystem ist die Ermittlung des Bedarfs an technischen Personal: Medizinisch-Technischen Assistenten, Technischen Angestellte, Laboranten, evtl. auch Ingenieure.

Für diese im allgemeinen größte Gruppe muß man verschiedene Leistungsarten unterscheiden:

Neben den Untersuchungen selbst und den direkt damit in Zusammenhang stehenden Arbeiten (untersuchungszahlenabhängige Leistungen), werden in jedem Laboratorium täglich wiederkehrende Leistungen erbracht, die unabhängig von der Anzahl der Untersuchungen grundsätzlich für die Funktion des gesamten Laboratoriums erforderlich sind und von weiteren Arbeitskräften durchgeführt werden müssen. Diese untersuchungszahl**unab**hängigen Leistungen müssen also auch berücksichtigt werden.

3.3.6 Wir unterteilen deshalb die Leistungen des technischen Personals in:

3.3.6.1

Leistungen die vorwiegend von der Anzahl der Untersuchungen abhängen (untersuchungszahlen**ab**hängige Leistungen).

3.3.6.2

Leistungen, die täglich wiederkehren, die für die Funktion des gesamtem Laboratoriums notwendig sind und in keinem direkten Zusammenhang mit der Anzahl der Untersuchungen stehen (untersuchungszahlen**unab**hängige Leistungen).

Hierzu rechnen wir:

a) Die zentrale Materialannahme mit zentraler Verteilung usw.
b) Die Laboraufsicht durch den aufsichtsführenden Med.-Techn.-Assistenten.

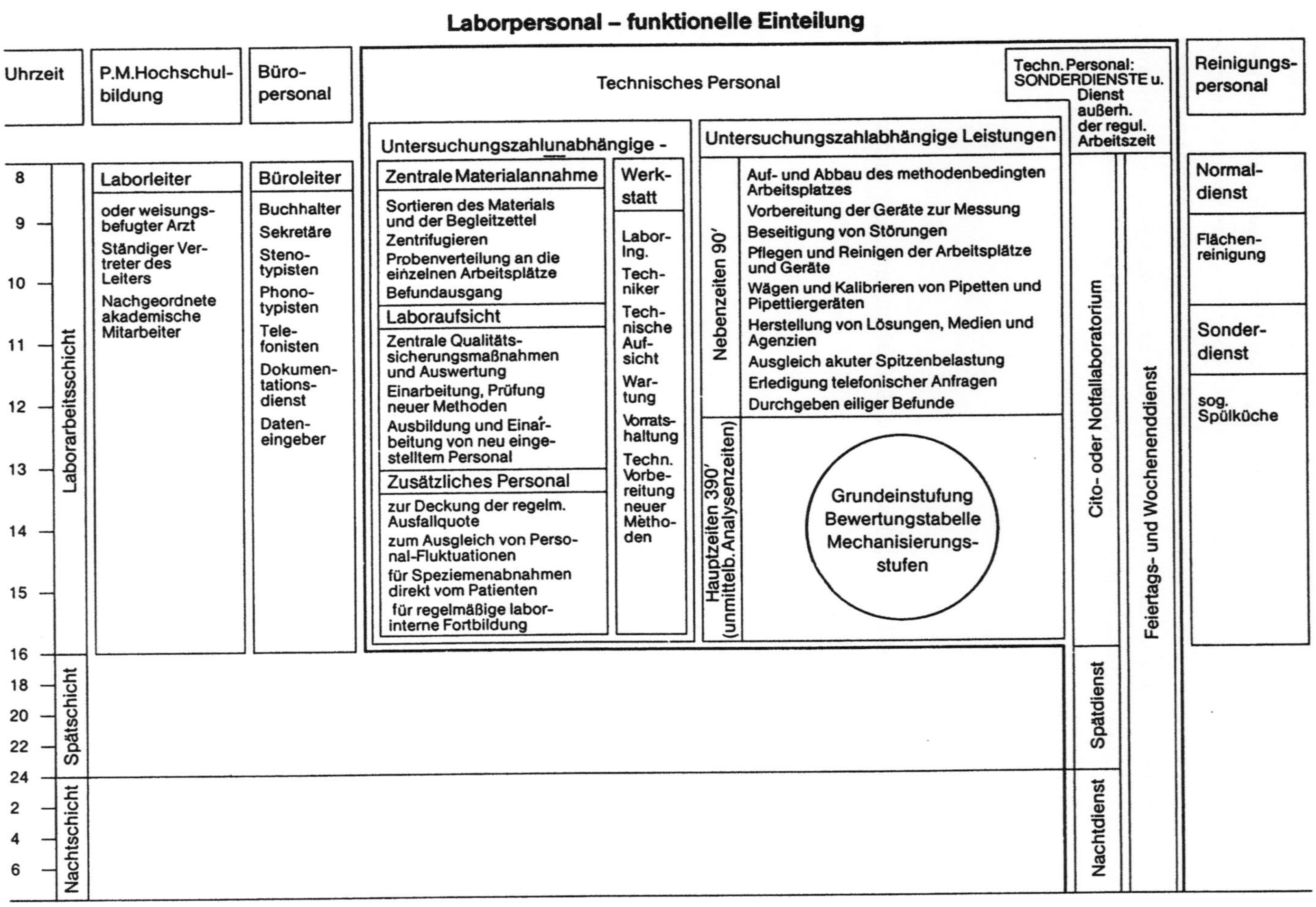

Laborpersonal – funktionelle Einteilung

Abb. 1

c) Alle zentralen Maßnahmen in Verbindung mit der Qualitätssicherung.
d) Die Einarbeitung und Prüfung neuer Methoden.
e) Die Ausbildung und Einarbeitung von Fremdpersonal.
f) Die Einarbeitung von Personal aufgrund der Personalfluktuation.
g) Spezimenabnahme direkt vom Patienten.
h) Regelmäßige laborinterne Fortbildung.

3.3.7

Kernstück des Bewertungssystems ist die Berechnung des **Bedarfs
an Personal für untersuchungszahlenabhängige Leistungen.**

Hierzu benötigt man die statistischen Leistungszahlen des Laboratoriums (s. 3.2.1) und Richtwerte, die angeben, wieviel
Untersuchungen eine eingearbeitete Arbeitskraft je Laborarbeitsschicht von jeder einzelnen Untersuchungsmethode durchführen kann.

Basis für die Richtwerte ist eine Laborarbeitsschicht, wobei
jedoch insofern nochmals unterteilt werden muß, als nicht
volle 8 Stunden = 480 Minuten zur Verfügung stehen, sondern am
Analysenplatz noch Verrichtungen berücksichtigt werden müssen,
die grundsätzlich anfallen, egal ob vereinzelte oder viele
Analysen durchgeführt werden müssen (s. 3.3.7.2 und Abb. 2).

Es muß also nochmals unterteilt werden in die:

3.3.7.1 Hauptzeit

Das ist die Summe der unmittelbaren Analysenzeiten

und in die

3.3.7.2 Nebenzeit

Nebenzeiten sind die mit den Hauptzeiten in engem Zusammenhang stehenden, täglich direkt am Arbeitsplatz in gleichem Unfang wiederkehrenden Zeiten für Tätigkeiten, wie z.B.

a) Auf- und Abbau des methodenbedingten Arbeitsplatzes.
b) Vorbereitung der Geräte zur Messung.
c) Beseitigung von Störungen.
d) Pflegen und Reinigen der Arbeitsplätze und -geräte.
e) Wägen und Kalibrieren von Pipetten und Pipettiergeräten.
f) Herstellen von Lösungen, Medien und Agenzien.
g) Ausgleich von akuten Spitzenbelastungen.
h) Erledigen telefonischer Anfragen.
i) Durchgeben eiliger Befunde.

Nach den bisherigen Erfahrungen müssen täglich durchschnittlich für die Nebenzeiten 90 Minuten angesetzt werden.

Das bedeutet, daß für die eigentliche Analysentätigkeit am Arbeitsplatz je Arbeitskraft und Arbeitsschicht insgesamt 390 Minuten zur Verfügung stehen. Nur diese Zeit kann für die Ermittlung von Richtwerten eingesetzt werden.

Es sei nochmals darauf hingewiesen, daß entsprechend der analytischen Aufgliederung der Leistungsarten in einem medizinischen Laboratorium für die untersuchungszahlen**unab**hängigen Leistungen (s. 3.3.6.2) gesondertes' Personal berechnet werden muß.

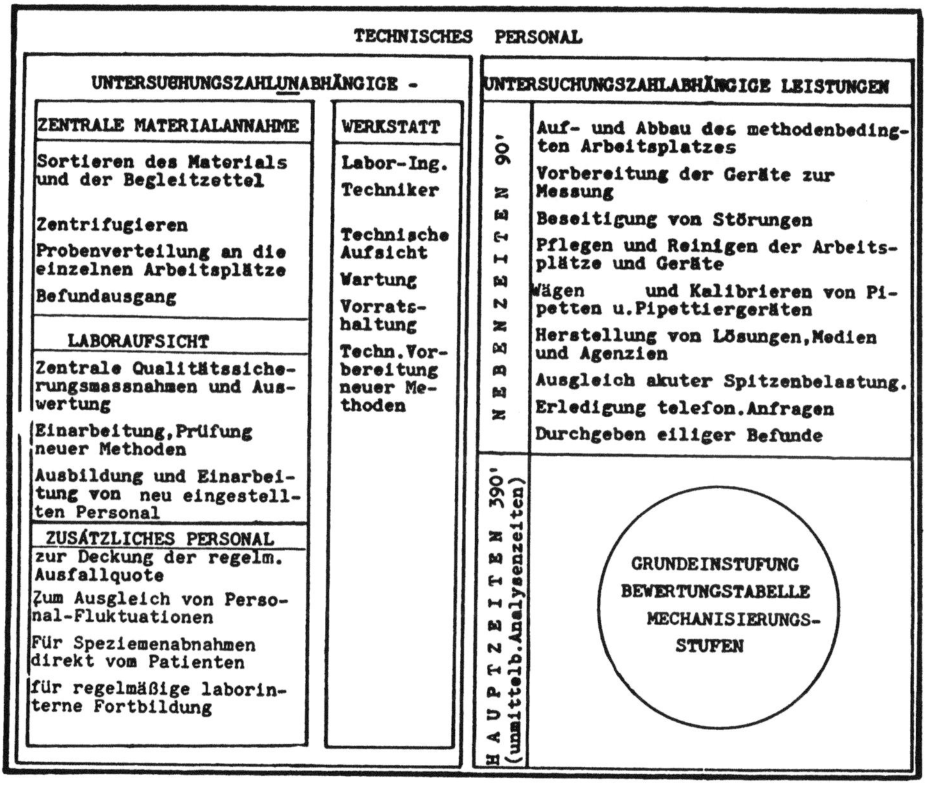

TECHNISCHES PERSONAL

UNTERSUCHUNGSZAHL**UNAB**HÄNGIGE -

ZENTRALE MATERIALANNAHME

Sortieren des Materials und der Begleitzettel

Zentrifugieren

Probenverteilung an die einzelnen Arbeitsplätze

Befundausgang

LABORAUFSICHT

Zentrale Qualitätssicherungsmassnahmen und Auswertung

Einarbeitung,Prüfung neuer Methoden

Ausbildung und Einarbeitung von neu eingestellten Personal

ZUSÄTZLICHES PERSONAL

zur Deckung der regelm. Ausfallquote

Zum Ausgleich von Personal-Fluktuationen

Für Speziemenabnahmen direkt vom Patienten

für regelmäßige laborinterne Fortbildung

WERKSTATT

Labor-Ing.
Techniker

Technische Aufsicht

Wartung

Vorratshaltung

Techn.Vorbereitung neuer Methoden

UNTERSUCHUNGSZAHL**AB**HÄNGIGE LEISTUNGEN

NEBENZEITEN 90'

Auf- und Abbau des methodenbedingten Arbeitsplatzes

Vorbereitung der Geräte zur Messung

Beseitigung von Störungen

Pflegen und Reinigen der Arbeitsplätze und Geräte

Wägen und Kalibrieren von Pipetten u.Pipettiergeräten

Herstellung von Lösungen,Medien und Agenzien

Ausgleich akuter Spitzenbelastung.

Erledigung telefon.Anfragen

Durchgeben eiliger Befunde

HAUPTZEITEN 390' (unmittelb.Analysenzeiten)

GRUNDEINSTUFUNG
BEWERTUNGSTABELLE
MECHANISIERUNGS-
STUFEN

Abb. 2

3.4. GRUNDEINSTUFUNG

3.4.1

Als Schlüsselzahlen oder Richtwerte zur Bestimmung des Personalbedarfs wird die Grundeinstufung eingeführt.

Die **Grundeinstufung einer Methode** ergibt sich aus der
durchschnittlichen Anzahl von Analysen im medizinischen
Laboratorium je eingearbeiteter Arbeitskraft während der
Hauptzeit einer Schicht (390 Minuten) mittels einer
Grundmethode, bei der keine Geräte zur Mechanisierung des
Arbeitsablaufes verwendet werden.

Anstelle der Benennung Grundmethode werden auch die Begriffe
Makromethode, Makro-Hand-Methode oder makromanuelle Methode
verwendet. Der Begriff darf nicht zu eng ausgelegt werden, da
es Methoden gibt, bei denen auf solche Weise nicht oder nicht
mehr verfahren wird, der Wert somit theoretische Bedeutung
hat.

Die Grundeinstufung für jede einzelne Methode wird gesondert
bestimmt und basiert auf praktischen Erfahrungen, Arbeitsanalysen und Zeitstudien während der Hauptzeit einer Schicht,
wobei im allgemeinen eine Mindestserienlänge von 10 Analysen
zugrunde gelegt wird.

Erläuterungen:

Bei der Erfassung der Grundeinstufung - und nur bei dieser -
wird davon ausgegangen, daß eine _theoretische_ Mindestserienlänge von 10 Analysen vorliegt.Bei den üblichen Routine-

analysen sollten Einzelanalysen niemals erfolgen und bei Serienlängen über 10 Analysen könnte bereits mit der stufenweisen Mechanisierung begonnen werden.

Diese Ausführungen sind bedauerlicherweise von einigen Anwendern so interpretiert worden, als wenn grundsätzlich alle Einstufungen, auch bei mechanisierten Systemen, nur in 10er Serie erfolgt sind, somit die Serienlänge nicht berücksichtigt wurde

Selbstverständlich sind damit nicht besondere und spezielle Analysenverfahren gemeint, bei denen z.T. pro Schicht sowieso nur 1 oder wenige Analysen möglich sind. Außerdem sei nochmals darauf hingewiesen, daß die Grundeinstufung nur für die reguläre Arbeitszeit gilt und nicht für Notfalluntersuchungen, Spätdienst usw., wo selbstverständlich ohne weiteres Einzelanalysen vorkommen können.

Es wird also bei einer Grundeinstufung einer Methode die Anzahl von Analysen ermittelt, die eine eingearbeitete Arbeitskraft in 390 Minuten sicher und ohne Mechanisierungshilfen durchführen kann.

Der Zahlenwert einer Grundeinstufung bedeutet somit Anzahl Analysen/je 390 Minuten unter den o.a. Grundbedingungen.

Umgekehrt läßt sich daraus errechnen (Division der Grundeinstufung durch 390 Minuten), wieviel Analysenarbeitszeit ich je Einzelanalyse dieser Methode benötige.

Dabei muß unterschieden werden zwischen Analysenarbeitszeit, das ist die Zeit, die eine Arbeitskraft wirklich mit der

Durchführung der Analyse beschäftigt ist, und der Analysenzeit, also der Zeit, die zur Fertigstellung der Analyse insgesamt benötigt wird.

Analysenzeit = Analysenarbeitszeit + Inkubationszeit (o.ä.)

3.4.2

In der aufgeführten **Liste der Grundeinstufungen** sind Beispiele für einige Grundeinstufungen im medizinischen Laboratorium aufgeführt, die aufgrund bisheriger Erfahrungen gemacht wurden.

Die Liste erhebt keinen Anspruch auf Vollständigkeit. Entsprechend der steten Fortentwicklung der Labormethoden müßte die Liste regelmäßig den neuesten Erkenntnissen angepaßt werden.

Werden Methoden benutzt, die nicht in der Liste aufgeführt sind, so wird empfohlen, entsprechend den obigen Ausführungen zu verfahren und mittels Zeitstudien und Arbeitsanalysen eine vorläufige Grundeinstufung selbst festzulegen, ggf. basierend auf der einfachsten, für diese Verfahren erforderlichen Grundausrüstung. Sollte auch dieses Schwierigkeiten bereiten, so wird eine Zeitstudie mit vorhandener Mechanisierungshilfe empfohlen.

Zum besseren Verständnis nachstehend als Beispiel die Berechnung des Personalbedarfs bei Grundmethoden mittels der Grundeinstufung (s. auch 3.8):

<u>Tabelle 1</u>

Methode	Grund-einstufung	Anzahl der durchgeführten Untersuchungen	Anzahl der erforderlichen Arbeitskräfte
Bilirubin	63	24	0,380
Elektrophorese	20	8	0,400
Natrium	100	20	0,200
Vanillin-mandelsäure	20	4	0,200

3.5 BEWERTUNGSTABELLE

3.5.1

Wie beschrieben ermittelte ich mit der Grundeinstufung einer Methode die Anzahl von Analysen, die eine eingearbeitete Arbeitskraft in 390 Minuten sicher und ohne Mechanisierungshilfe durchführen kann.

Benutze ich eine Mechanisierungshilfe, so kann es hierdurch zu einer Steigerung der Analysenzahlen kommen, je nach dem Grad der Mechanisierung – vom einfachen Dosierer bis zum sog. "Vollautomaten" – in unterschiedlicher Höhe.

Um diese sehr unterschiedlichen Steigerungen der Analysenzahlen in irgendeiner Weise - insbesondere auch bei Neuentwicklungen in der Zukunft - so einfach, variabel und gleichzeitig so übersichtlich wie möglich ablesen zu können, wird die Bewertungstabelle benutzt (s. 3.5.5).

3.5.2

Bei der Bewertungstabelle handelt es sich um eine zweidimensionale Zahlenreihe, die nichts weiter als ein Gerüst sowohl für die Grundeinstufungen als auch für die Mechanisierungsstufen darstellt.

Dabei hat es sich als praktisch herausgestellt, hierfür Normzahlen nach DIN 323 zugrunde zu legen.

<u>3.5.3</u>

Normzahlen nach DIN 323 sind vereinbarte, gerundete Glieder dezimal geometrischer Reihen, die ganze Potenzen von

$$\sqrt[5]{10} \qquad (\text{ Reihe R 5 })$$

bis

$$\sqrt[40]{10} \qquad (\text{ Reihe R 40 })$$

enthalten.

Sie sind eine logarithmisch ausgerichtete Zahlenauswahl, die zur Vereinfachung von Rechenvorgängen und anderen Vorgängen sowie zur Bemessung von Gegenständen dienen. Besonders geeignet sind sie für die Stufung physikalischer, technischer und wirtschaftlicher Größen (s. Abb. 3 und 4).

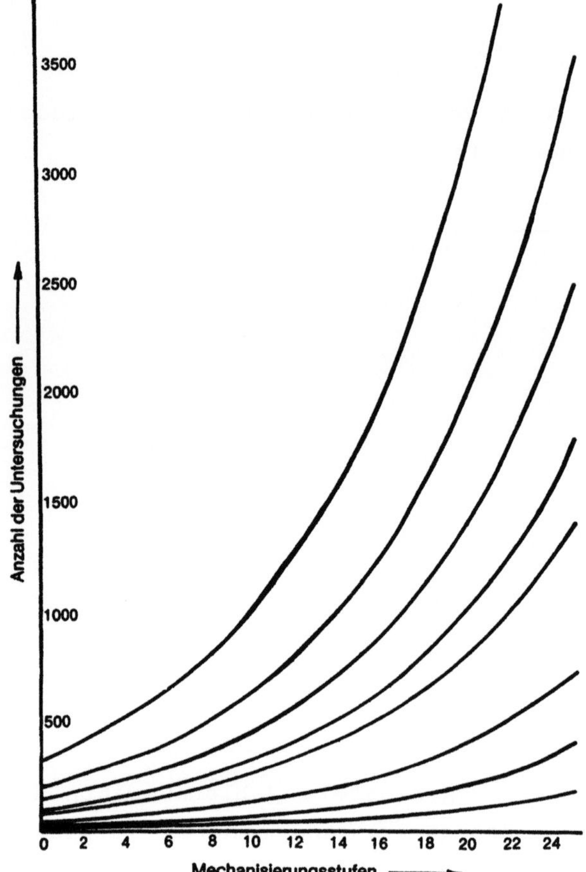

Abb. 3

Insofern eignen sich die Normzahlen auch als Grundgerüst zur Darstellung von Analysensteigerungen durch Mechanisierung.

Dabei sei nochmals betont, daß es sich hierbei nur um ein Zahlengerüst für die Bewertungstabelle handelt, nicht um eine Normierung von Mechanisierungsgraden. Jede andere Zahlenreihe hätte genauso der Bewertungstabelle zugrunde gelegt werden können.

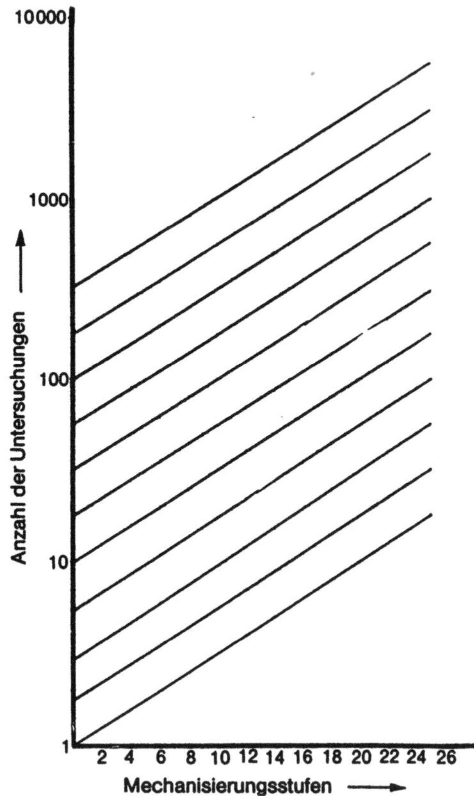

Abb. 4

<u>3.5.4</u>

Die als Grundeinstufung einer Methode ermittelte Anzahl von
Untersuchungen je Arbeitskraft und Schicht wird in der
Spalte 0 der Bewertungstabelle (Spalte der Grundeinstufungen) aufgesucht und der entsprechenden Zeilennummer zugeordnet (s. Tabelle 2).

3.5.5   Bewertungstabelle   Tabelle 2

Mechanisierungsstufe (Spaltennummer)

Zeilen-Nr	0	1	2	3	4	5	6	7	8	9	10	11	12	13	14	15	16	17	18	19	20	21	22	23	24	25
0	1	1,1	1,2	1,4	1,6	1,8	2	2,2	2,5	2,8	3	3,5	4	4,5	5	5,5	6	7	8	9	10	11	12	14	16	18
1	1,1	1,2	1,4	1,6	1,8	2	2,2	2,5	2,8	3	3,5	4	4,5	5	5,5	6	7	8	9	10	11	12	14	16	18	20
2	1,2	1,4	1,6	1,8	2	2,2	2,5	2,8	3	3,5	4	4,5	5	5,5	6	7	8	9	10	11	12	14	16	18	20	22
3	1,4	1,6	1,8	2	2,2	2,5	2,8	3	3,5	4	4,5	5	5,5	6	7	8	9	10	11	12	14	16	18	20	22	25
4	1,6	1,8	2	2,2	2,5	2,8	3	3,5	4	4,5	5	5,5	6	7	8	9	10	11	12	14	16	18	20	22	25	28
5	1,8	2	2,2	2,5	2,8	3	3,5	4	4,5	5	5,5	6	7	8	9	10	11	12	14	16	18	20	22	25	28	32
6	2	2,2	2,5	2,8	3	3,5	4	4,5	5	5,5	6	7	8	9	10	11	12	14	16	18	20	22	25	28	32	36
7	2,2	2,5	2,8	3	3,5	4	4,5	5	5,6	6	7	8	9	10	11	12	14	16	18	20	22	25	28	32	36	40
8	2,5	2,8	3	3,5	4	4,5	5	5,6	6	7	8	9	10	11	12	14	16	18	20	22	25	28	32	36	40	45
9	2,8	3	3,5	4	4,5	5	5,6	6	7	8	9	10	11	12	14	16	18	20	22	25	28	32	36	40	45	50
10	3	3,5	4	4,5	5	5,6	6	7	8	9	10	11	12	14	16	18	20	22	25	28	32	36	40	45	50	56
11	3,5	4	4,5	5	5,6	6	7	8	9	10	11	12	14	16	18	20	22	25	28	32	36	40	45	50	56	63
12	4	4,5	5	5,6	6	7	8	9	10	11	12	14	16	18	20	22	25	28	32	36	40	45	50	56	63	71
13	4,5	5	5,6	6	7	8	9	10	11	12	14	16	18	20	22	25	28	32	36	40	45	50	56	63	71	80
14	5	5,6	6	7	8	9	10	11	12	14	16	18	20	22	25	28	32	36	40	45	50	56	63	71	80	90
15	5,6	6	7	8	9	10	11	12	14	16	18	20	22	25	28	32	36	40	45	50	56	63	71	80	90	100
16	6	7	8	9	10	11	12	14	16	18	20	22	25	28	32	36	40	45	50	56	63	71	80	90	100	112
17	7	8	9	10	11	12	14	16	18	20	22	25	28	32	36	40	45	50	56	63	71	80	90	100	112	125
18	8	9	10	11	12	14	16	18	20	22	25	28	32	36	40	45	50	56	63	71	80	90	100	112	125	140
19	9	10	11	12	14	16	18	20	22	25	28	32	36	40	45	50	56	63	71	80	90	100	112	125	140	160
20	10	11	12	14	16	18	20	22	25	28	32	36	40	45	50	56	63	71	80	90	100	112	125	140	160	180
21	11	12	14	16	18	20	22	25	28	32	36	40	45	50	56	63	71	80	90	100	112	125	140	160	180	200
22	12	14	16	18	20	22	25	28	32	36	40	45	50	56	63	71	80	90	100	112	125	140	160	180	200	224
23	14	16	18	20	22	25	28	32	36	40	45	50	56	63	71	80	90	100	112	125	140	160	180	200	224	250
24	16	18	20	22	25	28	32	36	40	45	50	56	63	71	80	90	100	112	125	140	160	180	200	224	250	280
25	18	20	22	25	28	32	36	40	45	50	56	63	71	80	90	100	112	125	140	160	180	200	224	250	280	315
26	20	22	25	28	32	36	40	45	50	56	63	71	80	90	100	112	125	140	160	180	200	224	250	280	315	355
27	22	25	28	32	36	40	45	50	56	63	71	80	90	100	112	125	140	160	180	200	224	250	280	315	355	400
28	25	28	32	36	40	45	50	56	63	71	80	90	100	112	125	140	160	180	200	224	250	280	315	355	400	450
29	28	32	36	40	45	50	56	63	71	80	90	100	112	125	140	160	180	200	224	250	280	315	355	400	450	500
30	32	36	40	45	50	56	63	71	80	90	100	112	125	140	160	180	200	224	250	280	315	355	400	450	500	560
31	36	40	45	50	56	63	71	80	90	100	112	125	140	160	180	200	224	250	280	315	355	400	450	500	560	630
32	40	45	50	56	63	71	80	90	100	112	125	140	160	180	200	224	250	280	315	355	400	450	500	560	630	710
33	45	50	56	63	71	80	90	100	112	125	140	160	180	200	224	250	280	315	355	400	450	500	560	630	710	800
34	50	56	63	71	80	90	100	112	125	140	160	180	200	224	250	280	315	355	400	450	500	560	630	710	800	900
35	56	63	71	80	90	100	112	125	140	160	180	200	224	250	280	315	355	400	450	500	560	630	710	800	900	1000
36	63	71	80	90	100	112	125	140	160	180	200	224	250	280	315	355	400	450	500	560	630	710	800	900	1000	1120
37	71	80	90	100	112	125	140	160	180	200	224	250	280	315	355	400	450	500	560	630	710	800	900	1000	1120	1250
38	80	90	100	112	125	140	160	180	200	224	250	280	315	355	400	450	500	560	630	710	800	900	1000	1120	1250	1400
39	90	100	112	125	140	160	180	200	224	250	280	315	355	400	450	500	560	630	710	800	900	1000	1120	1250	1400	1600
40	100	112	125	140	160	180	200	224	250	280	315	355	400	450	500	560	630	710	800	900	1000	1120	1250	1400	1600	1800
41	112	125	140	160	180	200	224	250	280	315	355	400	450	500	560	630	710	800	900	1000	1120	1250	1400	1600	1800	2000
42	125	140	160	180	200	224	250	280	315	355	400	450	500	560	630	710	800	900	1000	1120	1250	1400	1600	1800	2000	2240
43	140	160	180	200	224	250	280	315	355	400	450	500	560	630	710	800	900	1000	1120	1250	1400	1600	1800	2000	2240	2500
44	160	180	200	224	250	280	315	355	400	450	500	560	630	710	800	900	1000	1120	1250	1400	1600	1800	2000	2240	2500	2800
45	180	200	224	250	280	315	355	400	450	500	560	630	710	800	900	1000	1120	1250	1400	1600	1800	2000	2240	2500	2800	3150
46	200	224	250	280	315	355	400	450	500	560	630	710	800	900	1000	1120	1250	1400	1600	1800	2000	2240	2500	2800	3150	3550
47	224	250	280	315	355	400	450	500	560	630	710	800	900	1000	1120	1250	1400	1600	1800	2000	2240	2500	2800	3150	3550	4000
48	250	280	315	355	400	450	500	560	630	710	800	900	1000	1120	1250	1400	1600	1800	2000	2240	2500	2800	3150	3550	4000	4500
49	280	315	355	400	450	500	560	630	710	800	900	1000	1120	1250	1400	1600	1800	2000	2240	2500	2800	3150	3550	4000	4500	5000
50	315	355	400	450	500	560	630	710	800	900	1000	1120	1250	1400	1600	1800	2000	2240	2500	2800	3150	3550	4000	4500	5000	5600

3.6   MECHANISIERUNGSSTUFEN

3.6.1

Je nach der apparativen Ausstattung, nach der Art der eingesetzten Mechanisierungshilfen - von der Mikropipette oder
Durchlaufküvette bis hin zum sog. "Vollautomaten" - ist es
möglich, bei der gleichen Untersuchungsmethode unterschiedliche Untersuchungszahlen je Arbeitskraft und Schicht zu erreichen. Um auch diese Variationsmöglichkeiten im Rahmen des
Bewertungssystems berücksichtigen zu können, benötige ich neben der Bewertungstabelle noch die sog. Mechanisierungsstufe.

D.h., für jede Art der Mechanisierung bzw. für jedes mechanisierte System wird gesondert die hierdurch bedingte Steigerung
der Untersuchungszahlen dieser Methode gegenüber ihrer Grundeinstufung festgestellt. Die Steigerung der Untersuchungszahlen wird in der Bewertungstabelle in Form von Mechanisieruns-
stufen festgelegt, indem man von der Grundeinstufung der
jeweiligen Methode (in der Spalte 0) in der selben Zeile
nach rechts gehend die durch die Steigerung mögliche Anzahl
von Untersuchungen (abgerundet) aufsucht und die in der
obersten Zeile (Spaltennummer) aufgeführten Mechanisierungsstufe registriert (s. Tabelle 2).

3.6.2

Die Höhe der Mechanisierungsstufen wird für jedes Gerät gesondert bestimmt und ergibt sich aus praktischen Erfahrungen,
Arbeitsanalysen und Zeitstudien.

3.6.3

In der unter 3.9 aufgeführten Liste von Mechanisierungsstufen
sind Beispiele von Mechanisierungsstufen für einige im medizinischen Laboratorium gebräuchliche Geräte zur Mechanisierung
der Laborarbeiten aufgeführt.

Die Liste erhebt keinen Anspruch auf Vollständigkeit.

Entsprechend weiterer Erfahrungen und der steten Fortentwicklung der Labormeßtechnik müßte die Liste regelmäßig den neuesten Erkenntnissen angepaßt werden.

3.6.4.

Werden Geräte im Laboratorium benutzt, die noch nicht in der
Liste aufgeführt sind, so wird empfohlen, entsprechend den
obigen Ausführungen zu verfahren und mittels Zeitstudien und
Arbeitsanalysen die Steigerung der Untersuchungszahlen zu ermitteln und einer Bewertungszahl, ausgehend von der Grundeinstufung der jeweiligen Methode, zuzuordnen und eine vorläufige
Mechanisierungsstufe festzulegen.

3.6.5

Nachstehend zur Erläuterung des bisher Dargestellten ein Beispiel (s. Tabelle 3):

<u>Tabelle 3</u>

L I S T E   D E R   G R U N D E I N S T U F U N G E N ; (Ausschnitt)

	BENENNUNG	ZEILEN-NR.	GRUNDEINSTUFUNG
S	Glutamat – Oxalacetat – Transaminase (GOT)	36	63
S	Glutamat – Pyruvat – Transaminase (GPT)	36	63

L I S T E   D E R   M E C H A N I S I E R U N G S S T U F E N ; (Ausschnitt)

C 1	Kinetik – 6-fach – Meßplatz mit Schreiber	6
C 2	Kinetik – 6-fach – Meßplatz mit Rechner und Drucker	7
C 3	Enzymstraße mit diskreter Probenzuführung mit Schreiber	12
C 4	Enzymstraße m, diskret, Probenzuführung m, Rechner u, Drucker	16

B E W E R T U N G S T A B E L L E : (Ausschnitt)

Zeilen-Nr.	Spaltennummer (Mechanisierungsstufe)																			
	0	1	2	3	4	5	6	7	8	9	10	11	12	13	14	15	16	17	18	19
0	1	1,1	1,2	1,4	1,6	1,8	2	2,2	2,5	2,8	3	3,5	4	4,5	5	6	7	8	9	10
1	1,1	1,2	1,4	1,6	1,8	2	2,2	2,5	2,8	3	3,5	4	4,5	5	6	7	8	9	10	11
36	63	71	80	90	100	112	125	140	160	180	200	224	250	280	315	355	400	450	500	560

Grundeinstufung der GOT: Zeilen Nr. 36, das bedeutet, 63 Untersuchungen ohne Mechanisierungshilfen je Schicht und Arbeitskraft.

Bei z.B. 100 GOT-Bestimmungen pro Tag würden somit ohne Mechanisierungshilfen 1,59 Arbeitskräfte für die reine Analysenzeit benötigt.

Setze ich für diese GOT-Bestimmungen jedoch einen Kinetik-6-fach-Meßplatz mit Rechner und Drucker ein, so ergibt sich aus der Liste eine Mechanisierungsstufe von 7.

D.h., ich suche in der Bewertungstabelle in der Spalte 0 die 63 auf und gehe von hier aus in der gleichen Spalte nach rechts bis zur Spaltennummer 7. Hier finde ich die Ziffer 140, die jetzt die Anzahl der möglichen Untersuchungen je Schicht und Arbeitskraft mit dieser Mechanisierungshilfe angibt.

Diese Ziffer wird **Bewertungszahl** genannt.

In unserem Beispiel wäre die Bewertungszahl 140 einzusetzen. Es ergäbe sich ein Bedarf an 0,71 Arbeitskräften für 100 GOT-Bestimmungen je Schicht.

Setzt man eine Enzymstraße mit diskreter Probenzuführung mittels Kette, Rechner und Drucker mit einer Mechanisierungsstufe von 16 ein, so wäre die Bewertungszahl = 400. Das bedeutet, daß man für 100 GOT-Bestimmungen mit diesem mechanisierten System 0,25 Arbeitskräfte je Schicht benötigt.

3.7   DURCHFÜHRUNG DER BERECHNUNG

3.7.1   Laboratoriumstechnisches Personal

3.7.1.1 Untersuchungszahlenabhängiges Personal

Zuerst wird der Bedarf des untersuchungszahlenabhängigen Personals ermittelt.

Die Division der Hauptzeit (390 Minuten) durch die Bewertungszahl ergibt die erforderliche Zeit in Minuten für die einzelne Untersuchung. Bei Multiplikation dieser Zeit mit der Anzahl der Untersuchungen je Jahr ergibt sich die Anzahl der erforderlichen Minuten je Jahr. Dieser Wert wird durch die Arbeitsminuten je Jahr (z.Zt. 100.800 oder 88.000) dividiert. Das Ergebnis ist auf 3 Dezimalstellen genau zu berechnen und zeigt die erforderliche Anzahl des untersuchungszahlenabhängigen Personals je Schicht für die berechnete Methode an. Zur Erleichterung der Berechnung wurde ein Berechnungsbogen entwickelt (s. 3.10; Abb. 7).

Praktisches Vorgehen: In diesen Berechnungsbogen werden als erstes die Methoden, die Mechanisierung und die erfaßten Daten eingetragen (s. Abb. 5):

in Spalte 1	die Untersuchungsmethode,
in Spalte 2	die dazugehörige Grundeinstufung,
in Spalte 3	die technische Durchführung der Methode, also die Mechnisierungshilfen bzw. das Vollmechanisierungssystem und
in Spalte 7	die Anzahl der im Jahr während der regulären Arbeitszeit durchgeführten Untersuchungen.

Danach wird aufgrund der Angaben in Spalte 3 in der Liste der
Mechanisierungsstufen diese ermittelt, in Spalte 4 eingetragen
und von der Grundeinstufung ausgehend in der Bewertungstabelle
die zur entsprechenden Mechanisierungsstufe zugehörige Bewertungszahl aufgesucht und in Spalte 5 eingetragen (bzw. bei
einem Profil die in der Liste der Mechanisierungsstufen aufgeführte Bewertungszahl). (Beispiel s. Abb. 5).

Danach können die Berechnungen erfolgen:

Als erstes wird 390 durch die Bewertungszahl geteilt und das
Ergebnis mit 2 Stellen hinter dem Komma in Spalte 6 eingetragen. (390 = die zur Verfügung stehende Analysenzeit je Schicht
in Minuten; Bewertungszahl = Anzahl der möglichen Analysen in
390 Minuten; das Ergebnis zeigt die erforderliche Analysenzeit
je Einzeluntersuchung)

Nach Multiplikation der in Spalte 6 eingetragenen Zahl mit der
in Spalte 7 aufgeführten Anzahl der Analysen je Jahr wird das
Ergebnis in Spalte 8 eingetragen (Summe der erforderlichen
Arbeitsminuten je Jahr für diese Methode).

Teilt man diese Summe durch 100.800 oder 88.000 (die z.Zt.
möglichen Arbeitsminuten je Arbeitskraft und Jahr, s.3.2.6),
so erhält man die erforderliche Anzahl Arbeitskräfte je Tag
für diese Untersuchungsmethode. Das Ergebnis wird - auf 3
Stellen hinter dem Komma - in Spalte 9 eingetragen.

Auf diese Art wird für jede einzelne Untersuchungsmethode der
Personalbedarf ermittelt.

Dieser - vielleicht auf Anhieb - etwas umständlich erscheinen-
de Berechnungsvorgang ist gewählt worden, um bei zukünftigen
Variationen der gesetzlichen Arbeitszeit nicht jedesmal einen

Berechnungsbogen 1

Berechnungsbogen zur Ermittlung des untersuchungszahlenabhängigen Personalbedarfs								Jahr: 1980		
für: Allgemeines Krankenhaus Harburg								Bogen-Nr.: 2		
1	2	3	4	5	6	7	8	9	10	
Methode, Bestandteil	Grundeinstufung	Techn. Durchführung der Methode (Gerät bzw. Mechanisiertes System)	Mechanisierungsstufe	Bewertungszahl der Methode	Zeit (Min) je Untersuchung	Anzahl der Untersuchungen im Jahr lt. Laborstatistik	Summe der Arbeitsminuten im Jahr	Anzahl der Arbeitskräfte für diese Methode	Bemerkungen	
	s.3.4. und 3.8		s.3.6. und 3.7	s.3.6	390 / Sp.5		Spalte 7 x Ergebn. Spalte 6	Ergeb.Sp.8 / 88000 (bzw.100800)		
Amylase	63	Eppendorf ACP 5040	22	800	0,49	12121	5939	0,068		
Bikarbonat (D)	8	–	–	8	48,75	16	780	0,009		
Calcium	100	Corning-Calcium-Analys.	5	180	2,17	21098	45712	0,520		
Chlor	100	Eppendorf Chloridmet.	10	315	1,24	26621	34197	0,389		
CK	63	Eppendorf ACP 5040	22	800	0,49	502	246	0,003		
Elektrophorese	20	KFE-4-Zeiss	15	112	3,48	10041	34964	0,397		
GOT	63	Eppendorf ACP 5040	22	800	0,49	29958	14679	0,167		
Immunodiffusion	40	–	–	40	9,75	815	7946	0,090		
Lipase	63	Eppendorf PCP 6121	4	100	3,90	307	1197	0,014		
Lipidelektrophor.	16	–	–	16	24,38	132	3218	0,037		
Magnesium	100	Zeiss-AAS	2	125	3,12	326	1017	0,012		
Phosphor, anorg.	63	Eppendorf Meßpl. 5091	5	100	3,90	9324	36364	0,413		
Steinanalysen	10	–	–	10	39,0	316	12324	0,140		
Triglyceride	63	Eppendorf ACP 5040	22	800	0,49	19437	9476	0,108		
Xylose (U)	40	–	–	40	9,75	6	59	0,001		

2,368

Abb. 5

neuen Berechnungsmodus einführen zu müssen. Bei dieser hier angeführten Berechnung müssen bei Änderung der gesetzlichen Wochenarbeitsstunden praktisch nur die Jahresarbeitsminuten geändert werden.

3.7.1.2 Untersuchungszahlenunabhängiges Personal

Wie bereits unter 3.3.6 ausgeführt, benötigen wir für Leistungen, die täglich wiederkehren, die für die Funktion des gesamten Laboratoriums grundsätzlich notwendig sind und in keinem direkten Zusammenhang mit der Anzahl der Untersuchungen stehen, weiteres Personal.

Hierbei handelt es sich nicht - wie manchmal fälschlich angenommen wurde - um zusätzliches Personal.

Vielmehr ergibt sich dieser Personalbedarf durch die Aufgliederung der Tätigkeiten im Laboratorium in die reine Analysenarbeitszeit mit den direkt am Arbeitsplatz erforderlichen Tätigkeiten (s. untersuchungszahlen**ab**hängige Leistungen) und in Tätigkeiten, die den funktionellen Arbeitsablauf des gesamten Laboratoriums erst ermöglichen, für die deshalb ebenfalls Arbeitskapazitäten berechnet werden müssen.

Voraussetzung für die Berechnung dieses untersuchungszahlen**unab**hängigen Personals ist:

- Die Gesamtzahl der Untersuchungen im Berechnungszeitraum ohne Rücksicht auf die unterschiedlichen Methoden und

- der nach 3.7.1 mittels Berechnungsbogen Nr. 1 (Abb. 5 und 7) ermittelte Gesamtpersonalbedarf für die untersuchungszahlen**ab**hängigen Leistungen.

Für diese Berechnungen steht ebenfalls ein Berechnungsbogen (s. 3.10 ; Abb. 8) zur Verfügung.

Praktisches Vorgehen

In diesem Berechnungsbogen (s. Abb. 6) werden als erstes in Spalte 2 und in Spalte 4 im obersten Feld der nach den Berechnungsbögen Nr. 1 ermittelte Gesamtpersonalbedarf für die untersuchungszahlen**ab**hängigen Leistungen eingetragen (Abb.6).

a) Für Arbeiten, wie **zentrale Annahme** des Untersuchungsgutes, **Sortieren** des Untersuchungsgutes und der Begleitzettel, **Zentrifugieren, Verteilen** an die einzelnen Arbeitsplätze sowie für alle mit dem **Ausgang der Befunde** notwendigen Tätigkeiten, werden 5 - 15 % des untersuchungszahlen**ab**hängigen Personals eingesetzt.

Der prozentuale Anteil richtet sich dabei nach der Gesamtzahl
der Untersuchungen je Jahr im Laboratorium. Obgleich wir hierbei von untersuchungszahlen**unab**hängigen Leistungen sprechen,
sind auch diese Tätigkeiten zumindest bedingt von der Anzahl
der Gesamtleistungen abhängig.

Der prozentuale Zuschlag richtet sich also etwas nach der
Größe des Laboratoriums. Dabei muß nach praktischen Erfahrungen der Zuschlag um so größer sein, je kleiner ein Laboratorium ist, da eine Mindestbesetzung auf jeden Fall gewährleistet sein muß.

Zur Ermittlung des Bedarfs dient Tabelle 4:

Tabelle 4   Zentrale Materialannahme usw.

Unters./Jahr	%
bis 100 000	15
bis 200 000	14
bis 300 000	13
bis 400 000	12
bis 500 000	11
bis 600 000	10
bis 700 000	9
bis 800 000	8
bis 900 000	7
bis 1 000 000	6
über 1 000 000	5

Zur **zentralen Materialannahme** einige Erläuterungen:

Man sieht ab und zu immer noch - selbst in größeren Laboratorien - eine dezentralisierte Materialannahme, d. h., es werden
von einem Patienten für jeden Arbeitsplatz des Laboratoriums
gesonderte Röhrchen Blut entnommen. Diese Röhrchen werden dann
im allgemeinen auch noch am jeweiligen Arbeitsplatz von der
dort tätigen Arbeitskraft entgegengenommen und zentrifugiert.

Dieses Verfahren sollte heute nicht mehr durchgeführt werden.
Es ist auf keinen Fall eine Zeitersparnis, wie manchmal be-
hauptet wird. Im Gegenteil muß auf der Krankenstation mehr
Zeit für die Blutentnahme aufgewendet werden, wird der Patient
unnötig belästigt und die Fehlerquote beim Abnehmen - Blutver-
wechslungen - noch größer. Da im allgemeinen die das Blut ins
Laboratorium anliefernden Schwestern dieses auch noch häufig
an die jeweiligen Arbeitsplätze bringen, kommt es zu einer
ständigen Unruhe im Laboratorium.

In jedem Laboratorium sollte deshalb heute eine gesonderte
zentrale Annahme vorhanden sein. Diese sollte in einem eigenen
Raum so untergebracht werden, daß sie dem Laboratorium vorge-
schaltet ist, damit dieses von jeglichem Publikumsverkehr ver-
schont bleibt.

Diese zentrale Annahme sollte den ganzen Tag - je nach Größe
des Laboratoriums bzw. des Arbeitsanfalles - zumindest mit
einer Arbeitskraft besetzt sein. Während der Hauptannahmezei-
ten werden vorübergehend zusätzlich weitere Arbeitskräfte de-
legiert.

Entscheidend ist ein sehr straffer und exakt festgelegter Organisationsablauf in der zentralen Annahme. Hiervon hängt die
schnelle und verwechslungsfreie Vorbereitung der Spezimen für
die Arbeitsplätze, der zügige Weitertransport an die Arbeitsplätze und die fließend ineinandergreifende Bearbeitung der

Proben am Arbeitsplatz - somit die Schnelligkeit der Befunderstellung im Laboratorium - ab.

Neben diesen mit der Materialannahme zusammenhängenden Aufgaben sollten außerdem alle mit dem Ausgang der Befunde sich ergebenden Tätigkeiten über die "zentrale Annahme" gehen.

Da eine gut organisierte zentrale Annahme den gesamten Arbeitsablauf im Laboratorium sehr wesentlich beeinflußt, wurden bereits 1970 im " Ärztlichen Laboratorium " von mir Vorschläge und Anregungen über die Möglichkeit der Labororganisation, wie sie sich bei uns bewährt hat, zusammengefaßt dargestellt. Eine neuere Zusammenstellung wird voraussichtlich 1987 in einem weiteren INSTAND-Band über "Organisationsprobleme" erscheinen.

b) Für **Laboraufsicht** und **administrative Aufgaben** durch Medizinisch-Technische Assistenten mit leitenden Funktionen werden die in nachstehender Tabelle angegebenen Arbeitskräfte zum untersuchungszahlenabhängigen Personal hinzugerechnet.

Grundlage hierfür ist die Gesamtzahl der durchgeführten Untersuchungen (s. Tabelle 5).

Tabelle 5: **Laboraufsicht usw.**

Unters./Jahr	bis 500 000	bis 1 000 000	über 1 000 000
Zusätzliche Arbeitskräfte	0,5	0,75	1,0

Der aufgrund der Tabelle ermittelte Personalbedarf wird in die entsprechende Spalte des Vordrucks eingesetzt.

c)   Für **zentrale Qualitätssicherung** und Auswertung durch Medizinisch-Technische Assistenten mit leitenden Funktionen werden in Abhängigkeit von der Gesamtzahl der Untersuchungen dem untersuchungszahlenabhängigen Personal hinzugerechnet und in die entsprechende Spalte des Vordrucks eingesetzt:

Tabelle 6:   **Zentrale Qualitätssicherung usw.**

Unters./Jahr	bis 500 000	bis 1 000 000	über 1 000 000
Zusätzliche Arbeitskräfte	0,5	0,75	1,0

d)   Für die **Einarbeitung und Prüfung neuer Methoden** durch Medizinisch-Technische Assistenten mit leitenden Funktionen werden bei vorhandenem Bedarf zusätzlich 2 % des ermittelten untersuchungszahlen**ab**hängigen Personals berechnet und in die entsprechende Spalte des Vordrucks eingesetzt.

e)   Für die **Ausbildung und Einarbeitung von neu einge-stelltem Personal** durch Medizinisch-Technischen Assistenten mit leitenden Funktionen werden bei Bedarf zusätzlich 2 % des ermittelten untersuchungszahlen**ab**hängigen Personals berechnet und in die entsprechende Spalte des Vordruckes eingesetzt.

Bei dem unter b) bis e) aufgeführten Personal handelt es sich praktisch um die Aufgaben eines leitenden Medizinisch-Technischen Assistenten.

Grundsätzlich sollte heute in jedem medizinischen Laboratorium - auch dem kleinsten - mindestens eine aufsichtsführende leitende Medizinisch-Technische Assistentenstelle vorhanden sein.

Diese Arbeitskraft sollte nicht mit Routinearbeiten betraut sein, sollte in erster Linie frei sein für organisatorische Aufgaben, für die Qualitätskontrollmaßnahmen und höchstens für vereinzelte Sonderanalysen bereitstehen.

f)   **Für die Personalfluktuation** und den damit verbundenen Zeitaufwand für die Neueinarbeitung sowie den dadurch vorübergehend bedingten Verlust an einsatzfähiger Arbeitskapazität werden bei Bedarf zusätzlich 2 % des ermittelten untersuchungszahlenabhängigen Personals berechnet und in die entsprechende Spalte des Vordruckes eingesetzt.

g)   Sind **Spezimenabnahmen von Patienten** seitens des Laboratoriums nötig, so wird der erforderliche Personalaufwand nach dem hierfür genau erfaßten Zeitaufwand ermittelt und zum Zwecke der Zurechnung zum untersuchungszahlenabhängigen Personal in die entsprechende Spalte des Vordruckes eingesetzt.

h)   Für die regelmäßigen **laborinternen Fortbildungsveranstaltungen** - die heute selbstverständlich sein sollten - muß der hier erforderliche Zeitaufwand je Arbeitskraft als zusätzliche Leistung berücksichtigt werden und in die entsprechende Spalte des Vordruckes eingesetzt werden (im allgemeinen rechnen wir 14-tägig ca. 1 Stunde Fortbildung für das Laborpersonal).

Die Summe des in Vordruck Nr. 2 (s. Abb. 6) eingetragenen, nach 3.7.1.2 ermittelten Personalbedarfs mit dem nach 3.7.1.1 errechneten Personalbedarf für die untersuchungszahlenabhängigen Leistungen ergibt den Bedarf des Laboratoriums für das Technische Personal während der regulären Arbeitszeit.

BERECHNUNGSBOGEN 2

1	2	3	4
	Berechnungsbogen zur Ermittlung des untersuchungszahlenunabhängigen Personalbedarfs und des Personals für Dienst außerhalb der regulären Arbeitszeit (nach Osburg)		
für:		Jahr:	
	Summe des errechn. untersuchungszahlenabhängigen Personals n.Berechungsbogen Nr.1		Ergebnis 12.281
Zentrale Materialannahme usw. (s.3.7.1.2.-a)	12.281 (698112 Unters./Jahr)	15-5 % (v.Spalte 2)	1.1o5
Laboraufsicht usw. (s.3.7.1.2.-b)		0,5-1,0 Arb.Kräfte	o.75o
Zentr.Qualitätssicherung usw. (s.3.7.1.2.-c)		0,5-1,0 Arb.Kräfte	o.75o
Einarb.u.Prüf.neuer Methoden usw. (s.3.7.1.2.-d)		2 % (v.Spalte 2)	o.246
Ausb.u.Einarb.von Fremdpersonal (s.3.7.1.2.-e)		2 % (v.Spalte 2)	o.246
Fluktuat., Neueinarbeitung usw. (s.3.7.1.2.-f)		2 % (v.Spalte 2)	o.246
	Summe Berechnungsbogen 2		3.343
	Summe Berechnungsbogen 1		12.281
		Anzahl erforderliche Arbeitskräfte	15.624
Spätdienst (s.3.7.1.3.-a)	einfach besetzt / bei Mehrbedarf	2 / nach Aufwand	2.ooo
Nachtdienst (s.3.7.1.3.-b)	einfach besetzt / bei Mehrbedarf	2 / nach Aufwand	2.ooo
Feiertags- u.Wochenenddienst (s.3.7.1.3.-c)	einfach besetzt / bei Mehrbedarf	2 / nach Aufwand	2.ooo
Notfall-Laboratorium (s.3.7.1.4)	einfach besetzt / bei Mehrbedarf	2 / nach Aufwand	-
Spezimenabnahmen dir.vom Pat. (s.3.7.1.2.-g)		nach Aufwand	o.2oo
Laborfortbildung (s.3.7.1.2.-h)		nach Aufwand	o.3oo
		Summe:	22.124

Abb. 6

Es sei nochmals betont, daß dieser Berechnungsmodus nur für den Personalbedarf während der regulären Arbeitszeit eines Laboratoriums anzuwenden ist.

3.7.1.3 Personal für den Dienst außerhalb der regulären Arbeitszeit

Müssen in einem Laboratorium außerhalb der regulären Arbeitszeit Leistungen in Form von Schichtdienst erbracht werden, dann muß hierfür zusätzliches Personal bereitgestellt werden.

Da es sich hierbei um sog. Vorhalteleistungen handelt - es muß immer eine Arbeitskraft zur Verfügung stehen, auch wenn vorübergehend einmal keine Arbeit anfällt -, ist eine Berechnung des Personalbedarfs nach den Ausführungen unter 3.7.1.1 und 3.7.1.2 nicht möglich, hierdurch würde sich ein völlig falsches Bild ergeben.

Für die Besetzung eines Schichtdienstes außerhalb der regulären Arbeitszeit mit jeweils 1 Arbeitskraft sind erforderlich:

a) für den Spätdienst (Regelzeit etwa zwischen 16°° und 24°° Uhr) zusätzlich 2 Arbeitskräfte,

b) für den Nachtdienst (Regelzeit etwa zwischen 0°° und 8°° Uhr) zusätzlich 2 Arbeitskräfte,

c) für Feiertags- und Wochenenddienste zusätzlich 2 Arbeitskräfte

Zusammengefaßt ergibt sich also für die Durchführung eines Schichtdienstes im Krankenhauslaboratorium, d.h., für die Besetzung des Laboratoriums über 24 Stunden - bei Besetzung des Laboratoriums außerhalb der regulären Arbeitszeit mit **einer** Arbeitskraft - ein Bedarf von zusätzlich 6 Arbeitskräften.

Soweit es sich um ein größeres Haus mit mehreren Intensivpflegeeinheiten und größerem Arbeitsanfall außerhalb der regulären Arbeitszeit handelt, ist es ggf. sogar nötig, den Schichtdienst jeweils mit 2 Arbeitskräften zu besetzen. Dies richtet sich nach dem durchschnittlichen Arbeitsanfall je Schicht.

3.7.1.4

In diesem Zusammenhang ergibt sich die Frage, ob ggf. ein gesondertes **NOTFALL-LABORATORIUM** eingerichtet werden sollte.

In großen Krankenhäusern - insbesondere mit Akut-Aufnahmen - stellt sich oft die Frage, ob neben dem Routine-Laboratorium ein gesondertes Notfall- oder Cito-Laboratorium eingerichtet werden soll, um jederzeit sofort die für die Notfälle erforderlichen eiligen Analysen ohne Störungen des Routinebetriebes durchführen zu können.

Da der Anteil der Notfall-Analysen über 24 Stunden nach allgemeinen Erfahrungen etwa bei 10% der Gesamt-Analysenzahl eines Laboratoriums liegt, sollte deshalb in einem größeren Krankenhaus im Zentrallaboratorium ein Notfall-Laboratorium eingerichtet werden und jederzeit einsatzbereit sein. Nicht nur um die Notfall-Analytik wegen der größeren Menge in einem großen Haus jederzeit und sofort erledigen zu können, sondern auch um im Routinebetrieb störungsfrei und wirtschaftlich arbeiten zu können.

Die Frage, wann in einem Laboratorium ein extra Notfall-Laboratorium eingerichtet werden soll, ist gar nicht so leicht zu beantworten. Dies richtet sich nicht nur nach der Größe des Krankenhauses und der Gesamt-Analysenzahl des Laboratoriums, sondern hängt natürlich auch von der Struktur und dem Aufgabenbereich des Krankenhauses ab.

Als groben Anhaltswert errechnet man, daß die Einrichtung eines zusätzlichen Notfall-Laboratoriums ab ca. 400 000 - 500 000 Gesamt-Analysen je Jahr in einem Laboratorium vorgesehen werden sollte.

Da es sich bei der Arbeit in einem Notfall-Laboratorium - wie beim Dienst außerhalb der regulären Arbeitszeit - um Vorhalteleistungen handelt, ergibt sich primär ein Mindestbedarf von 1 Arbeitskraft je Schicht, da die Personalbedarfsermittlung sich bei der Besetzung für Vorhalteleistungen nicht an der Anzahl der durchgeführten Analysen orientieren kann.

Wird aufgrund hoher Anforderungen eine Mehrfachbesetzung erforderlich, benötigt man spezifizierte Leistungszahlen.

Im allgemeinen kann man davon ausgehen, daß bei Betrieb des Notfall-Laboratoriums über 24 Stunden - unter Einbeziehung des Dienstes außerhalb der regulären Arbeitszeit - bei einer Notfall-Jahresgesamtleistung von ca. 40 000 Untersuchungen jeweils 1 Arbeitskraft je Schicht im Notfall-Laboratorium tätig sein sollte.

Bei einem darüber hinausgehenden Arbeitsanfall wird eine entsprechende Mehrfachbesetzung erforderlich.

In diesem Falle sollte jedoch durch zeitliche Aufschlüsselung des Arbeitsanfalles geprüft werden, ob jeweils jede Schicht mit mehr als einer Arbeitskraft besetzt sein muß, da im allgemeinen der Arbeitsanfall während der einzelnen Schichten sehr unterschiedlich ist (Tages-, Spät-, Nachtschicht). Des-

weiteren müßte dann überlegt werden, inwieweit auch im Notfall-Laboratorium durch zusätzliche Mechanisierung evtl. ein
Personalmehrbedarf kompensiert werden kann.

Da hier je nach der Struktur des Laboratoriums evtl. nicht nur
klinisch-chemische Analysen, sondern auch hämatologische und
Gerinnungsuntersuchungen sowie Blutgruppenserologie und ggf.
auch bakteriologische Untersuchungen durchgeführt werden,
sollte nach Möglichkeit hierfür erfahrenes Personal eingesetzt
werden.

Richtet man ein Notfall-Laboratorium ein, so ist eine erste
Voraussetzung hierfür ein apparativ speziell eingerichteter
Laborraum.

Bezüglich der Geräteausstattung sollte folgende Grundregel
gelten: Keine alten, an Routinearbeitsplätzen nicht mehr ein-
zusetzende Geräte verwenden. Notfall-Analysen müssen nicht nur
schnell, sondern auch genauso exakt wie Routine-Analysen sein.
Das Notfall-Laboratorium sollte mit speziellen erstklassigen
Geräten ausgestattet werden. Bei großem Anfall von Notfall-
Analysen wären sogar Großgeräte mit spezieller Eignung für
die schnelle Einzelanalyse in Erwägung zu ziehen (ACA,
Hitachi 705, ERIS u.ä.)

In diesem Zusammenhang ergibt sich in letzter Zeit ein neues
Problem bei Laboratorien, die im Routinebetrieb mit modernen
probenorientierten Großgeräten arbeiten. Da bekanntlich bei
all diesen Geräten Notfall-Analysen jederzeit zwischendurch
eingeschoben werden können, bietet es sich an, alle mit diesen
Geräten möglichen Analysen des Notfall-Programmes hierüber
laufen zu lassen. Dieses ist aber nur ein organisatorisches
Problem.

In den seltensten Fällen wird sich hierdurch die Einrichtung eines gesonderten Notfall-Laboratoriums erübrigen. Zumindest sollte aber eine hierfür verantwortliche Arbeitskraft zuständig sein, damit der organisatorische Durchlauf von Notfall-Analysen durch das Laboratorium mit Ergebnisübermittlung an die jeweilige Station schnell und sicher gewährleistet ist.

Neben der qualitativ hohen apparativen und personellen Ausstattung muß besonderer Wert auf eine umfangreiche Qualitätskontrolle gelegt werden. Gerade im Notfall-Laboratorium mit häufigen Einzelanalysen müssen ausreichende Qualitätskontrollen erfolgen, d.h., es sollten hier grundsätzlich mehrfach je Schicht sowohl Präzisions- als auch Richtigkeitskontrollen eingebaut werden.

Eine weitere Voraussetzung für ein Notfall-Laboratorium ist eine exakte Feststellung des Notfall-Analysen-Programmes. Hier dürfen nur Untersuchungen durchgeführt werden, die für den akuten Notfall dringend erforderlich sind.

Ins Notfall-Laboratorium gehören nur "echte" Notfälle:
Hierbei handelt es sich um Analysen zur Abklärung akuter Notfall-Situationen mit Lebensgefahr, die therapeutische Konsequenzen zur Folge haben werden.

Im allgemeinen ist es in den meisten Krankenhäusern üblich, daß hierfür ein gesonderter Anforderungsvordruck benutzt wird. Hiermit kann nur das Notfall-Programm beantragt werden.

Sehr wesentlich ist die klare Definition und Festlegung, was unter einer Notfall-Analyse zu verstehen ist. Erstaunlicherweise gehen hier die Meinungen noch sehr weit auseinander. Dies ersieht man bereits aus den Angaben über das Verhältnis Notfall-Analysen/Routine-Analysen. Hier werden Zahlen zwischen 10% und 40% genannt. Diese Differenz erklärt sich dadurch, daß in manchen Notfall-Laboratorien nur "echte" Notfall-Analysen durchgeführt werden, während dagegen in anderen Häusern im Notfall-Laboratorium alle Analysen bearbeitet werden, die nach dem morgendlichen Annahmeschluß für das Routineprogramm im Laboratorium angeliefert werden und noch am selben Tag erledigt werden müssen (z.B. Aufnahmen zur Operation am nächsten Tag). Dies geht über die eigentlichen Aufgaben eines Notfall-Laboratoriums hinaus und erscheint auch aus wirtschaftlichen Gründen nicht sinnvoll. Alle, im Laufe eines Tages nachgelieferten, eigentlich ins Routineprogramm gehörenden Analysen sollten z.B. in einer zweiten Tages-Serie wie die Routine-Analysen erstellt werden.

3.7.1.5   Zuordnung des Technischen Personals

Bisher wurde bei den vorstehend aufgeführten Personalberechnungen bewußt immmer nur vom Technischen Personal gesprochen, ohne dieses im einzelnen einer der möglichen Berufsgruppen zuzuordnen.

Da je nach der Struktur und den Aufgaben der einzelnen Laboratorien sich im Bereich des Technischen Personals unterschiedliche qualitative Anforderungen ergeben, muß sich die Besetzung der ermittelten und erforderlichen Stellen nach den jeweiligen Bedürfnissen des Laboratoriums richten.

Dieses ist Aufgabe des verantwortlichen Laborleiters. Nur dieser kann und sollte entscheiden, welches Personal für die Aufgaben benötigt wird.

Infrage kommen in erster Linie nachstehend aufgeführte Berufsbilder:

a) Ingenieure,
b) Medizinisch-Technische-Laboratoriumsassistenten,
c) Technische Assistenten,
d) Medizinische Assistenzberufe,
e) sonstiges Technisches Personal,
f) Technisches Personal,
g) Laboratoriumsarbeiter und Laboratoriumsgehilfen,
h) Versuchstierpersonal.

Diese Aufzählung ist sicherlich nicht vollständig, sondern ist
auch in der Bezeichnung der Berufsbilder bewußt vereinfacht
worden, da bezüglich der Berufsbezeichnung, Ausbildungsgänge
und staatlicher Anerkennung in den einzelnen Ländern gewisse
Unterschiede bestehen.

Es soll damit nur der Rahmen aufgeführt werden, was unter
Technischem Personal im medizinischen Laboratorium alles zu
verstehen ist.

3.7.2   Personal mit Hochschulbildung

3.7.2.1 Laboratoriumsleiter:

Jedem medizinisch-diagnostischen Laboratorium muß ein fachlich
befugter verantwortlicher Leiter vorstehen (Facharzt für Laboratoriumsmedizin, Klinischer Chemiker).

3.7.2.2 Vertreter des Laboratoriumsleiters:

In einem Zentrallaboratorium eines Krankenhauses und in einem Medizinaluntersuchungsamt sollte der Leiter einen ständigen Vertreter haben.

3.7.2.3 Weitere akademische Mitarbeiter:

a) Sind in einem medizinisch-diagnostischen Laboratorium mehrere Arbeitsbereiche vorhanden, wie z.B.

   -Chemischer Arbeitsbereich
   -Hämatologischer Arbeitsbereich
   -Mikrobiologisch-Serologischer Arbeitsbereich o.ä.,

   dann sollte für jeden Arbeitsbereich mindestens ein nachgeordneter akademischer Mitarbeiter zur Verfügung stehen.

b) Abgesehen davon sollten in einem größeren medizinisch-diagnostischen Laboratorium ab 20 Planstellen für Technisches Personal insgesamt mindestens 3 akademische Mitarbeiter vorhanden sein.

   Für je 10 nachfolgende Planstellen für Technisches Personal sollte 1 weiterer akademischer Mitarbeiter hinzukommen.

c) Besteht im Bereich eines medizinisch-diagnostischen Laboratoriums die Notwendigkeit eines durchgehenden ärztlichen Dienstes (z.B. Blutgruppenserologie, toxikologische Untersuchungen, Gasanalysen), dann muß hierfür eine ausreichende Anzahl akademischer Mitarbeiter vorhanden sein.

3.7.3   Verwaltungspersonal

3.7.3.1

Der Bedarf an Verwaltungspersonal richtet sich nach der Struktur des Laboratoriums. Größere Praxen eines niedergelassenen Laborarztes und größere Krankenhaus-Institute benötigen im allgemeien einen eigenen Verwaltungsdienst (Büroleiter, Sekretäre, Stenotypisten, Phonotypisten u.ä.).

3.7.3.2

Ab 10 Planstellen Technisches Personal sollte ein Schreib- und Verwaltungsdienst eingerichtet werden.
Als grober Richtwert gilt 10 % des Technischen Personals.

3.7.3.3

Bei Einsatz einer Datenverarbeitungsanlage im Laboratorium muß ebenfalls entsprechend fachlich qualifiziertes Personal nach dem jeweiligen Bedarf bereitgestellt werden. Dabei sollte man sich bei der Planung darüber im klaren sein, daß eine wesentliche Personalersparnis hierdurch zumindest anfangs nicht zu erwarten ist.

3.7.4   Personal im Reinigungsdienst

Zu jedem medizinisch-diagnostischen Laboratorium gehört ein Reinigungsdienst. Hierfür muß ebenfalls gesondertes qualifiziertes Personal zur Verfügung stehen.

Auf keinen Fall sind dies Tätigkeiten, die vom Technischen Personal mit verrichtet werden müssen.

Unterteilt wird in Reinigungskräfte für die Flächenreinigung und in Reinigungskräfte im Sonderdienst.

3.7.4.1 Reinigungskräfte für die Flächenreinigung

Zur Flächenreinigung eines medizinisch-diagnostischen Laboratoriums zählen neben der täglichen Fußbodenreinigung auch die Reinigung und Desinfektion gekachelter Wandteile, Labormöbel und Türen sowie der Labor- und Handwaschbecken und der Beleuchtungen. Ferner das Ersetzen von Handwaschmitteln und Einweghandtüchern, Feststellung und Meldung ausgefallener Beleuchtungskörper, Einsammeln und Abgabe der Abfallsäcke, Einsammeln und Entleeren des Labormülls u.ä.

Diese Arbeiten bedeuten in allen Laboratorien den regelmäßigen Umgang mit infektiösem Material.

Man muß davon ausgehen, daß die Flächenreinigung an 6 Tagen in der Woche ausgeführt wird. Je Quadratmeter Bodenfläche werden je Tag 1 - 1,3 Minuten Arbeitszeit als Richtwert eingesetzt. Daraus errechnet sich die erforderliche Anzahl von Arbeitsstunden je Tag.

3.7.4.2 Reinigungskräfte im Sonderdienst

Zum Sonderdienst gehören alle Arbeiten zur Reinigung und Ste-
rilisierung von Glas und allen anderen Laborgeräten (sog.
Spülküche), das Reinigen der Laborschränke, Labortische und
Arbeitsplätze, Abtauen und Reinigen der Laborkühlschränke,
Auffüllen von Einwegmaterial am Arbeitsplatz und Beseitigung
gebrauchter Materialien am Arbeitsplatz.

Bei diesen Arbeiten kommt der beschäftigte Personenkreis täglich mit infektiösem und mit ekelerregendem Material, mit
aggressiven Dämpfen, Säuren und Laugen in Berührung.

Als Grundlage zur Ermittlung des Personalbedarfs für die Reinigungskräfte im Sonderdienst dient die Summe aller durchgeführten Untersuchungen im Jahr.

Es werden in Abhängigkeit von der Größe und den unterschiedlichen Aufgaben des Laboratoriums, dem Mechanisierungsgrad der Reinigungseinrichtung und dem Grad der Benutzung
von Einwegmaterial 0,25 - 0,75 Minuten Reinigungszeit je Jahr
und je Einzeluntersuchung gerechnet.

Beispiel:

Bei 704 000 Einzeluntersuchungen im Jahr in einem Laboratorium
und Einsatz von 0,25 Minuten ergibt dies 176 000 Minuten für
Reinigungskräfte im Jahr.
Bei 88 000 möglichen Jahresarbeitsminuten würde dies 2 volle
Arbeitskräfte bedeuten.

3.7.5 Neueinrichtung eines Laboratoriums

Da bei einer Neueinrichtung eines Laboratoriums noch keine
statistischen Zahlen vorhanden sind, muß mindestens für das
erste Jahr ein vorläufiger, vorübergehender Stellenplan aufgestellt werden.

Gewisse Anhaltszahlen ergeben sich aus dem vorgesehenen Arbeitsprogramm, der vorhandenen Mechanisierung des Laboratoriums, bei einem Krankenhaus aus der Größe des Hauses und
der daraus zu erwartenden geschätzten Anzahl an Laborleistungen.

Der vorläufige Stellenplan muß nach einem Jahr und nochmals
nach einem weiteren Jahr anhand der dann ermittelten Untersuchungszahlen überprüft und ggf. korrigiert werden.

3.8 LISTE DER GRUNDEINSTUFUNGEN

In der nachstehenden Liste sind Beispiele für Grundeinstufungen entsprechend den Ausführungen unter 3.4 für einige Untersuchungsmethoden im medizinischen Laboratorium aufgeführt.

Diese Liste kann selbstverständlich nicht vollständig sein.
Die stete Fortentwicklung und Verbesserung der Labormethoden
verlangt eine laufende Anpassung der Liste an den neuesten
Stand. Dieses ist im Rahmen eines solchen Buches praktisch
nicht möglich. Deshalb können nur Beispiele angeführt werden.

Werden Methoden benutzt, die nicht in der Liste aufgeführt
sind, so wird empfohlen, entsprechend den Ausführungen unter

3.4 zu verfahren und mittels Zeitstudien und Arbeitsanalysen
eine vorläufige Grundeinstufung selbst festzulegen.

Einem erfahrenen Laborleiter dürfte dies keine große Schwierigkeit bereiten. Es muß nur berücksichtigt werden, daß, wie
bereits eingehend ausgeführt, nur die reine Analysenzeit während 390 Minuten zugrunde gelegt werden darf.

Die dann während dieser Zeit im normalen Arbeitsrhythmus
durchzuführende Anzahl von Analysen in der Grundmethode ergibt
die Grundeinstufung.

Dabei sollte, wie auch bereits aus der nachfolgenden Liste zu
ersehen, berücksichtigt werden, daß in größerer Anzahl täglich
wiederkehrende, sog. Routinemethoden im allgemeinen leichter
und flüssiger durchzuführen sind als Methoden, die seltener,
evtl. nur wenige Male in einer Woche angefordert werden.

Selbst wenn es sich hierbei um Methoden handelt, die nur wenige Handgriffe in wenigen Minuten benötigen, sollte man eine
etwas geringere Grundeinstufung - also eine etwas längere Arbeitszeit je Einzelanalyse - als theoretisch möglichen Wert
einsetzen.

Auf jeden Fall dürften diese Einstufungen einem erfahrenen Laborleiter keine Schwierigkeiten bereiten.

Als einfachstes Verfahren - will man nicht die angeführten
Zeiterfassungsverfahren einsetzen - kommt das Verfahren der
"Qualifizierten Schätzung" in Frage.

Mittels einer über einen längeren Zeitraum gut geführten Laborstatistik, der genauen Kenntnis der einzelnen Arbeitsplätze des Laboratoriums und der jeweiligen objektiven Beurteilung der Auslastung der einzelnen Arbeitsplätze - eingearbeitetes Personal vorausgesetzt - ist es möglich, relativ genau die jeweilige Grundeinstufung einer Methode zu ermitteln. Dabei ist es nicht nötig, daß während des ganzen Zeitraumes von 390 Minuten nur die einzustufende Methode durchgeführt wird. Es muß dann nur anhand des Zeitanteiles dieser Methode auf 390 Minuten hochgerechnet werden.

In diesem Zusammenhang sei darauf hingewiesen, daß ja auch in der Praxis im Routinelaboratorium im allgemeinen von einem Arbeitsplatz nicht nur eine Methode durchgeführt wird. Häufig sind es mehrere Methoden, die z.T. sogar ineinander verschachtelt mehr oder minder gleichzeitig nebeneinander ablaufen.

Auch in diesen Fällen lassen sich nicht nur die Grundeinstufungen - wie oben beschrieben - ermitteln, sondern umgekehrt kann selbstverständlich genauso anhand der statistischen Leistungszahlen und der Grundeinstufungen der anteilige Personalbedarf für jede einzelne Methode und der Personalbedarf für den gesamten Arbeitsplatz ermittelt werden.

Es ist also auf keinen Fall so - wie manchmal angenommen wurde - , daß die Bewertungszahlen nur eingesetzt werden können, wenn nur eine Methode je Schicht durchgeführt wird.

Im übrigen ist es selbstverständlich auch möglich, nach selbst erfolgter Ermittlung einer Grundeinstufung anhand von gleichartig ablaufenden Methoden der vorhandenen Grundeinstufungsliste die Richtigkeit der eigenen Ermittlungen zu kontrollieren.

Die nachstehende Grundeinstufungsliste ist vorläufig noch aus praktischen Erwägungen in drei Hauptgruppen eingeteilt (wobei evtl. Überschneidungen nicht ganz zu vermeiden waren).

In einer ersten alphabetischen Liste sind vorwiegend chemische und hämatologische Methoden aufgeführt, da diese im allgemeinen sowohl statistisch als auch einstufungsmäßig am einfachsten zu erfassen sind.

Es folgt eine vorläufige Zusammenstellung von radioimmunologischen Untersuchungen.

Die dritte Gruppe umfaßt bakteriologisch-serologische Verfahren. Dieser Bereich - insbesondere der bakteriologische - ist bereits statistisch relativ schwer zu erfassen, da in den einzelnen Laboratorien z.T. sehr unterschiedliche Arbeitsgänge erfaßt werden. Hier muß so verfahren werden, daß entsprechend dem Grundprinzip des Bewertungssystems - z.B. bei mehrfachem Ansetzen einer Kultur - die einzelnen Arbeitsgänge aufgegliedert und als Einzelschritte erfaßt und berechnet werden. Dieses muß vom Laborleiter nach den Gepflogenheiten des jeweiligen Laboratoriums festgelegt werden.

3.8.1 Beispiele für Grundeinstufungen

In der nachfolgenden Liste werden als Abkürzungen benutzt:

B = Blut	U = Urin	D = Duodenalsaft
S = Serum	F = Faeces	Sp = Sperma
P = Plasma	L = Liquor	M = Magensaft

Spezimen	Analyse	Methode	nach Bewert.-System Zeilen-Nummer	Grundein-stufung
P	Äthanol	Enzymatischer UV-Test	30	32
S	Aldolase	Kinetischer UV-Test	36	63
U,P,S	Aldosteron	s. RIA – Liste		
B	Alkalische Neutrophilen-phosphatase	Mikroskopie nach spezieller Anfärbung	23	14
S	Alkalische Phosphatase	Kinetischer Farbtest	36	63
P	Alkohol	Emzymatischer UV-Test	30	32
S	α-Fetoprotein	EIA	32	40
S	α-Hydroxybu-tyrat-Dehy-dronase	UV-Test	36	63
P	Ammoniak	Enzymatischer UV-Test	30	32
S,U	α-Amylase	Enzymatische Analyse der Spaltprodukte	36	63
S	Anorganisches Phosphat	Molybdänblau-Methode	34	50
P	Antithrom-bin III		36	63

S	α-1-Antitryp-sin	Immundiffusion	32	40
S	α-1-Antitryp-sin	Trübungsmessung	39	90
F	Ausnutzung	(Mikroskopie)	38	80
U	Azeton	Teststreifen	46	200
U	Barbiturate	Zwicker`sche Reaktion nach Extraktion, qualitativ	18	8
U	Bence-Jones-Protein		40	100
D	Bikarbonat	Gasanalyse	20	10
B	Bikarbonat, Standard-	Äquilibriermethode (Astrup)	26	20
S	Bilirubin	DPD-Methode	36	63
F	Blut, okkult	Mittels Testbrief	42	125
S,P	Blutfarbstoff	Spektroskopie	26	20
B	Blutgas-analyse	(s. Gasanalyse)	-	-
B	Blutkörper-chensenkung	Westergreen	38	80
B	Blutungszeit	n. Duke	33	45
S	Brom, Bromid		20	10
S	Caeruloplas-min	Immundiffusion	32	40
S	Caeruloplas-min	Trübungsmessung	39	90
S	Calcium	Flammenemission Atomabsorption Fluorimetrie	40	100
S	Carbamazepin	Enzymimmunoassay (Emit)	36	63
S	Chlorid	Titrimetrie	38	80
S	Cholesterin	CHOD-PAP-Methode	36	63
S	Cholin-esterase	Kinetischer Farb-Test	36	63

F	Chymotrypsin	Extraktion – Photometrie	20	10
B	CO-Hämoglobin	Photometrie	22	12
B	CO_2	Gasanalyse	40	100
S	Corticoide	s. RIA-Liste	–	–
S	Cortisol	s. RIA-Liste	–	–
S	Creatinkinase	Kinetischer UV-Test	36	63
S	Creatin-kinase-MB	Immunologisch, Kinetischer UV-Test	34	50
U	δ-Aminolaevu-linsäure	Farbtest, Photometrie	16	6
B	Dicker Trop-fen	Mikroskopie nach Färbung	26	20
B	Differential-blutbild	Mikroskopisch nach Färbung bei Auszähl. v. 100 Leuko. bei Auszähl. v. 200 Leuko. bei Auszähl. v. 500 Leuko.	34 30 26	50 32 20
B	Differential-blutbild, pa-thologisch	Mikroskopie nach Färbung	28	25
U	Dimethylketon (Azeton)	Teststreifen	46	200
L/U	Einengung	(für Elektrophorese)	28	25
S	Eisen	Bathophenanthrolin-Methode	36	63
S	Eisenbindungs kapazität	Bathophenanthrolin-Methode Absättigung	34	50
S	Eiweiß	Biuret-Methode	40	100
L/U	Eiweiß	Biuret-Methode n. Fällung	36	63
U	Eiweiß qual.	Streifentest	48	250
S	Elektropho-rese, Eiweiß-	CA-Folien	26	20
B	Elektrophore-se, Hämoglobin	CA-Folien	26	20
S	Elektropho-rese, Lipid	PAA-Gel	32	40

B	Eosinophilen-zahl	Kammerzählung	36	63
B	Erythrozyten-zahl	Kammerzählung	38	80
B	Erythrozyten-Resistenzbe-stimmung	Verdünnungsreihe	31	36
S	α-Fetoprotein	Diffusion, EIA	32	40
F	Fett im Stuhl (quantitativ)	van de Kamer	16	6
P	Fibrinogen		32	40
P	Fibrinogen-spaltprodukte		17	7
Sp	Fructose	Hexokinase-Methode mit PGI	32	40
B, U	Galaktose	Kinetischer UV-Test	26	20
S	γ-Glutamyl-transpep-tidase	Kinetischer Farbtest	36	63
B	Gasanalyse (pH, pCO_2, BIK, BE)	Äquilibriermethode	26	20
B	Gasanalyse, komplett, (pH, pCO_2, BIK, BE, pO_2)	Äquilibriermethode	24	16
B	Gerinnungs-zeit	n. Lee-White	33	45
B, S, L	Glucose quantitativ	Kinetischer UV-Test	36	63
S	Glutamat-De-hydrogenase	Kinetischer UV-Test	32	40
S	Glutamat-Oxalacetat-Transaminase	Kinetischer UV-Test	36	63
S	Glutamat-Pyruvat-Transaminase	Kinetischer UV-Test	36	63

S	Glycerin	Kinetischer UV-Test	32	40
B	Hämatokrit	Zentrifugation	40	100
B	Hämoglobin	Cyan-Hb-Methode	40	100
S/P	Hämoglobin	Globin-Pyridin-Hämochrom	23	14
B	Hämoglobin-Elektro-phorese	CA-Folien	26	20
S	Haptoglobin	Trübungsmessung	32	40
S	Harnsäure	ALDH-Methode	36	63
S	Harnstoff	Urease-Spaltung, Berthelot	36	63
B	Hb-A-1	Säulenchromatographie	28	25
B	Hb-F-Zellen	n. Bethke u. Kleihauer	30	32
S	HDL-Choleste-rin	Cholest.-Best. n. Fällung	34	50
S	Hydroxybuty-rat-Dehydro-genase	Kinetischer UV-Test	36	63
U	5-Hydroxy-In-dolessigsäure (quantitativ)	n. Weissbach	20	10
U	5-Hydroxy-In-dolessigsäure (halbquant.)	Dünnschichtchromatographie	28	25
S	Immundiffu-sions-Technik	Gelschicht	32	40
S	Immunelektro-phorese	Elektrophorese in Agar-Gel mit Präzipitation	12	4
	Immunfluo-reszensunter-suchung	Mikroskopie	22	12
S	Immunglobulin IgA, IgM, IgG	Immundiffusion, Immunolog. Trübungsmessung	32	40
U	Indikan, qualitativ	n. Obermayr	40	100
S	Insulin	EIA	32	40
S	Inulin	Photometrischer Farbtest	32	40

S	Jod, protein- gebunden		28	28
S	Kalium	Flammenemission	40	100
U,S	Katecholamine	s. RIA-Liste	–	–
U	17-Ketogene- Corticoide		20	10
U	Ketonkörper qualitativ	Teststreifen	46	200
U,S	17-Keto- steroide	s. RIA-Liste	–	–
U	Kopropor- phyrin	Extraktion, Spektralphoto- metrie	14	5
S	Kreatinin	Jaffè-Reaktion	36	63
S	Kryoglobuline		38	80
S	Kupfer	Bathocuproin-Reaktion	32	40
U	Kupfer	Atomabsorption	26	20
S	Laktat	Kinetischer UV-Test	32	40
S	Laktat-Dehy- genase	Kinetischer UV-Test	36	63
S	Leucin-Amido- peptidase	Kinetischer Farbtest	36	63
B	Leukozyten- phosphatase, alkalische-	Mikroskopie nach spez. Anfärbung	23	14
B	Leukozyten- zahl	Kammerzählung	40	100
B	LE-Zellen	Mikroskopie, spez. Vor- bereitung	28	25
U	LH-Test	Hämagglutinationshemmtest	37	71
S	Lipase	Turbidimetrie,Nephelometrie	36	63
S	Lipide, Ges.	Photometrie	36	63
S	Lipid-Elek- trophorese	PAA-Gel	32	40
S	Lipidphosphor	Photometrie	32	40

L	Liquor-Zell-zählung	Kammerzählung	36	63
S	Lithium	Flammenemission, Atom-absorptipon	40	100
S	LPX	Elektrophorese	12	4
B	Lupus-Erythe-matodes (LE-) Zellen	Mikroskopie, nach spez. Vorbereitung	28	25
M	Magensäure	Titration	26	20
S	Magnesium	Atomabsorption	40	100
S	Malat-Dehy-drogenase	Kinetischer UV-Test	32	40
U	Melanogene (qualitat.)	n. Thormählen	38	80
B	Methämoglobin	Photometrie nach Evelyn und Malloy	20	10
U	Metoxyhy-droxymandel-säure (Vanil-linmandel-säure)	Dünnschichtchromatographie	26	20
U	Myoglobin (qualitat.)	Blondheim-Test	38	80
S	Natrium	Flammenemession	40	100
U	Östrogen,Ges.	s. RIA-Liste		
U	Osmolalität		40	100
B	Osmotische Resistenz d. Erythrozyten	Verdünnungsreihe	31	36
U	Pankreolau-ryl-Test	Photometrischer Farbtest	32	40
S	Paraminohip-pursäure	Photometrischer Farbtest	32	40
B	Peroxydase-reaktion	Mikroskopie nach spez. Färbung	23	14
	pH-Messung	Meßelektrode	40	100
S	Phenobarbital	Enzymimmunoassay (Emit)	36	63

S	Phenytoin	Enzymimmunoassay (Emit)	36	63
B	Plättchenzahl	Kammerzählung	34	50
S	Phosphatase, alkalische	Kinetischer Farbtest	36	63
S	Phosphatase, saure	Kinetischer Farbtest	36	63
S	Phosphatase, tartrathemm-bar (Prosta-stata-Phos-phatase)	Kinetischer Farbtest	36	63
S	Phosphatide	Photometrischer Farbtest	32	40
S	Phospholipide	Enzymatischer Farbtest	32	40
S	Phosphat, an-organisch	Photometrischer Farbtest	34	50
B	pO_2-Bestim-mung	s.Gasanalyse	–	–
U	Porphobili-nogen (qual.)		38	80
U	Porphyrine, Gesamt	Photometrie nach Säulen-eluation	28	25
U	Porphyrine-Suchtest	Spektralphotometrie	34	50
S	Primidon	Enzymimmunoassay (Emit)	36	63
P	Prothrombin	Einphasenmethode	36	63
S	Pyruvat	Kinetischer UV-Test	32	40
P	Reptilasezeit		38	80
B	Resistenzbe-stimmung,Ery-throzyten-	Verdünnungsreihe	31	36
B	Retikulozyten	Färbung, Kammerzählung	32	40
F	Sanguis	Testbrief	42	125
	Schweißunter-suchung	Vorbereitung zur Unters.	26	20
U	Sediment	Mikroskopie	42	125

S	Sorbit-Dehy-drogenase	Kinetischer UV-Test	34	50
U	Spez.Gewicht	Urometer	46	200
	Steinanalyse		20	10
	Sternalpunk-tat-Färbung	panoptische Färbung	34	50
U	Streifentest	Streifen mit 1 - 3 Feldern Streifen mit 4 - 9 Feldern	48 45	250 180
F	Stuhlausnut-zung (Fett, Stärke, Mus-kelfasern)	Mikroskopie und Färbung	38	80
S	Theophyllin	Enzymimmunoassay (Emit)	30	32
P	Thrombelasto-gramm		23	14
P	Thrombinzeit	visuelle - manuelle Technik	36	63
P	Thrombopla-stinzeit	Quick - Methode visuelle - manuelle Technik	38	80
P	Thrombopla-stinzeit, partielle	visuelle - manuelle Technik	34	50
B	Thrombozyten-zahl	Kammerzählung	34	50
S	Thyroxin (T4)	Enzymimmunoassay (Emit)	30	32
U	Toxikologi-sches Scree-ning	Immunologisch mit vorgefer-tigtem Reagenziensatz	34	50
S	Transferrin	Trübungsmessung	32	40
S	Triglyceride	Vollenzymatischer UV-Test, kinetisch	36	63
S	Trijodthyro-xin (T3)	Enzymimmunoassay (Emit)	30	32
D	Trypsin	Photometrischer Farbtest	36	63
U	Urin-Analyse (Streifentest und Sediment)	Mikroskopie, Teststreifen	38	80
U	Urin-Sediment	Mikroskopie	42	125

U	Urobilin (qualitat.)	Streifentest	48	250
U	Urobilinogen (qualitat.)	Streifentest	48	250
U	Vanillinman-delsäure	Dünnschichtchromatographie	26	20
F	Wurmeier	Mikroskopie nach Anreiche-rung	38	80
U	Xylose	Photometrischer Farbtest	26	20
B	Zellpackungs-volumen	Zentrifugation	40	100
B	Zytochemie	z.B. ANP usw.	23	14

Radioimmunologische Untersuchungen

Teste mit einfacher Trennung oder "coated tube"-Teste ohne Waschschritte	z.B. Cortisol, Digoxin,HCG, HPL, Insulin, Östriol,Progesteron, Testosteron usw.	34	50
Bestimmungen mit Doppelantikörpertrennung oder eingeschalteten Waschvorgängen	z.B. AFP, CEA, FSH, Gastrin LH, PAP, PSA, Prolaktin, Parathormon usw.	32	40
Teste mit sehr aufwendigen Trenntechniken oder vorheriger Denaturierung d. Serumeiweißes		28	25
Hormonrezeptor-Bestimmungen	Für Cortisol, Östriol, Progesteron	14	5

Mikroskopische Untersuchungen

Mikroskopische Untersuchungen	einfache Nativpräparate	36	63
Mikroskopische Untersuchungen	nach Aufbereitung u. Anreicherung (z.B. Wurmeier, Pilze, Hautschuppen)	30	32
Mikroskopische Untersuchungen	mit einfacher Färbung, (z.B. mit Methylenblau)	35	56
Mikroskopische Untersuchungen	mit schwieriger Einstellung der optischen Mittel (Phase oder Dunkelfeld)	32	40
Mikroskopische Untersuchung	mit schwieriger Färbung (z.B. Gram, Ziehl-Neelsen, Giemsa, Neisser)	30	32
Mikroskopische Untersuchungen	mit fluoreszierenden Stoffen	30	32
Mikroskopische Untersuchungen	mit fluoreszierenden Stoffen nach Bindung an Antigene nach Anreicherung	22	12
Elektronenmikroskopische Untersuchungen	mit erforderlichen Vorbereitungen	12	4

Kultureller Nachweis und Differenzierung von Mikroorganismen

Bakterienkultur	Auf vorgefertigten Nährbodenträgern (z.B. agarbeschichtete Nährbodenträger)	43	140
Bakterien- oder Pilzkultur	mit einem festen Nährboden (z.B. Original- oder Subkultur)	40	100
Bakterien- oder Pilzkultur	mit einem flüssigen Nährboden	42	125
Bakterien- oder Pilzkultur	mit einem festen Nährboden mit Vorbehandlung des Materials (auch Titrationsverfahren und Desinfektionsmittelprüfungen)	36	63
Bakterien- oder Pilzkultur	mit einem festen Nährboden als anaerobe Züchtung	36	63
Bakterien- oder Pilzkultur	mit einem flüssigen Nährboden als anaerobe Züchtung	38	80
Bakterien- oder Pilzkultur	mit einem festen Nährboden als Langzeitkultur (ab 8 Tage)	35	56
Biochemische oder serologische Prüfung einer Kultur	ohne Verwendung von Nährböden	38	80
Biochemische Prüfung einer Kultur	unter Verwendung von vorgefertigten Mehrfachnährböden	31	36
Bakterien- oder Pilzkultur	mit einem festen Nährboden in Platten-Agargußverfahren (auch Toxinnachweise mittels Präzipitation)	29	28
Nährbodenherstellung		50	315

Quantitative Keimauswertung bewachsener Nährböden

Empfindlichkeitsprüfung einer Bakterien- oder Pilzkultur	mit Diffusions- (Plättchen) test bis zu acht Medikamente oder Proben je Keim	35	56
Hemmstoffnachweis im Diffusionstest	bis zu acht Untersuchungsproben (z.B. Guthrietest)	26	20
Empfindlichkeitsprüfung einer Bakterien- oder Pilzkultur	im Dilutionstest je Medikament, je Verdünnung, je Keim	30	32

Tierversuch

Durchführung an einem Tier	bis zur Größe eines Kaninchens	26	20
Durchführung an einem Tier	an größeren Tieren	20	10
Aufbereitung des Untersuchungsmaterials zur Durchführung des Tierversuchs		36	63

Virusuntersuchungen

Anzüchtung einer Zellkultur aus organischem Material	je Kulturgefäß	26	20
Passage von Zellkulturmaterial oder Virusstämmen	je Kulturgefäß	29	28
Aufbereitung und Verimpfung des Untersuchungsmaterials		40	100
Verimpfung des Untersuchungsmaterials oder Passage	je bebrütetes Ei	26	20
Vorbereitung des Untersuchungsmaterials zur Verimpfung auf Eier und Mäuse		32	40

		25	18
Verimpfung je be- brütetes Ei oder Maus		25	18
Neutralisierung ei- ner Virussuspension mittels Antiserum in der Gewebekultur	je Antiserum und Verdünnung und Röhrchen (Typisierung und Antikörperbestimmung; s. auch "Serologische Un- tersuchungen")	37	71

Serologische Untersuchungen

Immunologischer An- tigen-/Antikörper- nachweis	Agglutination, KBR, direkt/ indirekte Hämagglutination, Hämagglutinationshemmung; Antihämolysin-, Latex-, Neutralisationstest; Blut- gruppenantikörpertitration Die Zahl der **Ansätze** ad- diert sich: pro Test (Patient) aus Anzahl eingesetzter Anti- gene, Anzahl Verdünnungs- stufen, neg. Kontrolle, Einfach/Doppelbestimmungen pro Serie aus Anzahl Qualitätskontrollen, Anzahl Vorversuchsstufen, Anzahl Standards, neg. Kon- trollprobe, positive Kon- trollprobe		

	1. Objektträgerteste
	   (z.B. CRP, RF, LE, Mi-
	   krotiter [Grundaus-
	   rüstung], TPHA, ASL)
		40	100

	2. Röhrchenteste
	   Enzymimmunoassay Mikro-
	   elisa (z.B. HBs)
		38	80

	3. Immunfluoreszens
	   (s. "Mikroskopische
	   Untersuchungen")
		–	–

Antigen/Antikörper-
nachweis
	mittels
	1. Immunpräzipitation,
	   -diffusion im Gel
	   (z.B. Elec; Antikörper
	   gegen Pilzantigene)
		28	80

	2. Nephelometrie, Turbidimetrie	37	71

Absorption eines Serums mit anschließendem spezifischen Antikörpernachweis	z.B. Bang, Blocking-Test, MNs-Antigene	24	16
Blutgruppen	ABO, Isoagglutinine, D, CDE Eigenagglutination	36	63
	jedes weitere Antigen; (z.B. Cc, Ee, Kell, Duffy)	38	80
Coombs-Test, direkt oder indirekt	z.B. D^u-Ausschluß	26	20
Kreuzteste	3-Stufen-Test	24	26
Blutgruppenantikörpersuchteste	je Polyantigen 1. als 3-Stufen-Test (indir. Coombs-Test)	26	20
	2. kombinierter Enzym-Coombs-Test	22	12
	Kälteautoantikörpernachweis mit Nabelschnurtestblut incl. indir. Coombs-Test nach Autoabsorption	10	3
	Blutgruppenantikörperidentifizierung mit Polyantigen-Set	14	5

3.9 LISTE DER MECHANISIERUNGSSTUFEN

In der nachstehenden Liste sind Beispiele für Mechanisierungsstufen entsprechend den Ausführungen unter 3.6 für einige im medizinischen Laboratorium gebräuchliche Geräte zur Mechanisierung der Laborarbeiten aufgeführt.

Auch diese Liste kann selbstverständlich nicht vollständig sein. Die stete und schnelle Fortentwicklung und Verbesserung gerade der Laborgeräte und mechanisierten Systeme macht es fast unmöglich, im Rahmen eines solchen Buches stets auf dem neuesten Stand zu sein. Es können auch deshalb hier nur Beispiele angeführt werden.

Werden Geräte benutzt, die noch nicht in der Liste aufgeführt sind, so wird empfohlen, entsprechend den Ausführungen im Kapitel "Mechanisierungsstufen" zu verfahren und mittels Zeitstudien und Arbeitsanalysen eine vorläufige Mechanisierungsstufe festzulegen.

Die Bestimmung der jeweiligen Mechanisierungsstufe setzt einen erfahrenen Laborleiter voraus, da z.B. jeweils genau festgelegt werden muß, welche Mechanisierungsschritte bei Teilmechanisierungen als Mechanisierungsstufen zur Berechnung eingesetzt werden müssen.

Vor einer Einstufung sollte also immer für jede einzelne Methode bei "einkanaliger" Mechanisierung überlegt werden, aus welchen Arbeitsschritten mit welchen Geräten mechanisiert wird.

Zur Erläuterung hier einige Beispiele:

Wird die Glukose-Bestimmung mit der Hexokinase-Methode im Vollblut als Grundmethode durchgeführt, so wird zur Berechnung die Grundeinstufung - dh. 63 Bestimmungen in 390 Min. - eingesetzt.

Wird der erste Arbeitsschritt - die Enteiweißung - mit einem Probe-Reagenzdosierer mechanisiert, so setzt man nach der

Liste die Mechanisierungsstufe 2 ein und ersieht aus der Bewertungstabelle - ausgehend von der Grundeinstufung - ,daß jetzt 80 Bestimmungen in 390 Min. durchgeführt werden können.

Mechanisiert man jetzt auch noch den zweiten Arbeitsschritt - die Entnahme einer Probenmenge aus dem Überstand nach Zentrifugation und die Hinzugabe des Reaktionsgemisches mit einem weiteren Probe-Reagenz-Dosierer - , so kämen jetzt zwei weitere Mechanisierungsstufen hinzu, man liest jetzt unter der Mechanisierungsstufe 4 in der Bewertungstabelle 100 Bestimmungen in 390 Min. ab.

Die gleiche Mechanisierungsstufe wäre einzusetzen, wenn aus Plasma mittels des Beckman-Glucose-Analysators die Bestimmungen durchgeführt würden.

Würde man nun die oben angeführte Hexokinase-Methode weiter mechanisieren, indem man die Messung in einem Digitalmeßplatz mit automatischer Probenzuführung und Rechner mit Ergebnisausdruck - z.B. Eppendorf 5091 - durchführt, so kämen weitere 5 Mechanisierungsstufen hinzu:

1. Schritt:	Enteiweißung 1 Probe-Reagenz-Dosierer	2 Stufen
2. Schritt:	Überstand-Reaktionsgemisch	
	1 Probe-Reagenz-Dosierer	2 Stufen
3. Schritt:	Digitalmeßplatz	5 Stufen
		9 Stufen

Dies bedeutet, daß 180 Analysen in 390 Min. möglich sind.

Setzt man hingegen z.B. einen Substratautomaten Eppendorf 5031 ein, so wären hierfür nach der Liste 15 Stufen einzusetzen.

In diesem Falle entfällt aber jetzt die Berücksichtigung des Probe-Reagenz-Dosierers zur Enteiweißung. Es dürfen also nicht noch 2 weitere Mechanisierungsstufen hierfür hinzugezählt werden, da sonst trotz der zusätzlichen Arbeitszeit für die Enteiweißung – also einer Mehrarbeit – eine höhere Analysenzahl errechnet würde.

Vergleicht man dieses z.B. mit der Gesamt-Eiweißbestimmung nach der Biuret-Methode auf dem gleichen Gerät, bei der praktisch keine Vorarbeit am Arbeitsplatz zu verrichten ist – die Methode also vollmechanisiert abläuft – , so wird das oben Ausgeführte verständlich.

Bei der Glukose-Bestimmung ergäbe sich unter Hinzurechnung des Probe-Reagenz-Dosierers eine Mechanisierungsstufe von 17, das entspricht einer Analysenzahl von 450 gegenüber der Gesamt-Eiweißbestimmung, Mechanisierungsstufe 15 = 355 Analysen.

Die Berechnung würde also ergeben, daß die um einen Arbeitsschritt aufwendigere Methode eine höhere Analysenfrequenz hat (450) als die einfachere Methode (355). Dies wäre unlogisch.

Es müssen also bei der Aufstellung der Mechanisierungsstufen durch den Laborleiter die einzelnen Mechanisierungsschritte in ihrer Effektivität abgewogen werden, damit auch nur der tatsächliche Gewinn an zusätzlicher Arbeitsleistung durch die Mechanisierung berechnet wird.

Im allgemeinen kann man davon ausgehen, daß bei allen "vollmechanisierten" Systemen nur noch die dafür aufgeführten Mechanisierungsstufen zur Berechnung eingesetzt werden dürfen.

Theoretisch könnte man sogar davon ausgehen, daß bei dem obigen Beispiel der Glukose-Bestimmung im Eppendorf-Substrat-automat 5031 (Mechanisierungsstufe 15) für die Vorarbeit, also den Schritt der Enteiweißung mittels Probe-Reagenz-Dosierer, ein Abzug von 2 Stufen eingesetzt werden könnte. Das ergäbe dann eine Mechanisierungsstufe von 13 für diese Methode in dieser Gerätezusammenstellung.

Die würde theoretisch den tatsächlichen Verhältnissen - auch in Bezug zur Gesamt-Eiweiß-Bestimmung des Beispiels am nächsten kommen. In der Praxis hat sich dieses jedoch nicht bewährt, da gerade hierbei oft Mißverständnisse und Fehlein-stufungen aufgetreten sind.

Aus diesem Grunde sollten im allgemeinen derartige Punktabzüge bei den Mechanisierungsstufen vermieden werden und dies nur in speziellen Sonderfällen eingesetzt werden, wo sich mit der üblichen Einstufung nicht reale Bewertungszahlen ergeben würden.

Ansonsten hat sich gezeigt, daß es praktischer ist, darauf zu verzichten, da sich die evtl. theoretisch daraus ergebende zu hohe Mechanisierungsstufe (zu niedriger Personalbedarf) durch die bei Einsatz eines solchen Gerätes vorauszusetzende große Untersuchungsserie kompensiert.

Die bisherigen Ausführungen und die dort aufgeführten Mecha-nisierungsstufen beziehen sich nur auf ein-, evtl. zweikana-lige Mechanisierungen ohne zusätzliche Arbeitserleichterungen durch eine EDV-Anlage.

Die Eingruppierungen der Mechanisierungsstufen gehen davon aus, daß die mechanisiert und evtl. ausgedruckt gewonnenen

Analysenergebnisse noch auf Befundzettel übertragen bzw. weiterbearbeitet werden müssen. Hierfür muß also Zeit zur Verfügung stehen.

Insofern ist es auch nicht möglich, in der reinen Analysenarbeitszeit während der Hauptzeit (390 Min.) die Kapazität eines mechanisierten Analysensystems voll auszuschöpfen. D.h., arbeite ich mit einem Gerät, das in der Lage ist, 120 Analysen je Stunde zu erbringen, so können unter diesen Bedingungen nicht 780 Analysen in 390 Minuten erreicht werden.

Im allgemeinen kann man davon ausgehen, daß die Hälfte bis höchstens Zweidrittel der Leistungsfähigkeit eines Gerätes ausgenutzt werden können. Das würden bei obigen Beispiel etwa 400 - 450 Analysen in 390 Minuten sein.

Die übrige Zeit wird für die spezifische Methodenvorbereitung und für die weitere Ergebnisbearbeitung (Übertragung, Registrierung usw.) benötigt.

Dieses ändert sich sofort beim Einsatz einer EDV-Anlage. Hierfür Anhaltswerte zu geben, ist jedoch nicht möglich. Die Steigerung der Analysenfrequenz durch eine EDV-Anlage richtet sich nach der Art der Anlage, nach dem Zentralisierungsgrad der Datenverarbeitung (Terminal, on-line-Eingabe usw.). Hier muß jeweils in Abhängigkeit von der Art der EDV-Ausstattung vom Laborleiter ein zusätzlicher Faktor ermittelt werden.

Während, wie oben eingehend ausgeführt, der Mechanisierungseffekt - die dadurch bedingte Steigerung der Analysenzahl - bei einer "einkanaligen" Mechanisierung immer auf der Grundeinstufung der jeweilgen Methode aufbaut, muß man bei mehrkanaligen Analysengeräten, die nichtselektiv aus einer

Serumprobe mehrere verschiedene Parameter analysieren - d.h.,ein Profil erstellen - einen anderen Weg gehen.

Hierbei kann man nicht von der Grundeinstufung ausgehen, da bei diesen Geräten häufig Methoden im gleichen Rhythmus zusammengestellt sind, die als Grundmethoden unterschiedliche Grundeinstufungen haben.

Als Bewertungszahl zur Berechnung des erforderlichen Personalbedarfs wird hier die mögliche Anzahl Profile in 390 Min. eingesetzt. D.h., daß in der Liste der Mechanisierungsstufen bei derartigen Geräten die dort angegebene Zahl sich auf Profile bezieht.

Wieder anders sind die neueren selektiv auswählenden mehrkanaligen Analysensysteme einzustufen.

Hier ist eine Einstufung nicht ganz unproblematisch, da diese Geräte z.T. unterschiedliche Arbeitsrhythmen haben. Hier muß jeweils von Fall zu Fall entschieden werden, wie das einzelne Gerät einzustufen ist bzw. welchen Meßwert - Patientenprobe oder Einzelanalyse - ich der Bewertung zugrunde lege.

Als Beispiel sei das Hitachi-Analysensystem 705 angeführt. Das System ist in der Lage, 180 Analysen/Stunde mit maximal 19 Parametern durchzuführen. Als maximale Leistung pro Arbeitsschicht werden 1000 Analysen angegeben. Hierzu würde 1 Arbeitskraft benötigt.

Um also eine Erfassung der tatsächlichen Leistungskapazität zu erreichen, kann ich in meiner Laborstatistik nur von der Aufzeichnung der Anzahl der durchgeführten einzelnen Parameter auf diesem System ausgehen.

Eine Berechnung nach Profilen oder Patientenproben käme hierbei nicht in Frage.

Anders wäre es, wenn bei einem System immer der gleiche Zeitrhythmus abliefe, egal ob vom möglichen Programm nur 1 Analyse selektiv oder alle durchgeführt werden. Hier wäre statistisch die Erfassung der Anzahl Patienten-Proben das richtige Maß.

Eine Einstufung dieser Geräte setzt also die genaue Kenntnis des Arbeitsablaufes und größere praktische Erfahrung voraus.

Man könnte die Bewertung sicherlich vereinfachen, wenn man davon ausginge, daß zur Bedienung eines solchen Gerätes im allgemeinen mindestens 1 Arbeitskraft benötigt wird. Das setzt jedoch eine volle Ausnutzung des Gerätes für eine ganze Arbeitsschicht voraus, mit Einschluß der gerätespezifischen Vorbereitung (Eingabe u.ä.) und unter der Voraussetzung, daß der Ergebnisausdruck ohne weitere Bearbeitung dem Anforderer zugeschickt wird.

Dies dürfte jedoch nicht immer befriedigend sein, insbesondere, wenn man Unterlagen für eine Kosten/Nutzen-Analyse benötigt.

Insofern sollte man auf jeden Fall zu einer brauchbaren Einstufung kommen.

Im übrigen ist es ja auch ohne weiteres denkbar, daß derartige Geräte mehr als eine Arbeitskraft benötigen, um die Leistungsfähigkeit eines solchen Gerätes voll auszuschöpfen.

Die Begründung hierfür kann nur über die Berechnung der Leistungszahlen eines solchen Gerätes geschehen.

Als letztes Beispiel - bei dem wir selbst entsprechend lange Erfahrungen haben - sei hier der "Eppendorf - ERIS" angeführt.

Das Gerät ist in der Lage, alle 9 Sekunden eine Analyse zu erstellen. Theoretisch müßten somit in 390 Minuten insgesamt 2600 Analysen möglich sein, geht man von einer geschlossenen Serie aus, somit nur ein Mal der relativ lange Vorlauf berücksichtigt werden muß. In der Praxis sind mit 1 Arbeitskraft jedoch maximal 1000 Analysen je Schicht zu schaffen. Dies liegt z.T. an der relativ langen Eingabezeit am Dataterminal, für die selbst sehr gut eingearbeitete Kräfte mehr Zeit benötigen als die jeweilige Analysenzeit von 9 Sekunden. Man benötigt also eine gewisse Vorgabezeit vor dem Start der Analytik, wodurch die mögliche Gesamtanalysenzahl bereits gesenkt wird.

Etwas günstiger wird dies bei Verwendung von Markierungsbelegen und Eingabe der Daten über einen Lesekopf. Aber auch dann ist die Gesamtanalysenzahl, die eine Arbeitskraft in einer Schicht abarbeiten kann, nicht wesentlich höher als 1000 Analysen.

Arbeiten jedoch 2 Kräfte am Gerät, so ist es möglich, bei guter Aufteilung der einzelnen Arbeitsabläufe und guter Abstimmung zwischen den beiden Arbeitskräften, die Analysenfrequenz je Schicht auf bis zu 1800 Analysen zu steigern. Damit ist fast die rechnerisch ermittelte theoretische Analysenfrequenz je Schicht erreicht, ein Ergebnis, das nur durch die praktische Erfahrung zu ermitteln war.

3.9.1 Beispiele von Mechanisierungsstufen

Nr.	Erläuterungen zu den Geräten	Mechanisierungsstufen oder Profile[1]	Zuordnung einiger zur Zeit im Gebrauch befindlicher Geräte[2]

Teilmechanisierung

	Teilmechanisierung einer Grundmethode, z.B. mittels	je	
	mechanisierter Dilutoren[3]	2	
	oder Dispensoren[4]	2	
	oder Dosierautomaten[5]	2	
	u/o Absaugküvetten	2	
	u/o Digitalphotometer mit Faktoreingabe	2	
	u/o kinet. Messung mittels Kurvenregistrierung als Einzelmessung	2	
	oder mittels separatem Zellwaschkopf	2	

Mechanisierung

A 1	Digitalmeßplatz mit Einzelprobeneingabe und Ergebnisanzeige oder Ausdruck	4	z.B. Glucose-Analysator, Harnstoff-Analysator Beckman; Eppendorf PCP 6121
A 2	Digitalmeßplatz mit mechanisierter, diskreter Zuführung entsprechend vorbereiteter Proben (nur zum Zwekke der Messung), mit Ergebnisausdruck	5	z.B. Beckman System "24 Medical", Eppendorf Substratmeßplatz 5091, Zeiss PM 7 P
A 3	Mechan.Analysengeräte ein- bis vierkanälig (kompakt od. zusammengestellt aus mehreren Bausteinen),mit diskret.Probenzuführung und ein- bis mehrfacher Reagenzienzugabemöglichkeit mit Schreiber oder Drucker. Bis 120 Analysen je Stunde	15	z.B.Beckman,System 1 Braun Systematic, Eppendorf 5031/5032, Perkin Elmer C 4 A, Vitatron AKES

A 4	Wie Abschnitt A 3, jedoch mit mehr als 120 Analysen je Stunde, mit mechanisierter Probenvorbereitung	16	z.B. Perkin-Elmer C 4 B, LKB Substrat-straße mit Proben-vorbereitung
A 5	Diskretes vollmechanisiertes Analysensystem mit bis zu 300 Analysen/h, Einzelana-lysen	22	z.B. Eppend.ACP 5040 Eppendorf 5051
A 6	Diskret arbeitende vollme-chanisierte Analysensysteme mit vorgefertigten Reagenz-Packungen, Anzahl der Analy-sen 70 - 90 je Stunde. Bei Einsatz im Notfall-Laborat. Einsatz im Routine-Labora-torium (Für schnelle Ein-zeltests, kurze Serien, Spe-zialtests und Kontrollen)	 4 5	z.B. DU PONT ACA
A 7	Kontinuierliche Analysenge-räte nach dem Durchflußprin-zip mit 1 Kanal oder Drucker	12	z.B. Technicon Auto-Analyzer (auch mit PbJ-Auto-Analyzer) auch mit Multi-Test (MT II)
A 8	wie A 7, jedoch mit Digital-Drucker	13	wie A 7 mit Digital-drucker
A 9	wie A 7 , jedoch mit zwei oder drei Kanälen	200 Pro-file	Technicon-Auto-Ana-lyzer, Simultan-straße
A10	wie A 9 jedoch mit Digital-drucker	250 Pro-file	wie A 9 mit Digital-drucker
A11	wie A 7, jedoch mit 6 bis 12 Kanälen, 60 Proben je Stunde	200 Pro-file	z.B.Technicon SMA 6/60 Plus, 12/60
A12	wie A 11,jedoch mit Digital-drucker	300 Pro-file	wie A 11 mit Digi-taldrucker
A13	wie A 7, jedoch mit 3 - 12 Kanälen, mit Drucker, 75 Proben je Stunde	250 Pro-file	Microlyzer

A14	wie A 7, jedoch mit 20 Kanälen. 150 Proben = 3000 Einzelanalysen je Stunde, mit Analogschreiber und Digitaldrucker, Probenidentifikation, Funktionsüberwachung und Selbststeuerung.	500 Profile	z.B. Technicon SMAC
A15	Mechanisierte Analysengeräte vier- oder achtkanalig, mit diskreter Probenzuführung und selektiver Methodenauswahl, mit Drucker	250 Profile	z.B. Beckman Astra 4 und Astra 8
A16	Mechanisierte Analysengeräte, mehrkanalig, selektiv programmierbar, mit Probenidentifikation, Funktionsüberwachung, Selbststeuerung und Drucker	1000 Einzelanaly sen	z.B. Hitachi 704 Hitachi 712 Hitachi 737 Eppend. ERIS Prisma (bis 30 Kanäle)
B 1	Zentrifugal-Analysatoren	14	z.B. Gemsec, RotoChem
C 1	Kinetik-Meßplatz mit Wechselautomatik und Schreiber	6	z.B. Eppendorf 5086 PMQ-II Zeiss
C 2	Kinetik-Meßplatz mit Wechselautomatik und Drucker	7	z.B. Beckmann System "24 Enzymatik", Eppendorf 5080, Vitatron MPS
C 3	Enzym-Analysengerät mit diskreter Probenzuführung mit Schreiber	12	z.B. Eppendorf 5010
C 4	Enzym-Analysengerät mit diskreter Probenzuführung mit Rechner und Drucker	$1/2$ kanalig $16/18$	z.B. Eppendorf 5020/ 5021
C 5	Enzym-Analysengerät mit diskreter Probenzuführung mittels 10-fach-Haltern für Einweg-Reaktions- und Meß-Röhrchen, mit Pipettierstation, ohne Drucker	15	z.B. LKB-Enzym-Analysengerät
C 6	wie C 5, jedoch mit Rechner und Drucker	16	wie C 5, mit Rechner und Drucker
C 7	Enzym-Analysengerät mit 10-fach Haltern für Einweg-Reaktionsröhrchen m. Pipettierstation u. Durchflußküvette	12	z.B. Gilford 300 N

C 8	wie C 7, jedoch mit Rechner und Drucker	14	wie C 7, mit Rechner und Drucker
D 1	Einfaches Flammenphotometer oder Atomabsorptionsspektro-photometer (AAS) mit manueller Probenzufüh-rung ohne Schreiber und Drucker	2	z.B. Eppendorf Flam-menphotometer, IL 151, 251, 351
D 2	wie D 1, jedoch mit Dilutor (mechanisierte Probenver-dünnung)	3	wie D 1, mit Dilutor
D 3	wie D 2, jedoch mit Drucker	4	z.B. IL 151, 251, 351
D 4	wie D 3, jedoch mit kontinu-ierlicher Probenzuführung, mit 2 Kanälen, simultan	12	z.B. Corning EEL, IL 243, 543, 453 Beckman, Klina
D 5	wie D 4, jedoch mit 3 bis 4 Kanälen	15	z.B. Eppendorf-Elek-trolytautomat 5050 IL 543-02,543-31 Zeiss Fl 6
D 6	Elektrolytmessungen mit io-nenselektiven Elektroden mit vollmechanisierter Probenzu-führung, Dilutor und digita-lem Ausdruck, mit 3 Kanälen	12	z.B. Technicon Stat/ Ion
E 1	Chloridmeter – coulometri-sche Bestimmung als Einzel-messung	4	z.B. Corning EEL Chloridmeter
	Chloridmeter (bis 100 Be-stimmungen je Ansatz)	10	Eppendorf Chlorid-meter 6610
E 2	Mechanisierter Calcium-Ti-trator f. photom. Einzelmes-sung	5	z.B. Corning EEL Calcium-Analyzer
	Eisenbestimmung mittels Ferro-Chem		z.B. Ferro-Chem
F 1	Elektrophorese-Auswertung mit Kurvenschreiber und und Integrator	12	z.B. Beckman R-112, R-110, Eppendorf-Elektrophorese-Meß-platz 4915, Zeiss Extinktionsschreiber und Integrator, Den-sitometer IL 377

F 2	Vollmechanisierte Elektrophoreseauswertung mit Kurvenschreibung, quantitative Auswertung und Ausdruck	12	z.B. Beckman CD 1-100 MCD, Elvi, Eppendorf Elektrophorese-Meßplatz 4910, Vogel, Zeiss KFE 4, IL Boskamp 377/44 377
F 3	Vollmechanisierte Durchführung der Elektrophorese auf Folien mit Kurvenschreibung quantitativer Auswertung und Ausdruck	15	Olympus-Hite-System 200
F 4	wie F 3, jedoch mit doppelt so hohem Probendurchgang	19	Olympus-Hite-System 100
G 1	Mechanisierte Gasanalyse ohne selbständige Kalibrier- und Spüleinrichtung zur Einzelmessung mehrerer Bestandteile	2	z.B. Astrup, IL 213/227
G 2	wie G 1, jedoch mit eingebautem Rechner	4	z.B. IL 213/227-214
G 3	wie G 1, jedoch mit selbständiger Absaug-, Meß- und Spülvorrichtung	6	z.B. IL 413
G 4	wie G 3, jedoch mit selbständiger Kalibriereinrichtung	8	z.B. IL 613, Astrup
G 5	wie G 4, jedoch mit Drucker	10	z.B. Corning, Astrup
G 6	wie G 1, jedoch mit ionenselektiven Elektroden	32 Profile	z.B. AVL-Gas-Check
G 7	wie G 6, jedoch mit Drucker	64 Profile	wie G 6, mit Drucker
H 1	Coagulometer, Häkchenmethode mit mechanisierter Zeiterfassung	5	z.B. Schnittger-Cross Mecholab
H 2	Mechanisiertes Coagulometer, photometrische Messung mit Einwegprobenteller	10	z.B. Coag-a-Pet
J 1	Blutausstreichgerät für 2 Präparate mit nachgezogenem Tropfen	0*	z.B. Miniprep, Homaprep

*) Diese Geräte bringen keine Zeitersparnis aber eine qualitative Verbesserung.

J 2	Blutausstreichschleuder ohne oder mit Zeitautomatik, ohne oder mit Verdünnung	0*	z.B. Uni-Smear-Spinner, LARC-Spinner
K 1	Mechanisiertes Färbegerät	2	z.B. Ames, Shandon, Corning, Autotechnicon
L 1	Erythrozyten- oder Leukozyten-Blutkörperchenzählgerät, Widerstandsmethode, mit seperatem Dilutor	6	z.B. Picoscale, Coulter A, D, F, FZ, Digizell
L 2	wie L 1, jedoch als Mehrkanalgerät, Widerstandsmethode für Hb, Ery, Leuco und Indices, mit Ergebnisausdruck	250 Profile	z.B. Coulter S, HE-MAC 630 L
L 3	wie L 1, aber mit optischer Methode	6	z.B. Fischer Autocytometer II
L 4	Blutkörperchenzählgerät, wie L 2, jedoch mit Thrombozytenzählung	200 Profile	z.B. Coulter-S-Plus
L 5	Blutkörperchenzählgerät, kontinuierliche Durchflußmethode, mit Bestimmung des Zellpackungsvolumen und Blutplättchenzählung, mit Ausdruck	300 Profile	z.B. Hemalog 8
L 6	Blutplättchenzählgerät, Widerstandsmethode, ohne Probenvorbereitungszentrifuge	5	z.B. Thrombocounter
L 7	wie L 6, jedoch mit Probenvorbereitungszentrifuge	6	z.B. Thrombocounter und Thrombofuge
M 1	Mikroskop mit mechanisierter Präparateabsuchung	6	z.B. Zeiss-Cytoskop
M 2	wie M 1, jedoch mit automatisierter Leukozytenfindung und -einstellung	8	z.B. Honeywell ACS 1000
M 3	Mechanisiertes System zur Leukozytendifferenzierung mit Klassifizierung der Leukozyten (Differentialblutbildautomat zur Differenzierung von 100 oder 200 Zellen je Probe)	10	z.B. Corning-LARC-Mikroskop, Coulter-Differencial, Gometric-Data-Hematrak, Perkin-Elmer-Diff-3
M 4	wie M 3, jedoch 500 Zellen je Probe	10	z.B. Abbott ADC 500

M 5	Mechanisiertes System zur Zytochemischen Leukozytendifferenzierung, mehrere 1000 Zellen je Kanal	10	z.B. Technicon Hemalog D, Technicon H 1
M 6	Blutkörperchenzählgerät, kontinuierliche Durchflußmethode, 7 Kanäle, Zellpackungsvolumen, Blutplättchenzählung und zytochemische Leukozytendifferenzierung, mehrere 1000 Zellen je Kanal	300 Profile	z.B.Technicon H 6000
N 1	Kontinuierliches DurchflußAnalysen-Gerät mit 1- oder mehreren Kanälen zur Bestimmung spezifischer Proteine. Nephelometrische Messung		z.B.Technicon Autoanalyzer AIP
P 1	Kontinuierliche DurchflußAnalysenstraße mit 2 Kanälen zur Bestimmung von Komplement-Bindungsreaktionen		z.B.Technicon Autoanalyzer KBR
P 2	Kontinuierliches Durchflußanalysenstraße mit 2 Kanälen zur Durchführung des Antikörpersuchtestes und Antikörperidentifizierungen		z.B.Technicon-Antikörpersuchstraße
Q 1	Zellwaschzentrifuge ohne Zugabe von Antihumanglobulin	4	z.B. Merz + Dade DADE 519, DADE C7M
Q 2	wie Q 1, jedoch mit Antihumanglobulin	5	z.B. Merz + Dade DADE 519, DADE C7M

Erläuterungen

1. **Profil:**   Werden mit einem Analysengerät aus einer Probe in einem zusammenhängenden Arbeitsgang mindestens zwei oder mehrere Bestandteile analysiert und die Ergebnisse ausgedruckt oder angezeigt, so spricht man von einem Profil.

2. **Geräteliste:**   Aufgestellt in Verbindung mit dem Geräteausschuß von INSTAND.

3. **Dilutoren:**   Geräte, die im ersten Schritt Probe o.ä. und ein Diluens (Verdünnungslösung, Enteiweißungsmittel, Reaktionsgemisch) ansaugen und in einem zweiten Schritt beide Volumina ausstoßen, wobei das Diluens die Probe aus dem Schlauchsystem spült. Die Volumina können firmenseitig fixiert sein oder es sind mehrere Einstellungen möglich.

4. Dispensoren: Dosiergeräte, die pro Arbeitsgang ein definiertes Volumen einer Flüssigkeit aus einem Vorratsgefäß entnehmen und abgeben. Das Volumen kann firmenseitig fixiert sein oder es sind mehrere Einstellungen möglich.

5. Dosierautomat.: Voll mechanisierte programmierbare Probenvorbereitung (z.B. für Probenverdünnung, Enteiweißung o.ä.). Kompakte Verbindung von Dilutoren und evtl. Dispensoren mit einem Programmteil und einer Probenübertragung.

3.10   MUSTER DER BERECHNUNGSBÖGEN

ERFASSUNGSBOGEN FÜR ANALYSENZAHLEN								
ANALYT (Profil): ______________________________						BLATT NR: ☐☐☐		
1	2	3	4	5	6	7	8	9
ANFORDERUNGSSTATISTIK		AUFWANDSSTATISTIK						BEFUNDSTATISTIK
	Angeforderte Analysen	Durchgeführte Analysen						Mitgeteilte Analysen/Ergebnisse
DATUM		Hilfsanalysen			Primäranalysen	Sekundäranalysen	Gesamtzahl der durchgeführten Analysen/Ansätze	
		Reagenzien Leerwerte	Standards	Kontrollen				

Abb. 7

BERECHNUNGSBOGEN 1

Berechnungsbogen zur Ermittlung des untersuchungszahlenabhängigen Personalbedarfs (nach Osburg)							Jahr:		
für:							Bogen-Nr.:		
1	2	3	4	5	6	7	8	9	10
Methode, Bestandteil	Grundein-stufung	Techn.Durchführung der Methode (Gerät bzw. mechanisiertes System)	Mechani-sierungs-stufe	Bewertungs-zahl der Methode	Zeit (Min.) je Unter-suchung	Anzahl der Unter-suchungen im Jahr lt. Laborstati-stik	Summe der Arbeits-minuten im Jahr	Anzahl der Arbeitskräfte für diese Methode	Bemerkungen
	s. 3.4 und 3.8		s. 3.6 und 3.7	s. 3.6	$\frac{390}{Sp.5}$		Spalte 7 x Ergebn. Spalte 6	$\frac{Ergeb.Sp.8}{88000}$ (bzw.100800)	

Abb. 8

BERECHNUNGSBOGEN 2

Berechnungsbogen zur Ermittlung des untersuchungszahlenunabhängigen Personalbedarfs und des Personals für Dienst außerhalb der regulären Arbeitszeit (nach Osburg)			
für:			Jahr:
1	2	3	4
	Summe des errechn. untersuchungszahlen-abhängigen Personals n.Berechungsbogen Nr.1		Ergebnis
Zentrale Materialannahme usw. (s.3.7.1.2.-a)		15-5 % (v.Spalte 2)	
Laboraufsicht usw. (s.3.7.1.2.-b)		0,5-1,0 Arb.Kräfte	
Zentr.Qualitätssicherung usw. (s.3.7.1.2.-c)		0,5-1,0 Arb.Kräfte	
Einarb.u.Prüf.neuer Methoden usw. (s.3.7.1.2.-d)		2 % (v.Spalte 2)	
Ausb.u.Einarb.von Fremd-personal (s.3.7.1.2.-e)		2 % (v.Spalte 2)	
Fluktuat., Neueinarbeitung usw. (s.3.7.1.2.-f)		2 % (v.Spalte 2)	
	Summe Berechnungsbogen 2		
	Summe Berechnungsbogen 1		
		Anzahl erforder-liche Arbeits-kräfte	
Spätdienst (s.3.7.1.3.-a)	einfach besetzt	2	
	bei Mehrbedarf	nach Aufwand	
Nachtdienst (s.3.7.1.3.-b)	einfach besetzt	2	
	bei Mehrbedarf	nach Aufwand	
Feiertags- u.Wochenenddienst (s.3.7.1.3.-c)	einfach besetzt	2	
	bei Mehrbedarf	nach Aufwand	
Notfall-Laboratorium (s.3.7.1.4)	einfach besetzt	2	
	bei Mehrbedarf	nach Aufwand	
Spezimenabnahmen dir.vom Pat. (s.3.7.1.2.-g)		nach Aufwand	
Laborfortbildung (s.3.7.1.2.-h)		nach Aufwand	
		Summe:	

Abb. 9

4 Eine Methode zur Erstellung eines Personalplanes im klinischen Laboratorium

M. Fischer, P. M. Bayer, G. Fischer (Wien)

4.1 EINLEITUNG

Im Bereich der Stadt Wien ergab sich die Notwendigkeit objektive Anhaltszahlen für den Personalbedarf von klinischen Laboratorien in den städtischen Krankenanstalten zu erstellen. Ziel des Vorhabens war es, die Personalpläne und Leistungen der klinischen Laboratorien zu vereinheitlichen.

Die Hauptschwierigkeit bei der Durchführung des Unternehmens war nicht das Fehlen von Berechnungssystemen zur Ermittlung von Anhaltszahlen für den Personalbedarf, sondern die Tatsache, daß im Bereich "Städtische Krankenanstalten" Laboratorien von unterschiedlicher Größe bestehen. Eine einheitliche Anwendung der noch in diesem Buch aufgezeigten Berechnungsmodelle gelang nicht, wobei zu bemerken war, daß den Wiener Verhältnissen das System von K. Osburg am besten entsprach.

Als Hauptursache für die Abweichung der mit anderen Systemen errechneten Anhaltszahlen für den Personalbedarf sowie der in der Praxis wahrgenommenen Gegebenheiten wurde die oft ungenaue Wiedergabe der tatsächlichen Arbeitsleistung bei unterschiedlichen Serienlängen erkannt. Aufgrund dieser Erfahrungen wurde von uns ein Berechnungsmodell entwickelt, welches nachfolgend beschrieben wird, und welches als Grundlage die von Haeckel gemachte Beobachtung (Haeckel et al. 1974) anwendet. Unser System berechnet nun von der Leistungseinheit abhängige (va-

riable Bearbeitungs- bzw. direkte variable Personalzeiten /
Grenzzeit (Haeckel et al. 5/1984) einer Analyse) und unabhängige Zeiten (fixe Bearbeitungs- bzw. Analysenfixzeiten).
Diese Zeiten sind dann Grundlage für Anhaltszahlen, die Leistungszahlen wiedergeben, die von der Serienlänge weitgehend unabhängig sind. Das theoretische Modell dieser Berechnungs-
methode wurde im Jahre 1982 in der österreichischen Kranken-
hauszeitschrift veröffentlicht (Fischer et al. 1982), wobei
grundsächlich auf die von K. Osburg in seiner Arbeit verwendeten Begriffe zurückgegriffen wurde (Osburg 1977). Mit der
Vereinheitlichung der Begriffe für Statistiken für das klinische Laboratorium beschäftigte sich eine Arbeitsgruppe der
Deutschen und österreichischen Gesellschaft für Klinische Chemie. Die Vorschläge dieser Arbeitsgruppe für Definitionen der
Zähl- und Zeitbegriffe wurden in der Zeitschrift Klinische-
Chemie-Mitteilungen veröffentlicht (Haeckel et al. 1/1984,
Haeckel et al. 5/1984, Haeckel et al. 2/1986). Wir haben uns
diesen Definitionen angeschlossen und diese auszugsweise, so-
weit wir diese in unserem System anwenden, im Abschnitt 4.2
beschrieben. Dadurch wurde auch eine teilweise Neufassung des
Kapitels in der nunmehrigen Auflage notwendig. Auch wurden
die Variablenbezeichnungen gegenüber der letzten Auflage einer
Normierung unterzogen.

4.2   BEGRIFFE

4.2.1   Zählobjekte

Zählobjekt ist die Analyse. Unter Analyse wird der quantitative (semiquantitative) Nachweis oder die (quantitative)
Bestimmung einer Kenngröße in einer Probe verstanden (Haeckel
et al. 1/1984, Haeckel et al. 2/1986)

4.2.1.1 Angeforderte Analysen (A_A)

Im allgemeinen werden Analysen laborextern angefordert. In besonderen Fällen können sie auch vom Laboratorium selbst ausgelöst werden (= interne Anforderung).

Als Gruppe (Profil) angeforderte Analysen sind in die durchzuführenden Einzelanalysen (Primäranalysen) aufzulösen. Interne Anforderungen sind zusätzliche Untersuchungen, die sich aufgrund der angeforderten Analysenergebnisse ergeben, sowie Analysen im Rahmen von Forschung, Entwicklung und Lehre. Sollwertermittlungen sind angeforderte Analysen.

4.2.1.2 Durchgeführte Analysen (A_D)

Durchgeführte Analysen werden in der Aufwandsstatistik zusammengefaßt. Das Verhältnis "Anforderung zu Aufwand" ergibt die Aufwandsrelation (7,13/Rel.(%))

$$\frac{100 \ x \ A_D}{A_A} = Rel. \ (\%) \qquad [1]$$

4.2.1.2.1 Primäranalyse

Eine Primäranalyse ist die aufgrund einer Anforderung durchgeführte Analyse der jeweiligen Kenngröße einer Probe.

4.2.1.2.2 Sekundäranalysen

Sekundäranalysen werden als Wiederholungsanalysen entweder zur Absicherung der Primäranalysen oder aus analytischen Gründen durchgeführt (z.B. wegen eines erkannten Fehlers, bei Werten außerhalb des Meßbereiches).Bei Doppelbestimmungen werden die Zweitbestimmungen als Sekundäranalysen erfaßt.

4.2.1.2.3 Hilfsanalysen

Hilfsanalysen sind alle Analysen zur Kalibrierung, zur internen und externen Qualitätskontrolle, zur sonstigen Überprüfung des betreffenden Verfahrens sowie Reagenzleerwerte. Probenleerwerte sind hingegen keine Zählobjekte, sondern ein definierter Bestandteil der Analyse.

4.2.1.3 Mitgeteilte Analysenergebnisse

Mitgeteilte Analysenergebnisse sind Ergebnisse (Befunde) von Primär- bzw. Sekundäranalysen, sowie daraus abgeleitete Kenngrößen, die dem Auftraggeber zur Verfügung gestellt werden.

4.2.2 Zeitbegriff

Die deutsch-österreichische Arbeitsgruppe hat aufgrund von bestimmten praxisbezogenen Fragestellungen folgende Begriffsgruppen für eine allfällige Zeiterfassung formuliert (Haeckel et al. 5/1984):

4.2.2.1 Spezimenzeit

Sie besteht aus

4.2.2.1.1 **Bereitstellungszeit** (Spezimengewinnung, Transport)

4.2.2.1.2 **Bearbeitungszeit** (Response-Zeit), Spezimeneingang ins Labor bis Spezimenausgang.

Diese Zeit kann wieder in folgende Begriffe unterteilt werden:

4.2.2.1.2.1 Vorbereitungszeit
4.2.2.1.2.2 Analysenzeit
4.2.2.1.2.3 Standzeiten
4.2.2.1.2.4 Befundzeit

4.2.2.1.3 **Aufbewahrungszeit** (bis zur Spezimenentsorgung)

4.2.2.2 Personalzeiten

Sie gliedern sich in:

4.2.2.2.1 Direkte Personalzeiten

Direkte Personalzeiten betreffen an einem definierten Arbeitsplatz unmittelbar die durchzuführende Analyse. Sie sind daher direkt meß- und zurechenbar. Es wird in fixe und variable direkte Personalzeiten (vom Zählobjekt abhängige und unabhängige) unterschieden.

4.2.2.2.2 Indirekte Personalzeiten

Indirekte Personalzeiten sind Zeiten, die nicht unmittelbar zur Durchführung der Analyse aufgewendet werden (z.B. Laboraufsicht, Verwaltung u.ä. / s. Haeckel et al. 5/1985).

4.2.2.2.3 Zuschlagszeiten

Zuschlagszeiten sind Zeiten, die auch bei ergonomischer Gestaltung des Arbeitsplatzes und der Arbeitsabläufe anfallen.

4.2.2.3 Arbeitszeiten

Sie bestehen aus

4.2.2.3.1 Anwesenheitszeiten und

4.2.2.3.2 Fehlzeiten

4.3   GRUNDLAGEN DES SYSTEMS

Das von uns entwickelte System ermittelt den Personalbedarf aufgrund einer
- Leistungseinheitsrechnung für untersuchungszahlenabhängige
- Leistungen (s. OSBURG 3.3.6.1) und einer

- Arbeitsplatzberechnung für untersuchungszahlenunabhängige
- Leistungen (Anwesenheitsdienste / s. OSBURG 3.3.6.2).

4.3.1 Leistungseinheitsrechnung (Ramge 1975)

Die Leistungseinheitsrechnung wird für das technische Personal einschließlich des Verwaltungspersonals und für das Reinigungspersonal gesondert durchgeführt. Erweitert man das Ergebnis dieser Berechnung mit einer Arbeitsplatzberechnung (s. Abschnitt 4.3.2), so erhält man eine Soll-Leistung mit einem Soll-Personalstand. Vergleicht man diese Soll-Leistung mitder Ist-Leistung des jeweiligen Labors, so erhält man den erforderlichen Gesamtpersonalstand, der in einen Stellenplan aufgrund normierter Qualifikationsanforderungen, die sich an den Forderungen von K. OSBURG (Osburg 1977) (s. 3.7.4) orientieren, übertragen werden kann.

Rationell kann die Ist-Leistung eines Labors nur aus bestehenden Aufzeichnungen abgeleitet werden. Von der Arbeitsgruppe zur Analysenzeitermittlung wurde eine vergleichbare Laborstatistik (Haeckel et al. 2/1986) vorgeschlagen, wobei als Minimum die Angabe der Anzahl der angeforderten und der durchgeführten Analysen gefordert wird. Für die Ermittlung des Sollpersonalbedarfs ist die Anzahl der durchgeführten Analysen allein von Bedeutung. Steht diese Anzahl nicht zur Verfügung, so kann auch auf die Anzahl der angeforderten Analysen zurückgegriffen werden, wenn die Aufwandsrelation (Haeckel et al. 1974) bekannt ist und im Durchschnitt gleich bleibt. Die angeforderten Analysen werden mit der Aufwandsrelation erweitert und diese Anzahl als Ist-Leistung gewertet.

Zählobjekt für die Leistungseinheitsrechnung ist die durchgeführte Analyse (Abschnitt 4.2.1.2). Diese wird mit der Bearbeitungszeit (Abschnitt 4.2.2.1.2) in Beziehung gesetzt. Es wurde eine annähernd lineare Abhängigkeit dieser Größen festgestellt. Diese lineare Abhängigkeit ist auch rein theoretisch aus den Teilzeiten der Bearbeitungszeit abzuleiten. Die Bearbeitungszeit enthält nach den Definitionen der Deutsch-österreichischen Arbeitsgruppe für Analysenzeitermittlung (Haeckel et al. 5/1984) folgende Teilzeiten:

- die Vorbereitungszeit
- die Analysenzeit
- die Befundzeit und
- die Standzeiten.

Die ersten drei Teilzeiten stellen bezüglich des Zählobjektes variable Zeiten (variable Bearbeitungszeit b), die Standzeiten jedoch Fixzeiten (fixe Bearbeitungszeit a) dar.

Die lineare Abhängigkeit der Serienanlysenzeit von der Größe der Analysenserie wurde in einer Arbeit(Haeckel et al. 1974) schon 1974 aufgezeigt. In dieser Publikation wurde die Serienanalysenzeit zur Schätzung der kritischen Serienlänge für Wirtschaftlichkeitsberechnungen für den Einsatz von Analysenautomaten herangezogen. Die Verfasser dieser Arbeit haben sich grundlegend mit der Funktion der Serienanalysenzeit in Abhängigkeit von der Analysenzahl (pro Serie) beschäftigt. Sie stellten bei allen von ihnen untersuchten Verfahren mit zunehmender Probenanzahl einen linearen Anstieg der seriellen Analysenzeit fest. Lediglich bei Analysengeräten, die zur Probenzuführung mit Tellern ausgestattet sind, erfolgt dieser Anstieg stufenförmig, bleibt aber in seiner Gesamtheit demnach annähernd linear. Das Gleiche kann für die Vorbereitungszeit gezeigt werden. Lediglich bei der Befundzeit ist die Linearität der Abhängigkeit zur Analysenzahl weniger gegeben, da diese Zeit vom erzielten Ergebnis abhängt.

Die direkte Personalzeit (Abschnitt 4.2.2.2.1) steht in einer festen Beziehung zur Bearbeitungszeit und zeigt ebenfalls einen annähernd linearen Verlauf bezogen auf die Anzahl der durchgeführten Analysen (Abb. 1).

Abb. 1: Aufwand an direkter Personalzeit und Bearbeitungszeit Typischer Arbeitsablauf auf einem mechanisierten Arbeitsplatz

Direkte Personalzeit	Bearbeitungszeit			
	Vorbe-reit.-zeit *)	Stand-zeit	Analysen-zeit	Befund-zeit
Einschalten d. Gerätes				
Lösen d. Kontrollen, Reagenzherstellung, Pipettieren d. Kontrollen, Anfordern der Kontrollen		Waschen d.System d. Gerät	Durchführen d.Kalibration u. Kontrolle d.d. Gerät	
Kalibrations-kontrolle Pipettieren der Proben		Warte-phase Gerät		
Anfordern d. Proben			Analysieren der Proben d.d. Gerät	
Übertragen der Befunde		Abschluß routine d.d. Gerät		Erstel-len der Arbeits liste
Abschalten des Gerätes				

*) die Probenvorbereitung und die Befunderstellung wird von einem anderen Arbeitsplatz durchgeführt.

Ist nun

a_p = die fixe Personalzeit,

b_p = die variable direkte Personalzeit,

a_b = die fixe Bearbeitungszeit,

b_b = die variable Bearbeitungszeit und

S = die Schichtdauer (Arbeitsschicht),

so ergeben sich die Anzahl der Anaylsen (n) und der Anteil der Personalzeit (p) an der Bearbeitungszeit wie folgt:

$$\frac{S - a_b}{b_b} = n \qquad [2]$$

$$\frac{b_p}{b_b} \left(1 - \frac{a_b}{S} \right) + \frac{a_b}{S} = p \qquad [3]$$

Dazu ist es notwendig, daß die Bearbeitungszeit für diesen Arbeitsplatz und die direkte Personalzeit bezogen auf die durchgeführten Analysen erhoben werden (s. Abschnitt 4.4). Zählobjekt für die Berechnung des Personalbedarfs ist somit die durchgeführte Analyse, wobei eingeschränkt werden muß, daß derzeit auch Automaten im Einsatz sind, deren Durchsatzgeschwindigkeit (Haeckel et al. 2/1986) nicht von der Analysenzahl sondern von den Patientenprofilen abhängt. In diesen Fällen (ASTRA, PARALLEL, PRISMA etc.) stellt das Patientenprofil die Maßzahl für die Leistungseinheitsrechnung dar. Es kann jedoch ein Durchschnittsprofil pro Patienten, wie von der Deutsch-österreichischen Arbeitsgruppe für Analysenzeitermittlung vorgeschlagen wird, zur Berechnung verwendet werden (Haeckel et al., im Druck).

Auch wenn die Ermittlung des Analysenergebnisses zeitabhängig ist (Gerinnung etc.) ist die lineare Abhängigkeit zwischen durchgeführter Analyse und Bearbeitungszeit nicht gegeben. Um dennoch einen statistischen Durchschnittswert für die variable Bearbeitungszeit zu erhalten, wird von der Deutsch-österreichischen Arbeitsgruppe für Analysenzeitermittlung die Erhöhung der Serienanzahl bei der Zeitaufnahme gefordert (Haeckel et al., im Druck).

Die Zeitaufnahme erfolgt im Selbstaufschreibeverfahren, wobei nicht auf die Erstellung von Arbeitserfassungsbögen für die gesamte Schicht (s. Kapitel 2.2.2 u. 2.2.3) zurückgegriffen wird, sondern ausgewählte Teilleistungen einer Zeiterhebung zugeführt werden. Die Summe der Teilleistungen wird in diesem System wieder zu einer Gesamtleistung zusammengeführt. Es gilt:

$$\Sigma\ a_i\ =\ a_{Gesamt} \qquad [4]$$

$$\Sigma\ b_i\ =\ b_{Gesamt} \qquad [5]$$

a_i = fixe Bearbeitungs- oder direkte Personalzeit der Teilleistung i

b_i = variable Bearbeitungs- oder direkte Personalzeit der Teilleistung i

4.3.2   Arbeitsplatzberechnung

Für die Berechnung des Personalbedarfs ist neben der Leistung auch noch der Dienstplan (die Diensteinteilung) relevant. Die Schichtdauer (Betriebszeit) eines Arbeitsplatzes hat sich nach den Erfordernissen des Krankenhauses bzw. nach der Nachfrage, nach der Art und Dringlichkeit der Untersuchung zu richten.

Es ist daher erforderlich, Arbeitsplätze einzurichten, die in
Bezug auf die Normalarbeitszeit (dzt. 40 Wochenstunden) eine
längere oder kürzere Schichtdauer aufweisen. Für diesen Fall
wird ein Umrechnungsfaktor (k (1) = Mehrdienstleistungskoeffizient) in die Berechnung des Personalbedarfs eingeführt.
Mit diesem Koeffizienten können auch die Personalerfordernisse
für Nachtdienste berechnet werden.

Es muß bemerkt werden, daß in einer Veröffentlichung von Ramge
(Ramge 1975) die Leistungseinheitsrechnung und die Arbeitsplatzrechnung als taugliches Instrument für die Erstellung von
Stellen- und Dienstplänen aufgezählt wurden, wobei für
bestimmte Teilbereiche des Krankenhauses entweder der einen
oder anderen Methode der Vorzug gegeben werden wird.

Das beschriebene System wendet beide Berechnungsmethoden für
ein und denselben Teilbereich des Krankenhauses an. Es ergibt
sich somit die Möglichkeit, untersuchungszahlen**unab**hängige
Leistungen objektiv für den Personalplan zu bewerten.

4.4 BERECHNUNG DER VARIABLEN UND FIXEN BEARBEITUNGS- BZW. DIREKTEN PERSONALZEIT

Grundlage für die Berechnungszahl "B" ist, wie schon beschrieben, die lineare Funktion zwischen Serienbearbeitung und
Anzahl der durchgeführten Analysen. Die Funktion ist durch den
Anstieg der Geraden b und deren Schnittpunkt a mit der y-Achse
des gewählten Koordinatensystems (x = Anzahl der durchgeführten Analysen; y = Serienbearbeitungszeit in Minuten)
bestimmt. Die Einheit für b ist Dauer in Minuten pro Analyse,
wobei ein Zusammenhang mit Firmenangaben (Angaben in Analysen
pro Stunde; Durchsatzgeschwindigkeit) mit der Durchsatzgeschwindigkeit (d) von Analysengeräten - wie folgt - gegeben
ist:

$$d = \frac{60}{b} \qquad [6]$$

a - hat als Einheit Minuten   (bei dem vorher vorgegebenen
    Koordinatensystem)
b - ist somit allein vom Rationalisierungsgrad abhängig, was
    auch empirisch in der Publikation dieses Systems (Fischer
et al. 1982) bewiesen wurde.

Es muß auch festgehalten werden, daß dieses System auch dann
funktioniert, wenn man andere Zählobjekte für die Leistungseinheitsberechnung einsetzt (s. Tabelle 1).

Tabelle 1 :

Einheit y-Achse	Einheit x-Achse	Einheit b	Einheit a
a) Serien- profil- zeit in Minuten	Anzahl der durchgeführten Profile	Minuten pro Profil	Minuten
b) Arbeits- stunden	gereinigte Flä- che (m²) pro Mitarbeiter	Mitarbeiter- stunden pro m²	Mitarbeiter stunden
c) Arbeits- minuten	Anzahl der gereinigten Geräte	Minuten pro gereinigtem Gerät	Minuten

Bei der Ermittlung der Bewertungszahl für untersuchungszahlenabhängige Leistungen wurde vom folgenden Arbeitsmodell ausgegangen:

Abb. 2: **Arbeitsmodell zur Ermittlung der Bewertungszahl**

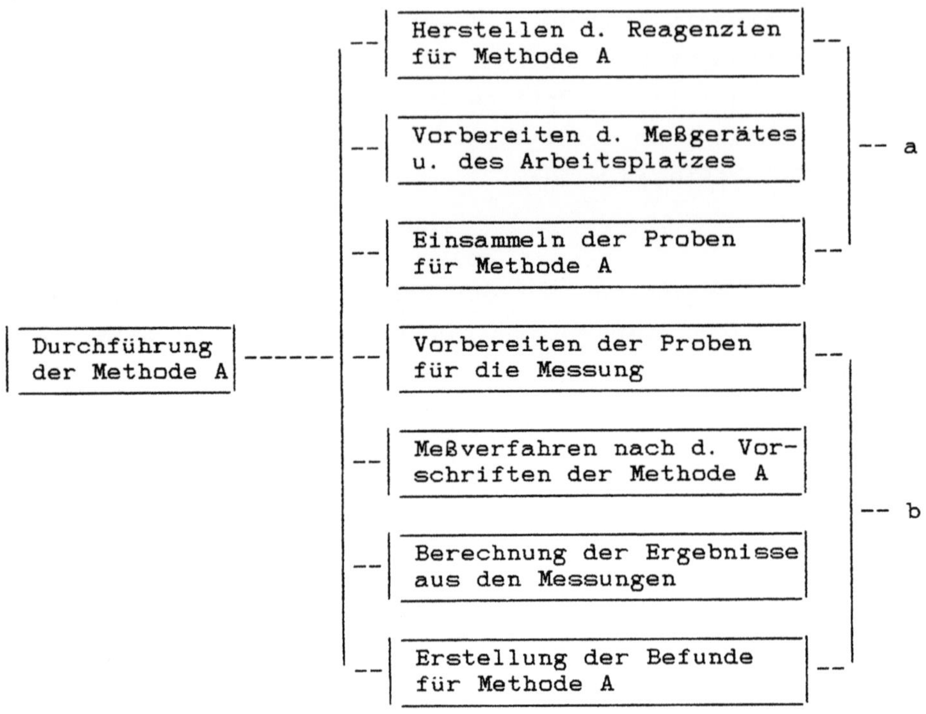

Diese im Arbeitsmodell angeführten Tätigkeiten wurden als Grundlage zur Ermittlung der Serienbearbeitungszeit verwendet, wobei diese Tätigkeiten auf einem Arbeitsplatz durchgeführt werden müssen.

Ist die Serienanzahl n, die Anzahl der durchgeführten Analysen x und die Serienbearbeitungs- oder Personalzeit y, so ist:

$$ b \;=\; \dfrac{\Sigma xy \;-\; \dfrac{\Sigma x \, \Sigma y}{n}}{\Sigma x^{2} \;-\; \dfrac{(\Sigma x)^{2}}{n}} \qquad\qquad [7] $$

$$ a \;=\; \dfrac{\Sigma y \;-\; b\,\Sigma x}{n} \qquad [8] $$

Man erhält dann die Anpassungsgerade (lineare Regression) an die gefundenen Zeitwerte (Serienbearbeitungs- bzw. Personalzeiten) pro Analysenserien.

Mindestvoraussetzung für die Berechnung dieser Funktion ist, daß die Zeitwerte von mindestens acht deutlich unterschiedlichen Analysenserien mit einer Meßgenauigkeit in Minuten bestimmt werden.

Grundsatz für diese Art der Meßzeitaufnahme ist eine Gleichartigkeit der Arbeitstechnik. Es sollen folgende Voraussetzungen erfüllt sein

- ausgewählte Mitarbeiter (guter Durchschnitt);
- nur eine Methode bewerten, parallele Arbeiten werden mit dem Personalzeitanteil bestimmt;
- Testsituation, d.h. sämtliche Proben sollen vor Beginn der Analysenserien am Arbeitsplatz vorhanden sein;
- ausreichende Gerätekapazität.

Als Ergebnis darf weder die variable noch die fixe direkte Personal- bzw. Bearbeitungszeit negativ werden. Zur Sicherung des Ergebnisses ist der Korrelationskoeffizient (r) zu bestimmen. Dieser darf den Wert von 0,95 nicht unterschreiten.

4.5   BEWERTUNGSZAHL

4.5.1   Bewertungszahl für das technische und administrative Personal "B"

Die Bewertungszahl "B" stellt die in einem Zahlenwert ausgedrückte Arbeitsleistung an Analysen pro Mitarbeiter, bezogen auf die vorgegebene Schichtdauer (S_n), dar. Sie ist durch folgenden Zusammenhang gegeben:

$$\frac{\sum\limits_{n=1}^{n \to N} S_n - n \cdot a}{b \cdot p} = B \qquad [9]$$

B = Bewertungszahl

S_n = Schichtdauer in Minuten

n = Anzahl der Schichten (Turnus)

b = variable Analysenzeit in Minuten pro Analyse

a = fixe Analysenzeit in Minuten

p = Personalzeitanteil

Da die Bewertungszahl für die Tagesbetriebszeit eines Arbeitsplatzes erstellt wird und im Regelfall unterschiedliche Betriebszeiten nur für Werktage, Samstage, Sonn- und Feiertage gelten, werden Bewertungszahlen für diese Tage B (A), B (B), B (C), gesonderrt ermittelt. Dies gilt auch für Werktage mit Frühschluß B (D).

4.5.2 Bewertungszahl für das Reinigungspersonal "B"

Für die Bewertungszahl "B" für die Ermittlung des Reinigungs-
personals werden folgende Maßzahlen herangezogen
- Reinigungsfläche
- Gesamtzahl aller durchgeführten Analysen.

4.5.2.1 Reinigungsfläche

Die Reinigungsfläche bezieht sich auf die Gesamt-Boden-
Nutzfläche (Laborgröße). Für die Ermittlung der Gesamt-
Boden-Nutzfläche zum Zwecke der Erhebung des Gesamtpersonalbedarfs ist die Überstellung des Bodens durch Inventar,
Maschinen und dergleichen nicht relevant. In einem Reinigungsplan (Stadt Wien, Erlaß über ...) werden die erforderlichen Arbeiten in ein Schema von Raumarten und Hygienezonen gebracht. Die Arbeitsgänge werden normiert. Die
Normierungen sowie die Schlüsselzahlen zur Leistungsberechnung
wurden in der Publikation FISCHER et al. 1982 ausführlich
behandelt. Dort wird auch auf den Umstand verwiesen, daß
klinische Laboratorien in den Hygienezonen II, III und IV der
Spitäler eingestuft werden.

Für diese Raumarten ist in Hygienezone II und III folgender
Reinigungsplan vorgesehen:

1 x täglich Naßwischen und Desinfektion
2 x jährlich Grundreinigung

zuzüglich bei Böden, die eine Wachsbeschichtung erforderlich machen (Linoleum, PVC-Beläge u.ä.)

2 x wöchentlich Zwischenreinigung
2 x jährlich Bodenversiegelung (Acryl-Hartwachs).

Der Reinigungsplan von klinischen Laboratorien, die in der Hygienestufe IV eingestuft werden, unterscheidet sich nur durch:
2 x täglich statt 1 x täglich Naßwischen und Desinfektion.

Dies ergibt vier Leistungsarten, die als variabler Bearbeitungskoeffizient (b) definiert werden können (s. Tab. 2).

Tabelle 2:

Zone	Leistung	b
IV	mit Bodenversiegelung	1,92926
	ohne Bodenversiegelung	1,72611
II	mit Bodenversiegelung	1,07239
III	ohne Bodenversiegelung	0,87899

Ist nun die Schichtdauer S_n gegeben, so ermittelt sich die Bewertungszahl B_1 (N) für die Flächenreinigung wie folgt:

$$\frac{S_n}{b} = B_1 \; (N) \qquad\qquad [10]$$

Neben der Verwendung festgelegter Schlüsselzahlen ist es natürlich möglich, die Leistungszahlen für die Flächenreinigung durch Zeitaufnahme und mit Hilfe der Formeln [7] und [8] zu ermitteln, wobei im gewählten Koordinatensystem

$$x \quad = \quad m^2 \text{ gereinigter Bodenfläche}$$
$$Y \quad = \quad \text{Arbeitszeit in Minuten}$$

eingesetzt wird.

Die Bewertungszahlen werden in beiden Fällen für die einzelnen Dienste gesondert ermittelt B (A), B (B),.... B (N).

4.5.2.2 Geräte- und Glasreinigung

Für die Reinigung wiederverwendbarer Gerätschaften ist als Maßzahl der Leistung die Gesamtzahl der durchgeführten Analysen relevant.

Die Ermittlung der Leistung erfolgt durch eine Zeitmessung mit Hilfe der Formeln [7] und [8]. Im Koordinatensystem sind die Koordinaten wie folgt festgelegt:

x = Gesamtzahl der Analysen aller Arbeitsplätze
y = Arbeitsaufwand in Minuten. Als Erfahrungswert kann für
    b = 0,8 und   für a = 30 vorgegeben werden. Die Bewertungszahlen werden nach der Formel [9] berechnet.

142

Setzt man nun die vorher genannten Zahlenwerte in die Formel
[9] ein, so erhält man

$$\frac{\sum\limits_{n}^{n\to N} S_n - 30\,n}{0,8\,p} = B_2 (N) \qquad [10a]$$

Erläuterungen s. Formel [9].

Die Bewertungszahl B (N) setzt sich aus zwei Teilkomponenten
B1 (N) und B2 (N) zusammmen, da zur Leistungseinheitsrechnung
des Reinigungspersonals von zwei Maßzahlen (Reinigungsfläche
und Gesamtanalysenzahl) ausgegangen werden muß.

4.6   Zuschlagkoeffizient

Der Zuschlagkoeffizient k setzt sich aus zwei Teilkoeffizienten zusammen, und zwar:

k_1 = Koeffizient zur Mehrdienstleistungsberechnung;

k_2 = Zuschlagkoeffizient für nicht quantifizierbare Tätig-
     keiten

Der Zusammenhang zwischen den Teilkoeffizienten ist gegeben
durch:

$$k = k_1 \cdot k_2 \qquad [11]$$

4.6.1 Zuschlagkoeffizient für nicht quantifizierbare Tätigkeiten (k_2)

Für k(2) werden die Zuschläge für Tätigkeiten, die nicht durch Zeitmessungen quantifizierbar sind, jedoch täglich etwa im gleichen Umfang anfallen, wie folgt berechnet:

$$k_2 = 1 + \frac{Z_1 + Z_2 + Z_{3n} + \dots Z_n}{100} \qquad [11a]$$

$Z_1 \dots Z_n$ = Zuschläge in % zur Ist-Arbeitsleistung

Aus Tabelle 3 können für die aufgelisteten Tätigkeiten die entsprechenden Zeitzuschläge als Richtwerte entnommen werden.

Tabelle 3

Z_n	Zuschlag in %	Tätigkeiten des technischen Personals und Administration
n = 1	8	Leitungsfunktion
2	10	Schreibarbeit, Verrechnung
	2	– jedoch bei Einsatz eines zentralen EDV-Systems
3	4	Gerätewartung, Reinigung durch das technische Personal
4	4	Zentrale Probenvorbereitung (Zentrifugation u.a.)
5	3	Zentrale Probenübernahme (-verteilung)
6	20	Dienstabwesenheit (Urlaub, Krankenstand, Karenz u.a.)
9	6	EDV-System, wenn die Zentraleinheit vom jeweiligen Labor selbst betrieben wird: für Programmwartung, Dokumentation, Operating usw.
		Tätigkeiten des Reinigungspersonals
n = 1	2	Vorarbeiter (-innen)
2	20	Dienstabwesenheit (Urlaub, Krankenstand, Karenz u.a.)

4.6.2 Mehrdienstleistungskoeffizient k_1

Der Mehrdienstleistungskoeffizient ist der Quotient aus der geleisteten Arbeitszeit der Schichten in einer Arbeitswoche (Definition 4.2.2.3) und der Normalarbeitszeit (NAZ), d.h. die Anwesenheitszeit wird zur Arbeitszeit in eine Relation gebracht:

$$\frac{1}{60} \quad \times \quad \frac{\sum\limits_{n=1}^{n \to N} S_n}{NAZ} \quad = \quad k_1 \qquad [12]$$

S_n = Schichtdauer in Minuten

n = 1, 2, 3 .... N = Anzahl der Schichten in einer Arbeits-
     woche

NAZ = Normalarbeitszeit in Stunden pro Arbeitswoche

Die Summe der Betriebszeiten (Schichtdauer) eines Arbeitsplatzes ist erst eindeutig nach der Erstellung eines Dienstplanes zu bestimmen. Praktische Beispiele dazu wurden in der
Publikation FISCHER et al. 1982 veröffentlicht.

4.7   TURNUSDIENST

Die Summe aller Tages- und Nachtschichtzeiten eines Arbeitsplatzes stellt dessen Betriebszeit dar. Um nun die unterschiedlichen Betriebszeiten mit den Einsatzmöglichkeiten und
den Ruhezeiten abgleichen zu können, ist es notwendig, Turnusdienste (T) einzurichten und somit eine Diensteinteilung
vorzunehmen.

Ausgangspunkt für die Erstellung eines Dienstplanes ist die
Mitarbeiteranzahl (MA (T)), die sich von der Mitarbeiterzahl
(MA (n)) aus der Leistungseinheitsrechnung (s. Kapitel 4.8,
4.9) wie folgt ableitet:

$$\sum\limits_{n=1}^{n \to N} n \cdot k_1 \cdot Ma_n \quad = \quad Ma_T \qquad [13]$$

n   = 1, 2, 3 ...N = Anzahl der Arbeitsplätze
Ma_n = Mitarbeiterzahl aus der Leistungseinheitsrechnung
Ma_T = Mitarbeiterzahl zur Berechnung des Dienstplanes
k_1 = Mehrdienstleistungskoeffizient

Es sollte schon bei der Festlegung der Betriebszeiten (S (n))
der Arbeitsplätze versucht werden, diese Zeiten so zu wählen,
daß sich die daraus ergebende Mann-Wochenstundenzahl durch die
Normalarbeitszeit ohne Rest teilen läßt.

Im Regelfall wird die Erreichung des Optimums für alle
Arbeitsplätze nicht möglich sein. Der ganzzahlige Teil der
Ergebnisse der Formel [15] gibt an, für wieviele Mitarbeiter
eine Diensteinteilung durchzuführen ist. Der nicht ganzzahlige
Teil der Ergebnisse drückt die erforderlichen Mehrleistungen
aufgrund der vorgegebenen Normalarbeitszeit und den Betriebszeiten der Arbeitsplätze aus.

Legt man nun die erforderlichen Turnusdienste (T (n)) fest,
so ist zu beachten, daß die Anzahl der Dienste, vermindert um
Dienste, die alternativ zu einem Wochentagsdienst an Sams-
tagen, Sonn- und Feiertagen durchgeführt werden, zuzüglich der
erforderlichen arbeitsfreien Tage, der Anzahl der Bediensteten
(MA (T) - ganzzahliger Teil) gleichzusetzen ist.

Ermittelt man nun die Stundenzahl pro Dienst, so ergibt sich
die durchschnittliche wöchentliche Arbeitszeit (WST) pro
Mitarbeiter gemäß nachstehender Formel:

$$\frac{1}{N} \left(7n_1 T_D + 6n_2 T_{W6} + 5n_3 T_{W5} + n_4 T_{Sa} + n_5 T_{So} \right) = WST \qquad [14]$$

N   = Anzahl der Mitarbeiter für den Turnusdienst
n_n = erforderliche Besetzung pro Tag (Mehrfachbesetzung)
T_D = durchgehender Dienst (Mo bis So)

T_{W6} = Sechs-Tage-Dienst (Mo bis Sa)
T_{W5} = Fünf-Tage-Dienst (Mo bis Fr)
T_{Sa} = Samstagsdienst
T_{So} = Sonn- und Feiertagsdienst
WST = Wochenarbeitszeit in Stunden pro Mitarbeiter

Werden Werktage mit Frühschluß eingeführt, so sind für diese eigene Turnusdienste festzulegen und in die Formel [14] einzufügen. Wird nun die Dienstfolge für den Dienstplan festgelegt und ist die Anzahl der darin vorkommenden Dienste einschließlich der arbeitsfreien Tage nicht durch sieben teilbar, so kann der Plan durch einfaches Fortschreiben der Dienstfolge (n-mal entsprechend der Tage der Arbeitswoche) von Montag der ersten Woche beginnend bis Samstag der n-ten Woche fortgesetzt erstellt werden.

Ist die Anzahl der Dienste einschließlich der arbeitsfreien Tage in einer der Dienstfolge durch sieben teilbar, so kann keine einheitliche Dienstfolge festgelegt und somit für die Erstellung des Dienstplanes keine einheitliche Vorgangsweise vorgegeben werden. Es ist bei der Erstellung jedenfalls darauf zu achten, daß pro Tag in diesem Plan die erforderlichen Dienste aufscheinen und die notwendigen arbeitsfreien Tage gewährt werden.

Beim Fortschreiben von gleichbleibenden Dienstfolgen ist zu beachten:

- daß Alternativdienste (Samstags-, Sonntags- und Feiertagsdienste) nur dann in den Plan eingesetzt werden dürfen, wenn der entsprechende Werktagsdienst beim Fortschreiben der Dienstfolge auf einen Samstag, Sonntag oder Feiertag fallen würde;

- daß Werktagsdienst (Dienst Mo bis Fr / 5 Tage Woche); bzw.
  (Mo bis Sa / 6-Tage-Woche), sofern kein Alternativdienst
  festgelegt wurde, dienstfreie Tage ergeben, wenn sie bei der
  Fortschreibung der Dienstfolge auf einen Samstag, Sonn- oder
  Feiertag fallen würden.

4.8   BERECHNUNG DES TECHNISCHEN PERSONALS

Die Berechnung des Personalbedarfs (MA) für das technische
und das daraus abgeleitete Personal (s. 4.10) erfolgt nach
der Formel:

$$k_2 \sum_{a=1}^{a \to A} k_1 \sum_{n=1}^{n \to N} \frac{A}{T_a B(A) + T_b B(B) + T_c B(C) + \ldots} = MA \qquad [15]$$

$$\underbrace{}$$

Bewertung der Arbeitsleistung zur
Durchführung einer Analyse

k_1 = Mehrdienstleistungskoeffizient

k_2 = Zuschlagkoeffizient für nichtquantifizierbare Tätigkeiten

A = Zählobjekt der Leistungseinheitsrechnung,
     nach dem die Bewertungszahlen erstellt wurden

T_a = Werktage

T_b = Samstage   Summe pro

T_c = Sonn- und Feiertage   ---   Beobachtungs-
     und sonstige Tage mit   zeitraum
     Frühschluß

B (A), B (B), B (C) ...   Bewertungszahlen für die oben ange-
     führten Tage

Es muß dazu bemerkt werden, daß das Zählobjekt A im Regelfall die Anzahl der durchgeführten Analysen sein wird, die getrennt nach Methoden und Rationalisierungsgrad nachzuweisen sind.

4.9.   BERECHNUNG DES REINIGUNGSPERSONALS

Die Gesamtmitarbeiterzahl des Reinigungspersonals (MA (R)) ergibt sich aus den Ausführungen der Kapitel 4.5 und 4.6 wie folgt:

$$MA_{R1} + MA_{R2} = MA_R \qquad [16]$$

MA_{R1} = Reinigungspersonal für die Flächenreinigung

MA_{R2} = Reinigungspersonal für die Reinigung wiederverwendbarer Gerätschaften

4.9.1   Personal für die Flächenreinigung

Unter Verwendung der Bewertungszahlen für die Flächenreinigung ergibt sich für die Berechnung der Mitarbeiteranzahl MA (R1)) unter Festlegung des Zuschlagkoeffizienten k(2) mit 2 % für Dienstausfall folgender Zusammenhang:

$$\frac{1,22\ k_1 m^2\ (\ T_a + T_b + T_c + \ldots\ )}{T_a B\ (A) + T_b B\ (B) + T_c B\ (C) \ldots} = MA_{R1} \qquad [17]$$

m^2 = Zählobjekt der Leistungseinheit = Gesamt-Boden-Nutzungsfläche;

B (A), B (B), B (C) ... Bewertungszahlen für die Flächenreinigung

Alle weiteren Erläuterungen siehe Formel [10].

4.9.2 Personal für die Reinigung wiederverwend-
barer Gerätschaften

Die Reinigung von Glasgeräten und einfacher wiederverwendbarer
Gerätschaften, zu deren Instandsetzung durch Reinigung zum
Wiedereinsatz im Laborbetrieb kein größeres technisches Verständnis erforderlich ist, wird dem Hausarbeiterpersonal
überlassen. Die Gesamtmitarbeiterzahl ergibt sich nach folgender Formel:

$$\frac{1,22 \; k_1 \; A}{T_a B(A) + T_b B(B) + T_c B(B) + \ldots} = MA_{R2} \qquad [18]$$

$1,22 = k_2$ mit 2 % für Vorarbeiterin und 20 % für Kranken- und
      Urlaubsvertretung

k_1 = Mehrdienstleistungskoeffizient

A   = Zählobjekt der Leistungseinheitsrechnung wie in Formel
      [10], jedoch wird man hier die Gesamtzahl der durchge-
      führten Analysen (ohne Methodentrennung) zur Verein-
      fachung angeben und bei der Leistungsermittlung als
      Basis für die Berechnung der Bewertungszahlen einset-
      zen.

Alle weiteren Erläuterungen siehe Formel [15].

4.10 BERECHNUNG DES PERSONALPLANES

Auf die Qualifikationerfordernisse wird in der Publikation von
FISCHER et al. 1982 ausreichend eingegangen.

Es werden folgende Personalgruppen (Tabelle 4) berechnet:

A = Personal mit Hochschulbildung

B = Technisches Personal

C = Verwaltungspersonal

R = Reinigungspersonal

Die rechnerische Zuordnung zu den einzelnen Personalgruppen-
summen MA (A), MA (B), MA (C) erfolgt aufgrund des Ergebnisses
der Formel [15] entsprechend der Gesamtmitarbeiterzahl (MA)
des technischen und administrativen Personals.

Tabelle 4

Pos.	Personalgruppe	A	B	C	R
03	Beamte			x	
04	Abteilungsschreibkräfte			x	
05	Technische Beamte		x		
16	Institutsvorstände	x			
18	Oberärzte	x			
19	Ärzte	x			
26	Chemiker, Physiker	x			
30	Stationsassistentin, Medizin..Techn. Assistentin, Med.Techn.Fachkraft, Laborgehilfen		x		
64	Vorarbeiter (-innen)				x
(65)	Hausarbeiter (-innen)				x
	Summe	MA_A	MA_B	MA_C	MA_R

bei Zentrallaboratorien $\quad MA_A = 0,2\ MA + 2$ [19]

bei Abteilungslaboratorien $\quad MA_A = 0,5$ [20]

für Abteilungs- und $\quad MA_B = MA - MA_A - MA_C$ [21]

Zentrallaboratorien $\quad MA_C = 0,1\ MA$ [22]

MA_R errechnet sich unmittelbar aus Formel [16].

Das Ergebnis der Formeln [19] bis [21] wird auf eine Nachkommastelle genau berechnet, wobei der ganzzahlige Wert für vollbeschäftigte Mitarbeiter (MA (V)) und 0,5 für teilbeschäftigte Mitarbeiter (MA (t)) steht. Der verbleibende Rest dieser Berechnung stellt die Mehrdienstleistung (MDL) dar, die mit Hilfe der Formel [23] ganzzahlig abgerundet in durchschnittlichen Monatsstunden berechnet wird:

$$\frac{365,25 - REST - NAZ}{84 - MA_V} = MDL \qquad [23]$$

$REST = $ Summe MA_A bis $MA_D - MA_V - MA_T$

$NAZ = $ Normalarbeitszeit in Wochenstunden

$MA_V = $ vollbeschäftigte Mitarbeiter

$MDL = $ ganzzahliger Wert in Monatsstunden

Die Aufteilung der errechneten Anzahl an notwendigem Personal der einzelnen Personalgruppen auf die Position des Stellenplanes erfolgt nach Maßgabe des zur Verfügung stehenden Personals und der besonderen Aufgabenstellung des jeweiligen Laboratoriums.

Steht voll- bzw. teilzeitbeschäftigtes Personal nicht in vollem Umfang zur Verfugung, oder will man aus anderen Gründen dié Personalzahl reduzieren, so wird dem Rest aus Formel [23] jeweils pro eingespartem vollbeschäftigten 1,0 und teilbeschäftigten Mitarbeiter 0,5 hinzugezählt. Der erhaltene Gesamtwert wird, um eine gleichmäßige Mehrdienstleistungsentschädigung aller Mitarbeiter zu erreichen, durch die Mitarbeiteranzahl MA, wenn die Einsparung zu Lasten des technischen Personals, bzw. durch MA (R) geteilt, wenn diese zu Lasten des Reinigungspersonals geht.

4.11   BESONDERHEITEN

4.11.1   Überleitung zu Punktesystemen

Die Bewertungszahlen in diesem System werden den tatsächlich vorgesehenen Schichtzeiten der Arbeitsplätze angepaßt. Dadurch ist der Anteil der anaylsenzahlen**unab**hängigen Bearbeitungszeit (a) aufgrund der vorgegebenen Organisation der Arbeitsplätze bestimmt. Punktesysteme bzw. Punktetabellen gehen in ihrer Art von bestimmten Organisationsformen und festgelegten wie auch gleichartigen Betriebszeiten für alle Arbeitsplätze eines Labors aus. Die Punktewerte bzw. Zuschläge enthalten die Zeiten für die analysenzahlen**ab**hängige Arbeitszeit. Das bedeutet, daß bei Einsatz eines solchen Punktesystems das Ergebnis pro Arbeitsplatz oft deutlich von den erwarteten Ergebnissen abweicht. Bei dem Gesamtergebnis der Berechnung sind diese Abweichungen pro Arbeitsplatz oft nur von geringer Bedeutung, da sich diese oft kompensieren. Bei der Anaylse des Gesamtergebnisses ergeben sich jedoch Schwierigkeiten, da diese Art der Berechnung keine Aufteilung auf Teilbereiche zuläßt.

Wenn nun die Organisationsform des Laboratoriums in keiner Weise den organisatorischen Annahmen entspricht, die der Punktetabelle oder dem Punktesystem zugrunde gelegt wurde, sind unbrauchbare Ergebnisse zu erwarten.

Würde unser System von einer vorgegebenen und einheitlichen
Schichtdauer pro Arbeitsplatz (z.B. S(n) = 480 Minuten) aus-
gehen, könnten die ermittelten Bewertungszahlen auch in
Tabellenform dargestellt werden.

4.11.2 Selektiv arbeitende Mehrkanalgeräte

Neben den schon erwähnten selektiv arbeitenden Mehrkanalgeräten mit parallelen Meßkanälen (ASTRA, PARALLEL, PRISMA u.ä.;
siehe auch Abschnitt 4.3.1) gibt es noch bei Analysenautomaten die Technik des seriellen Abarbeitens der Proben, mit
unterschiedlicher Durchsatzzeit. In diesem Fall besteht keine
einfache Beziehung zwischen durchgeführten Analysen und Bear-
beitungs- bzw. direkter Personalzeit.

Diese Analyser können im Testbetrieb wie BATCH-Analyser bewertet werden, wobei jeweils nur eine Methode nach der anderen
sequenziell gemessen werden kann. Diese Art der Analysenzeitaufnahme geht von der Annahme aus, daß sich die Reak-
tionsgeschwindigkeiten der Einzelanalysen in der Profilanalyse
nicht erheblich beeinflussen.

Von der Deutsch-österreichischen Arbeitsgruppe für Analysenzeitermittlung wurde auch hier die Berechnung mit einem Durchschnittsprofil diskutiert (Haeckel et al., im Druck)

Genaue Ergebnisse können mit der mehrfachen linearen Re-
gression erhalten werden. Von uns wurde die Methode von A:
LINDER (1951) für diese Fragestellung mit unterschiedlichem
Erfolg angewendet. Die Schwierigkeit liegt in der Anzahl der
Meßserien (zeitaufwendige Erhebung) und in der Meßge-
nauigkeit (Minutenangaben oft zu ungenau). Damit wird die
Erhebung der erforderlichen Bearbeitungszeit in der Praxis oft
zu einem Problem.

4.11.3 Durchsatzraten von mechanisierten Systemen

In Firmenangaben bezüglich der Leistungsfähigkeit eines
Systems wird oft die Formel [6] angewendet. Nach unserer
Meinung werden diese Angaben der Praxis nicht gerecht. In die
Berechnung von Durchsatzraten müßten zumindest auch die
mechanisierten Systemen erzwungenen Standzeiten einbezogen
werden. Im Rahmen der Geräteevaluation versuchen wir nun bei
der Bestimmung der Leistungsfähigkeit von mechanisierten
Systemen die vom System erzwungenen Standzeiten mit in die
Rechnung einzubeziehen, indem wir die Zeitmessung mit dem
Start des ersten Tellers bzw. Einzug der ersten Analyse in das
System beginnen und mit dem Ausdruck oder Übertragung des
letzten Ergebnisses beenden und auf die durchgeführte Einzelanalyse beziehen. Diese Zeit wurde von uns Gerätezeit genannt
und ist einer Berechnug mit den Formeln [7] und [8] zugänglich. Sie zerfällt in eine **fixe Gerätezeit** a (Standzeit)
und eine **variable Gerätezeit** b (Analysenzeit).

4.12   SCHNITTSTELLEN ZUR GERÄTEAUSLASTUNG UND INVESTITIONS-
PLANUNG, KOSTENKALKULATION

Gleichzeitig ist es mit diesem System möglich, den wirtschaftlichen Einsatz der Geräte in den geprüften klinischen Labora-
·torien zu schätzen. Die Geräteauslastung (P) in % läßt sich
pro Arbeitsplatz - wie folgt - bestimmen:

$$P \; = \; 100 \; \sum_{n=1}^{n \to N} \frac{A_n \, b_n}{S - a_n} \qquad\qquad [24]$$

A_n = Leistungseinheit der Methode
S = Schichtdauersumme in Minuten des Beobachtungszeitraumes
n_1 = 1,2,3 ... N, Anzahl der auf den untersuchten Geräten
     eingesetzten Methoden

b_a = variable Gerätezeit der Methode

a_a = fixe Gerätezeit der Methode

Die Abschätzung, ob aufgrund der im Regelfall anfallenden Untersuchungen für eine Methode die gewählte Rationalisierungsform entspricht, läßt sich nach der Methode der kritischen Serienlänge S (K) nach HAECKEL, HöPFEL und HöRNER nach folgender Formel ermitteln:

$$S_K = \frac{(Kf1 - Kf2) + \frac{P}{JA \cdot MA}(a_1 - a_2)}{(Ep_2 - Ep_1) + (Rp_2 - Rp_1) + \frac{P}{JA \cdot MA}(b_2 - b_1)} \qquad [25]$$

$Ep_{1,2}$ = Kosten für Einmalmaterial pro Probe 1 und 2;

$Rp_{1,2}$ = Reagenzkosten pro Probe 1 und 2;

P = jährlicher Personalaufwand;

JA = jährliche Arbeitszeit in Minuten;

MA = Anzahl der Mitarbeiter des Labors; (technisches und administratives Personal);

$b_{1,2}$ = variable Gerätezeit für Probe 1 und 2;

$a_{1,2}$ = fixe Gerätezeit für Probe 1 und 2;

Kf1,2 = fixe Kosten pro Arbeitstag für Probe 1 und 2.

Die fixen Kosten sind mit folgender Formel zu ermitteln:

$$Kf = \frac{A + S + G}{365} + E_f + R_f \qquad [26]$$

A = jährlicher Abschreibesatz des in Verwendung stehenden Gerätes

S = jährlicher Reparatur- bzw. Wartungsaufwand

G = jährlicher etwa gleichbleibender Aufwand an Glaswaren für das geprüfte Gerät

E_f = fixe Kosten für Einmalmaterial pro Serie

R_f = fixe Kosten für Reagenzien pro Serie

Auch die ungefähre Kostenschätzung, welche Beträge als Normkosten für eine durchgeführte Analyse angesehen werden können, ist durch Umformung der Formel [15] und der Annahme, daß das Verhältnis der Personalkosten zu den Gesamtkosten einer Anaylse (W) sich ungefähr so verhält, wie die jährlichen Gesamtkosten (K) zu den Gesamtpersonalkosten pro Jahr (P) zu ermitteln.

Pro Arbeitsplatz und Methode gilt:

$$\frac{k_1\, k_2\, K \cdot N}{250\,(A) \;+\; 52\,B\,(B) \;+\; 63\,B\,(C) \;\cdot\; MA} = W \qquad [27]$$

Weitere Erläuterungen siehe Formel [28].

Genauere Ergebnisse werden für W erhalten, wenn man die Analysenmaterialkosten wie bei der Bestimmung von S (K) (s. dort) ermittelt:

$$\frac{k_1\, k_2\, P}{250B(A)+52B(B)+63B(C)} \;+\; \frac{A+S+G}{365\,n} \;+\; \frac{E_f + R_f}{n} \;+\; E_p + R_p + \frac{KG}{N} = W \qquad [28]$$

Diese Ergebnisse , vor allem bei Formel [25], sind leicht zu ermitteln, wenn eine Kostenstellenrechnung installiert ist.

Erläuterungen zu Formel [27] und [28]:

k_1 = Mehrdienstleistungskoeffizient

B(A), B(B), B(C)... Bewertungszahlen (s. auch Formel [15])

MA = Gesamtanzahl des technischen Personals

P = Personalkostensumme pro Jahr für das techn. Personal

K = Gesamtkosten (einschl. kalkulatorischer Kosten)

KG = Gesamtgemeinkosten

n = Jahresanalysenzahl der Methode

n = Analysenanzahl der kalkulierten Serie

N = Gesamtanalysenzahl des Labors pro Jahr

Weiter Erläuterungen siehe Formel [25] und [26].

Für eine allfällige Investitionsrechnung (Linder 1951)
können die Betriebskosten pro Methode B_a wie folgt errechnet
werden:

$$B_a = \frac{k_1 k_2 Pn}{[250B(A)-52B(B)+63B(C)]MA} + \frac{S+G}{365} + \frac{n}{n'}(E_f+R_f) + n(E_p+R_p) + \frac{n}{N}KG$$

[29]

Werden mehrere Methoden auf einem Gerät durchgeführt, so gilt:

$$B = \sum^{a \to A} B_a$$

[30]

A = Gesamtanzahl der Methoden pro Gerät

B = Betriebskosten des Gerätes

5 CAP Workload Recording Method

G. Schumann (Hannover) und R. Haeckel (Bremen)

5.1   VORGESCHICHTE

Workload Recording läßt sich nicht direkt in die deutsche Sprache übertragen. Gemeint ist eine Erfassung des Arbeitsanfalles pro Zeiteinheit für technisches Personal im medizinischen Laboratorium zum Zwecke einer Personalbedarfsbestimmung. Der Begriff workload recording wurde vom College of American Pathologists (CAP) geprägt, einer in den USA sehr einflußreichen Standesorganisation mit etwa 6000 Mitgliedern und zahlreichen Komitees.

Im Jahre 1969 beauftragte das College of American Pathologists ein Komitee für Labormanagement und -planung, ein einheitliches Verfahren für workload recording zu entwickeln. Dieses Komitee beschäftigte sich zunächst mit bereits vorhandenen Verfahren. Damals hatten zwei Systeme überregionale Bedeutung erlangt. Der Chicaco Hospital Council hatte eine Methode auf der Basis von Zeitstudien entwickelt, deren Analysenspektrum limitiert war und das kein Updating erfuhr. Das zweite wurde von der kanadischen Gesellschaft der Pathologen erarbeitet, das umfangreicher war und auf dem Laufenden gehalten wurde. Dieses knüpfte 1970 an Aktivitäten an, die britische Pathologen 1940 gestartet hatten. Die britische Einheit war inzwischen veraltet und wurde nicht mehr verwendet.

Die Kanadier überarbeiteten ihr System 1965 und führten 1967 in mehreren Krankenhäusern Zeitstudien durch, die zu einer neuen Ein-Minuten-Einheit führten.

1969 erschien das Canadien Schedule of Unit Values for Clinical Labarotary Procedures. Das CAP-Komitee entschied sich dann bald für diese von der Canadien Association of Pathologists entwickelte Methode.

Die kanadische Gruppe führte Zeitstudien durch und bestimmte, wieviel Zeiteinheiten (1 Einheit = 1 Minute) für eine Anzahl von Tests aufgewendet werden. Dabei wurde der Arbeitsplatz (einschl. der Verwaltungsarbeiten) von der Probenaufbereitung bis zur Befundübertragung (reporting) erfaßt. Es wurden ausschließlich die Zeiten für das technische und nicht für das akademische Personal (bzw. den Laborleiter) berücksichtigt. Standard- und Kontrollproben wurden wie Patientenproben gezählt.

Der Einfluß der Serienlänge auf die erforderliche Arbeitszeit pro Test wurde zunächst vernachlässigt, da eine mittlere Serienlänge als Kompromiß zwischen Einzelbestimmung und längerer Serie gezählt wurde. Seit 1983 wird auch der Einfluß der Serienlänge berücksichtigt.

Aufgrund der sich entwickelnden Kooperation kam es 1970 zur ersten Ausgabe von " A Workload Recording Method for Clinical Laboratories ", die noch weitgehend auf Daten der kanadischen Kollegen beruhte. Weitere Ausgaben folgten 1972, 1974 und 1976. Seit 1978 wird jährlich eine überarbeitete Ausgabe vom CAP herausgegeben. Dadurch soll das Verfahren dynamisch bleiben, neue technische Entwicklungen berücksichtigt und die Effektivität verbessert werden. Infolge der häufigen Verbesserungen ist der Leitfaden allgemein verständlich abgefaßt, so

daß eine weitere Verbreitung auch über die USA hinaus stattfindet. In den USA wird das CAP Workload Recording heute allgemein akzeptiert und als Grundlage für viele Wirtschaftlich-
keits- und Personalbedarfsberechnungen herangezogen.

Ferner werden vom zuständigen CAP Komitee jährlich 4 zweitä-
gige Fortbildungsseminare zur Einführung in die Problematik
und Handhabung des Workload Recording durchgeführt und ein
standardisiertes Formularwesen zur Verfügung gestellt.

5.2 EINFÜHRUNG IN DIE CAP-METHODE

Die Workload Recording Methode wird im klinischen Laboratorium
mit dem Ziel eingesetzt, die Produktivität einzelner Laborbereiche bzw. des gesamten Laboratoriums zu ermitteln. Außerdem
läßt sich mit Hilfe der Workload Recording Methode der Personalbedarf erfassen, der bei geplanten Strukturveränderungen,
z.B. höherer Mechanisierung oder Erweiterung eines Laboratoriums, erforderlich ist.

5.3 DER AUFBAU EINES USER PROCEDURE FILE

Mittlere und größere medizinische Laboratorien lassen sich im
allgemeinen je nach Größe und Leistungsspektrum in einen oder
mehrere funktionelle Laborbereiche untergliedern, deren Mitarbeiterzahlen und Aufgabenbereiche klar zu definieren sind.
Diese funktionellen Laborbereiche, mit einer vollständigen Er-

fassung aller dort ausgeführten Tätigkeiten, stellen einem individuellen Strukturplan eines Laboratoriums dar, der im CAP-Manual **user procedure file** genannt wird. Er ist das Grundgerüst für alle Untersuchungen, die mit Hilfe der workload recording Methode durchgeführt werden.

Das CAP-Manual von 1983 beinhaltet eine Aufstellung von 1300 Labortätigkeiten, für die in der Mehrheit (740) eine Einheitszeitwert (**unit value**) bzw. ein vorläufiger Einheitszeitwert ermittelt worden ist.

Die umfangreiche Dokumentation umfaßt alle wesentlichen Laboruntersuchungen. Es wird nach qualitativen und quantitativen Laboruntersuchungen und nach Art des Probenmaterials (Serum, Urin etc.) unterschieden. Bei den Labortätigkeiten, die ohne **unit value** aufgeführt sind, handelt es sich überwiegend um Labortests, die mit chromatographischen Methoden wie Gaschromatographie oder Hochdruckflüssigkeitschromatographie bzw. mit einem Enzymimmunassay durchgeführt werden.

Auch für Laborleistungen, die unmittelbar am Patienten vorge – nommen werden, wie z.B. Blutentnahme, EEG-Messung, pulmologische oder nuklearmedizinische Tests, sind **unit values** dokumentiert.

Der Anwender der workload recording Methode ist gehalten sein **user procedure file** möglichst vollständig unter Verwendung zeitformatierter Labortätigkeiten zusammenzustellen. Zur Erleichterung solcher Zusammenstellungen findet er im CAP-Manual die Labortätigkeiten nach mehreren Prinzipien geordnet:

5.3.1

Zuerst werden Labortätigkeiten mit vorläufigen **unit values** in einer Liste alphabetisch aufgeführt (**temporary unit values**).

5.3.2

Zehn kurze Listen(**short lists**) für typische Laborsektionen erfassen in alphabetischer Reihenfolge eine repräsentative Auswahl der dort üblicherweise durchgeführten Labortätigkeiten. Nach statistischen CAP-Studien umfaßt das jeweilige Tätigkeitsspektrum ca. 90 % der Arbeitslast in der jeweiligen Laborsektion.

Die zehn Laborbereiche sind:
Blutbank, Klinische Chemie, Hämatologie, Histologie, Immunologie, Mikrobiologie, Nuklearmedizin, Urin und Faeces, Probenannahme und Probenvorbehandlung, verschiedene Labortätigkeiten.

5.3.3

In zwei Listen (**long lists**) sind alle 1300 Labortätigkeiten aufgeführt, einmal in alphabetischer Reihenfolge (**long – list alphabetical**) und zusätzlich nach einer CAP-Codenummer numerisch (**long – list numerical**) geordnet.

Die Ergänzungen zu den **short lists** stellen nach Laborsektionen
aufgeteilte **long lists** dar, die in der Summe der zehn Listen
alle 1300 Labortätigkeiten beinhalten und jeweils alphabetisch
aufgebaut sind (**long list - alphabetical within section**).

5.4 BEISPIELE

An einigen Beispielen soll die Anwendung der 4 Listen zur Erstellung des **user procedure file** erklärt werden. Sie sind ein-
ner Seite der alphabetischen **long list** des workload recording
Manuals von 1983 entnommen worden (Abb. 1).

Beginnend mit der CAP-Codenummer (1) wird in der folgenden
Spalte die Labortätigkeit oder der Text bezeichnet (2). Da -
zu wird das Untersuchungsmaterial benannt und ggf. das Test-
prinzip angefügt. In der dritten Spalte sind die Einheitszeit-
werte in Minuten (**unit value**) bzw. ein vorläufiger **unit
value** aufgeführt. Man erkennt hier, daß für einen Teil der Labortätigkeiten (z.B. für die Benzodiazepinbestimmung) noch
kein **unit value** ermittelt wurde.

Spalte (4) zeigt für einzelne Laboruntersuchungen an, daß
diese Analysen im Laboratorium üblicherweise auch auf einer
höheren Mechanisierungsstufe durchgeführt werden. Verständlicherweise liegt einer Labortätigkeit ein niedrigerer als der
angeführte **unit value** zugrunde, wenn sie teil- bzw.
vollmechanisiert durchgeführt wird. Detailierte Hinweise zur
Bewerung einer mechanisiert durchgeführten Laboruntersuchung
erfährt der Anwender in den nach Laborsektionen gegliederten
Kapiteln 9a-i des CAP-Manuals.

164

① CAP CODE NO.	② PROCEDURE NAME	③ UNIT VALUE PER PROCEDURE	④ AUTOMATED	⑤ ITEM FOR COUNT	⑥ LAB SECT
81172	BASIC DRUG SCREEN/SERUM/QUANT/ HPLC	*		INJ	CHEM
81173	BASIC DRUG SCREEN/URINE/QUAL/TLC	*		APPL	CHEM
86283 03	Bedsonia Abdy/CF+Excl Prep/Group 5	25.0		TEST	IMMU
84674	BENZODIAZEPINES/SERUM/QUAL/EMIT	*		SUBST	CHEM
84676	BENZODIAZEPINES/SERUM/QUANT	*	SEE AUTO. CHEM.	SUBST	CHEM
81180	BENZODIAZEPINES/SERUM/QUANT/GLC	*		INJ	CHEM
81182	BENZODIAZEPINES/SERUM/QUANT/HPLC	*		INJ	CHEM
84677	BENZODIAZEPINES/URINE/QUAL/EMIT	*		SUBST	CHEM
84680	BERYLLIUM/URINE/QUANT/AA	*		SUBST	CHEM
86325.01	Bielschowsky Stain/Group 6	97.0		SLIDE	HIST
82240	BILE ACIDS-TRIUNSATURATED	*		TEST	CHEM
88300 03	Bile Stain or Gmelin Stain/Group 1	9.0		SLIDE	HIST
82253	BILIRUBIN BINDING CAPACITY	*		TEST	CHEM
■ 82249	BILIRUBIN, DIRECT	15 0	SEE AUTO. CHEM.	TEST	CHEM
82252	BILIRUBIN, QUAL, FECES	6 0		SPEC	URIN
■ 82250	BILIRUBIN, TOTAL	15 0	SEE AUTO. CHEM.	TEST	CHEM
82251	BILIRUBIN, TOTAL AND DIRECT	20.0	SEE AUTO. CHEM.	TEST	CHEM
■ t 87089	BIOCHEMICAL TESTS, RAPID (e.g. catalase, oxidase, slide coagulase, spot indole, bile solubility, etc.)	11.0		TEST	MICR
84682	BISMUTH/URINE/QUANT/AA	*		SUBST	CHEM
86283 04	Blastomyces Abdy/CF/Excl Prep/Group 5	25 0		TEST	IMMU
88009 03	Blastomyces Abdy/Precipitin/Group 3	20.0		TEST	IMMU
■ 85000	BLEEDING TIME, DUKE	11 0		PATNT	HEMA
■ t 85001	BLEEDING TIME, TEMPLATE	t 25.0		PATNT	HEMA
85015	BLOOD CELL PROFILE² I (RBC, WBC, Hgb, Hct, and indices)	*	SEE AUTO HEMA.	SPEC	HEMA
85016	BLOOD CELL PROFILE² II (RBC, WBC, Hgb, Hct, plat. and indices)	*	SEE AUTO. HEMA.	SPEC	HEMA
85017	BLOOD CELL PROFILE² III (RBC, WBC, Hgb, Hct, plat, indices, RDW, ∴PV, and % lymphs)	*	SEE AUTO. HEMA.	SPEC	HEMA
■ 85018	BLOOD CELL PROFILE² IV (RBC, WBC, Hgb, Hct, plat, indices and differential)	*	SEE AUTO HEMA.	SPEC	HEMA
■ 86888	BLOOD CULTURES—AUTOMATED	*	SEE AUTO. MICR.	BOTTLE	MICR
■ 86889	BLOOD CULTURES³	*			MICR
■ t 86889.55	BLOOD CULTURES—CONVENTIONAL SYSTEM³ (includes clerical function)	t 5.0		BOTTLE	MICR
86889 56	BLOOD CULTURES—ISOLATOR/DUPONT	*		TUBE	MICR
86889.57	BLOOD CULTURES—SEPTI-CHEK/ROCHE DIAGNOSTICS	*		BOTTLE	MICR
85008	BLOOD FILM EXAMINATION (includes 100 WBC differential, RBC morphology, and platelet estimate)	11.0	SEE AUTO HEMA.	SLIDE	HEMA
85581	BLOOD FILM SCREEN (includes WBC estimate, RBC morphology, and platelet estimate)	6.0		SLIDE	HEMA
82882	BLOOD GAS ANALYSIS (GROUP I ANALYZERS ONLY)	*	SEE AUTO. CHEM.	SPEC	CHEM
82884	BLOOD GAS ANALYSIS (GROUP II ANALYZERS ONLY)	*	SEE AUTO. CHEM.	SPEC	CHEM
82886	BLOOD GAS ANALYSIS (GROUP III ANALYZERS ONLY)	*	SEE AUTO CHEM.	SPEC	CHEM
88009 04	Blood Species Abdy/Precipitin/Group 3	20 0		TEST	IMMU
78110	BLOOD VOLUME	40 0		PATNT	RADI

* = no unit value
t = temporary unit value
²See Special Directions for Hematology
³See Special Directions for Microbiology

Major changes in this edition indicated by a black bar ▮

77

Abb. 1: Auszug aus der "Langen Liste" des
CAP Manual von 1983, Seite 77.
Weitere Erläuterungen siehe Text.

Die Kurzbezeichnungen in Spalte (5) geben Aufschluß darüber, wie eine Labortätigkeit in die Zählung eingeht (**item for count**). Jede Kurzbezeichnung weist gleichzeitig auf das Wesensmerkmal der entsprechenden Labortätigkeit hin. In Kapitel 3 des CAP-Manuels werden alle **items for count** genau definiert.

In Spalte (6) wird die Kurzbezeichnung der Laborsektion geführt, zu der die Labortätigkeit primär zuzuordnen ist.

Beispiel 1: Bilirubinbestimmung (BILIRUBIN, TOTAL)

Alle Tätigkeiten im Laboratorium, die direkt oder indirekt in die Bilirubinbestimmung einfließen, beginnend mit dem Eintreffen der Probe im Laboratorium bis hin zur Dokumentation des Analysenresultates, werden mir einem Zeitaufwand von 15,0 Minuten bewertet. Dieser **unit value** gilt nur für die manuelle Durchführung der Bilirubinbestimmung. Ein Beispiel für ein mechanisiertes Verfahren wird nachstehend aufgeführt.

Beispiel 2: Peripherer Blutausstrich (BLOOD FILM SCREEN)

Die Herstellung eines Blutausstriches, einschließlich der Differenzierung von Leukozyten und der Thrombozytenzählung wird mit 11,0 Minuten Zeitaufwand bewertet.

Der **unit value** berücksichtigt dabei wiederum alle wesentlichen Labortätigkeiten, die indirekt mit dieser Untersuchung gekoppelt sind.

Beispiel 3: Bestimmung des Blutvolumens (BLOOD VOLUME)

Für die Bestimmung des Blutvolumens mit Hilfe einer nuklearmedizinischen Technik wird pro Bestimmung am Patienten ein **unit value** von 40,0 Minuten eingesetzt.

5.5   BERECHNUNG DER WORKLOAD

Die workload für eine Labortätigkeit, die mit einem Einheitszeitwert belegt wird, wird aus dem Produkt **raw count x unit
volume** berechnet. Die "Rohzählung" (**raw count**) ist die Häu-
figkeit, mit der die entsprechende Labortätigkeit in einem
festgelegten Zeitabschnitt (z.B. ein Tag oder ein Monat)
durchgeführt wird.

Für das Beispiel der Bilirubinbestimmung ist der **raw count** die
Summe aller Bilirubinbestimmungen, die in dem festgelegten
Zeitabschnitt durchgeführt werden. Die Wiederholungsanalysen,
die Qualitätskontrollproben und die Bilirubin-Standardproben
sind bei der Zählung mitzuerfassen.

Die Arbeitsbelastung oder workload wird für einen funktionellen Laborbereich aus der Summe der workload für jede einzelne
dort ausgeführte Labortätigkeit berechnet, vorausgesetzt, alle
Labortätigkeiten sind zeitformatiert erfaßbar, und die "Rohzählung" wird sorgfältig durchgeführt.

Die workload eines Laboratoriums ist demzufolge die Summe der
workload der funktionellen Laborbereiche.

5.6   DER EINFLUSS MECHANISIERTER ANALYSENTECHNIK AUF UNIT
VALUE UND WORKLOAD

In den Laboratoriumsbereichen Blutbank, Hämatologie und Klin-
nische Chemie ist die Mechanisierung von Analysen am weitesten
fortgeschritten. In diesen Laborsektionen werden je nach Pro-
benaufkommen teilmechanisierte Analysengeräte für kleine Pro-

benserien eingesetzt, bis hin zu Mehrkanalanalysatoren, die die Messung größerer Profile aus einer Probe und zudem langer Probenserien ermöglichen.

Es ist leicht zu verstehen, daß der **unit value** für einen Test maßgeblich vom Grad der Mechanisierung bei seiner Durchführung abhängt, und die workload für eine Labortätigkeit eine andere zeitliche Bewertung erfahren muß, wenn statt einzelner Analysen lange Probenserien gemessen werden.

Das CAP-Manual versucht der dynamischen Entwicklung auf dem Sektor mechanisierter Analysengeräte durch entsprechende Zeitstudien und das jährliche Updating Rechnung zu tragen. Die Vielfalt der Analysengeräte für klinische Laboruntersuchungen erlaubt dabei verständlicherweise nur eine Berücksichtigung jener Geräte, die in Nordamerika eine weitere Verbreitung gefunden haben. Es sind dies jedoch mehrheitlich solche Analysengeräte, die auch in Europa angeboten werden und in vielen deutschen Laboratorien eingesetzt werden.

In den Kapiteln 9a - 9i des CAP-Manuals wird der Anwender sehr eingehend unterwiesen, wie er in Abhängigkeit von seiner instrumentellen Laborausstattung die **unit values** für jeden Labortest festzulegen hat. Dem Umstand, daß ein Analysator aus einer Probe verschiedene Bestandteile bestimmen kann, wird ebenfalls Rechnung getragen. Alle Laboraktivitäten um die Probe vor und nach den Meßvorgängen werden mit einem gemeinsamen **unit value** belegt, der als **specimen set up** bezeichnet wird. Hinzu kommt ein diskreter **unit value** für den Meßvorgang jedes einzelnen Bestandteiles.

Bei CAP-Zeitstudien wurde festgestellt, daß Analysengeräte, die aus einer Probe die Bestimmung eines gesamten Profils ermöglichen, mit einem **unit value** belegt werden können unabhängig von der Anzahl der einzelnen Meßvorgänge für das Probenprofil.

Anhand von zwei Beispielen aus dem Bereich Klinische Chemie sollen Berechnungen von **unit values** unter Berücksichtigung mechanisiert durchgeführter Analytik dargestellt werden.

Beispiel 1:

Mit dem DuPont ACA werden aus einer Probe Glucose, Harnstoff und Bilirubin bestimmt. Der **unit value** für die Bearbeitung der Probe, ohne die Meßvorgänge am ACA, beträgt 2,5 Minuten.

Hinzugezählt werden 0,5 Minuten für jeden Meßvorgang. Die Behandlung der Probe im Laboratorium oder die workload wird demnach insgesamt mit 2,5 + 3 x 0,5 = 4,0 Minuten bewertet. Im Vergleich dazu betragen die **unit values** für die manuelle Behandlung der Probe an drei verschiedenen Arbeitsplätzen:

     8,0 Minuten für Glucose,
     7,0 Minuten für Harnstoff und
    15,0 Minuten für Bilirubin.

Beispiel 2:

Mit dem SMAC der Firma Technicon beträgt der **unit value** oder die workload für die Bearbeitung der gesamten Probe 2,5 Minuten, unabhängig vom Analysenprofil, d.h. von der Zahl der Kenngrößen.

Aus diesen beiden Beispielen wird eindrucksvoll verdeutlicht, welche Bewertungsunterschiede gegenüber manueller Arbeitsweise eintreten können.

5.7   KRITISCHE BETRACHTUNG

Die workload recording Methode stellt ein vielseitiges Modell zur Beurteilung der Produktivität im klinischen Laboratorium dar. Deshalb muß jeder Anwender für sich kritisch betrachten, ob sein **user procedure file** und die daraus berechenbare workload tatsächlich die Verhältnisse in seinem Laboratorium objektiv bewerten.

Betrachtet man den differenzierten Katalog von bisher 1300 Labortätigkeiten, der innerhalb von 15 Jahren aufgebaut wurde, so ist bereits heute eine breite Basis für das Berechnungsmodell vorhanden. Man kann davon ausgehen, daß mit den zukünftigen Aktivitäten des CAP dieser Katalog die noch bestehenden Lücken eines **user procedure file** auszufüllen hilft.

Streng genommen müßte jeder Anwender der workload recording Methode eigene Zeitstudien nach den CAP-Empfehlungen durchführen, um selbst die bestehenden **unit values** überprüfen zu können.

Wie anders soll ein Laborleiter in seinem Laboratorium ungünstige organisatorische Strukturen von Arbeitsabläufen erkennen können, wie z.B. lange Wege im Laboratorium, regelmäßige längere Ausfallzeiten als Folge einer reparaturanfälligen veralteten Geräteausstattung oder eine überdurchschnittliche hohe Mitarbeiterfluktuation mit entsprechend langen Einarbeitungszeiten. Aus den genannten Punkten kann in der Bilanz ein wesentlich schlechterer **unit value** als der vom CAP vorgegebene resultieren.

Der deutsche Anwender schließlich muß herausfinden, ob seine Labororganisation und Laborausstattung überhaupt einen sinnvollen Vergleich mit den nordamerikanischen Laboratorien zulassen, nach deren Zeitstudien die **unit values** statistisch ermittelt werden.

5.8   CAP - ZEITSTUDIEN

Das CAP appeliert regelmäßig an alle Laboratorien, sich an Zeitstudien zu beteiligen, damit die jährlich erneut herausgegebenen Einheiten besser abgesichert werden können. Alle eingeschickten Daten werden mit einer zentralen EDV ausgewertet.

Auf Anfrage werden standardisierte Protokollbögen mit genauen Instruktionen, wie die Zeitmessung durchzuführen ist, zugeschickt.

Das CAP empfiehlt, eine geeignete Person (Surveyor) mit der Zeitstudie zu beauftragen. Diese beobachtet den betreffenden Arbeitsplatz, fertigt eine flow-chart an und hält die Zeiten mit einer Stoppuhr fest. Bei diesem Verfahren wird eine oder alle der folgenden Aktivitäten berücksichtigt (s. BALKAIN):

5.8.1   Spezimenvorbereitung (initial handling):

Empfang des Spezimen, Zeitstempel für den Empfang, Sortieren, Zuordnen, Labornummer-Vergabe.

5.8.2   Probenaufbereitung (specimen testing)

einschließlich der Meßwertgewinnung.

5.8.3   Ergebnisregistrierung und Befundübertragung

(recording and reporting).

5.8.4   Arbeitsplatzvorbereitung (daily routine preparation)

Ansetzen von unstabilen Reagenzien, Füllen von Dosierern, Kalibration.

5.8.5   Wartung und Reparatur (maintenance and repair)

5.8.6   Ansetzen von Lösungen (einschliesslich von Kontroll-Lösungen)

5.8.7   Reinigung von Glaswaren (glassware washup)

5.8.8   Technische Überwachung (technical supervision):

Überprüfung aller Ergebnisse (einschliesslich der von Kontrollproben).

Bei der Zeitmessung werden nur die Zeiten erfaßt, während denen das Personal tatsächlich arbeitet (actually working). Beispielsweise wird eine Inkubationszeit nicht gezählt, jedoch die Zeiten, um die Probe in den Inkubator zu stellen und wieder herauszunehmen. Jeder Schritt sollte 8 bis 10 mal gemessen werden, möglichst an verschiedenen Tagen und mit verschiedenen Personen. Mehrere Schritte können für die Zeitmessung auch zusammengefaßt werden.

Nach einer solchen Zeitstudie werden die ausgefüllten Protokollblätter an den CAP Time Study Editor geschickt, der die Daten auf Vollständigkeit überprüft und für die EDV-Auswertung vorbereitet. Die vom Computer berechneten Einheiten werden vom International Units Committee für das jährlich herausgegebene Laboratory Workload Recording Method Manual freigegeben. Einheiten werden als permanent eingestuft, wenn 1o Zeitstudien zugrunde liegen, anderenfalls als vorläufig.

5.9   CAP - METHODE ALS MANAGEMENT - INSTRUMENT

Die vom CAP organisierten Kurse zur Einführung in die Workload
Recording Methode werden oft in Verbindung mit Labor-Manage-
ment-Kursen abgehalten. Das Workload Recording wird vom CAP
als wertvolles Management-Instrument betrachtet, da es nicht
nur erlaubt, den Personalbedarf zu ermitteln, sondern auch die
Produktivität zu beurteilen.

Dabei spielt der Begriff der spezifizierten Stunden (specified hours) eine wichtige Rolle, der im deutschsprachigen
Schrifttum auch als "effektive" (siehe TEMPLIN) oder "pro-
duktive" (siehe HAECKEL) bezeichnet wurde. Darunter wird die
Arbeitszeit verstanden, die vom Personal für die Analysen erbracht wird; d.h. nach Abzug von Zeiten für die Aktivitäten
wie Entwicklung, Forschung, Unterricht, Buchführung, Verwaltung, Einkauf, Systemanalysen etc.

Wenn das Laborpersonal nur mit der Durchführung von Analysen
beschäftigt wäre, würde theoretisch eine 100 %ige Effektivität
vorliegen. Im allgemeinen hat das Personal aber noch andere
Verpflichtungen, die nicht direkt mit der Analytik in Beziehung stehen und die Produktivität verringern, obwohl die Effizienz gesteigert sein kann.

Als Faustregel gilt, daß typische Laboratorien 5 % der bezahlten Arbeitszeit (paid time; Pausen ausgeschlossen) mit
indirekten Aktivitäten verbringen (s. HAECKEL und WEIRICH).

Produktivität wird als Verhältnis von Output und Input definiert. Mit der CAP-Methode wird Output in Minuten (workload
units) gemessen, der Input als Personalzeiten (s. REED) und
zwar als:

1. alle bezahlten Stunden (einschl. für alle Fehlzeiten)

2. alle gearbeiteten Stunden

3. alle spezifizierten Stunden

Je nach der eingesetzten Personalzeit werden folgende Produktivitäten unterschieden:

$$\text{Bezahlte Produktivität} = \frac{\text{alle workload Einheiten}}{\text{alle bezahlten Stunden}}$$

$$\text{Gearbeitete Produktivität} = \frac{\text{alle workload Einheiten}}{\text{alle gearbeiteten Stunden}}$$

$$\text{Spezifizierte Produktivität} = \frac{\text{alle workload Einheiten}}{\text{alle spezifizierten Stunden}}$$

Im Manual des Jahres 1981 wurde nachstehendes Beispiel aus einem durchschnittlichen amerikanischen Laboratorium mitgeteilt, mit 6 Technischen Assistenten (hier als full-time equivalents -FTE's-) bezeichnet, denen pro Jahr 2800 Stunden bezahlt werden.

Jeder Angestellte hat jährlich 15 Ferientage, 10 Feiertage und 6 Tage Ausfall infolge Krankheit.

Der Arbeitsanfall beträgt 550 000 Einheiten pro Jahr; daraus ergibt sich eine **bezahlte Produktivität** von 73,5 %:

```
8 Std.    5 Tage    52 Wochen                12.480 bezahlte Std.
------ x ------ x --------- x 6 FTE`s = ----------------------
 Tag      Woche      Jahr                         Jahr
```

```
550.000 Einheiten                44,1 Einheiten
------------------      =        --------------
12.480 bezahlte Std.             bezahlte Std.
```

```
44,1 Einheiten ( Minuten / Std. )
----------------------------------------  x  100  =  73,5 %
        60 Minuten / Std.
```

Eine 100%ige Produktivität kommt in der Praxis nicht vor. Zwei
Kategorien von Aktivitäten reduzieren die Produktivität um je
10 - 15 %:

- Fehlzeiten infolge Ferien, Feiertage, Krankheitstage
- Zeiten, die nicht von den Zeitstudien zur Zeit erfaßt
  werden.

Die **gearbeitete Produktivität** liegt bei 83,3 %:

Alle bezahlten Stunden pro Jahr (12.480) minus Fehlzeiten
(1.488 Stunden pro Jahr) ergeben alle gearbeiteten Stunden:
10.992.

Gearbeitete Produktivität:

```
550.000 Einheiten                50 Einheiten
------------------------  x      ----------------
10.992 gearbeitete Std.          gearbeitete Std.
```

```
50,0 Einheiten / Std.
-----------------------  x  100  =  83,3 %
60,0 Einheiten / Std.
```

10 Minuten jeder gearbeiteten Stunde werden von den workload
Einheiten nicht erfaßt.

Spezifizierte Produktivität:

Alle gearbeiteten Stunden (10.992) minus nicht erfaßte Aktivitäten (1.548 Stunden pro Jahr: Pausen, Fortbildung,
Forschung und Entwicklung, Administration) ergeben alle spezifizierten Stunden pro Jahr: 9.444.

$$\frac{550.000 \text{ Einheiten}}{9.444 \text{ spezifizierte Std.}} = \frac{58,2 \text{ Einheiten}}{\text{spezifizierte Std.}}$$

$$\frac{58,2 \text{ Einheiten / Std.}}{60,0 \text{ Einheiten / Std.}} \times 100 = 97,0 \text{ \%}$$

Die Workload Recording Daten erlauben eine Beurteilung der
Laboraktivität im Vergleich zu früheren Daten und eine Projek-
tion in die Zukunft (z.B. für Finanzplanung). Ferner ist ein
Vergleich mit anderen Laboratorien möglich. Das CAP-System
wird aber nicht nur für das Inhouse Management, sondern auch
von Krankenhausverwaltungen, Versicherungsträgern, Regierungs-
stellen und Geräteherstellern als Entscheidungshilfen eingesetzt.

6 Ist-Aufnahme, Kostenermittlung und Ist-Analyse

K.-G. v. Boroviczény (Freiburg)

6.1 EINLEITUNG

6.1.1 Allgemeines

Ist-Aufnahme, Analysen-Kostenermittlung und Ist-Analyse sind
wichtige Instrumente in der Hand des Laborchefs in seinem
ständigen Bemühen um eine gute, rationelle und kostengünstige
Laborleistung. Sie ist eine wichtige Maßnahme in der allgemeinen Qualitätssicherung, sie soll vor einer unvermeidbaren Betriebsblindheit schützen und gibt hieb- und stichfeste Argu-
mente, eindeutige Entscheidungshilfen für die notwendigen
ständigen Weiterentwicklungsmaßnahmen im Labor.

Die **Ist-Aufnahme** bedeutet die Zusammenstellung aller jener Daten, die für organisatorische Entscheidungen im Laboratorium
notwendig sind. Aufgrund der so zusammengestellten Angaben
können **Analysenkosten** für das ganze Labor, für einzelne Teil -
bereiche des Labors, für Arbeitsplätze und sogar für einzelne
Analysengeräte bzw. Analysenbestandteile berechnet werden, und
zwar nicht nur Reagenzien-, Geräte- und Personalkosten, sondern tatsächliche Analysen-Vollkosten. Die **Ist-Analyse** wird
auch Ist-Kritik, Schwachstellen-Analyse oder Stärken-Schwächen-Analyse genannt. Ihr werden Soll-Konzepte gegenüberge-

stellt, um aufzeigen zu können, an welchen Stellen die gegebene Labororganisation verbessert und weiterentwickelt werden muß.

Die Ist-Aufnahme dient der ausführlichen Darstellung der Informations- und Arbeitsabläufe im Laboratorium sowie der angrenzenden Bereiche und ist die Grundlage für die Ermittlung der Betriebskosten sowie der Ist-Analyse. Das Ergebnis der Ist-Aufnahme unter Einbeziehung der sich aus der Ist-Analyse ergebenden notwendigen Änderung kann auch als Grundlage für die Erarbeitung eines Soll-Konzeptes dienen.

6.1.2 Zweck

Ist-Aufnahme und Ist-Analyse können allgemeinen und speziellen Zwecken dienen. Der **allgemeine Zweck** der Durchführung einer Ist-Aufnahme und Ist-Analyse dient der Erkennung von Schwachstellen und der Weiterentwicklung des Labors, ferner der Bereithaltung von Labordaten für spezielle Zwecke.

Spezielle Zwecke sind z.B. die Überprüfung des Stellenplans, seine Gegenüberstellung zum Stellenbedarf, Überprüfung der räumlichen Ausstattung und der Geräteausstattung, Überprüfung geplanter Investitionen (größere Geräte, EDV usw.) und Erstellung einer Kosten / Nutzen Berechnung. Entsprechend ausgewählte Daten der allgemeinen Ist-Aufnahme und Ist-Analyse werden je nach Notwendigkeit einem gezielten speziellen Soll-Konzept gegenübergestellt, um ein **Pflichtenheft** erstellen zu können.

6.1.3   Begriffe

Analysen-Kostenermittlungen und Kosten / Nutzen-Berechnungen sind betriebswirtschaftliche Tätigkeiten. Um solche Tärtigkeiten und deren Ergebnisse erörtern zu können, sind **interdisziplinäre Gespräche** zwischen Laborarzt und Betriebswissenschaftler notwendig. Um die Verständigung zu erleichtern, sind vor einigen Jahren in einem Arbeitsausschuß des Normenausschuß Medizin in Zusammenarbeit mit INSTAND die wichtigsten Begriffe der Laborkostenermittlung zusammengestellt und definiert worden (siehe Abschnitt 6.3.7 ; Abbildungen 1 a - e).

An dieser Arbeit hatten der verstorbene Dr. med. F. R. CENTNER (Trier), ferner die Herren Dipl. Kfm. W. GOETZKE (Köln), Prof. Dr. med. R. HAECKEL   (Hannover/Bremen),   S. LEHMANN   (Berlin), Dr. med. K. OSBURG (Hamburg), T. E. PANTZER (Hamburg), Dr. rer. nat.- SCHLICHT   (Mannheim),   Dr. med. J. STEFFEN   (Berlin)   und   andere teilgenommen.

DK 616-07 : 061.6 : 657.47 : 001.4   DEUTSCHE NORMEN   *Entwurf*   Dezember 1979

	Allgemeine Laboratoriumsmedizin Laborkostenermittlung Begriffe	**DIN** *58 937* Teil 7

Clinical pathology in general; costs of analyses;
concepts

Einsprüche bis 30. April 1980

Dieser Norm-Entwurf, dessen Inhalt noch nicht die endgültige Fassung der beabsichtigten Norm darstellt und deshalb noch nicht für die Anwendung bestimmt ist, wird der Öffentlichkeit zur Prüfung und Stellungnahme vorgelegt, damit er erforderlichenfalls verbessert werden kann.

Soll dieser Norm-Entwurf ausnahmsweise im wirtschaftlichen Verkehr angewendet werden, so ist dies zwischen den Beteiligten, z. B. Auftraggeber und Auftragnehmer, zu vereinbaren.

Einsprüche und Änderungsvorschläge zu diesem Norm-Entwurf werden in zweifacher Ausfertigung erbeten an den Normenausschuß Medizin (NAMed) im DIN Deutsches Institut für Normung e.V., Burggrafenstraße 4–10, 1000 Berlin 30.

Aufgestellt in Zusammenarbeit mit dem Institut für Standardisierung und Dokumentation im Medizinischen Laboratorium (Berlin, Düsseldorf, Freiburg) sowie dem Ausschuß Qualitätskontrolle und Standardisierung der Deutschen Gesellschaft für Laboratoriumsmedizin.

1 Geltungsbereich und Zweck

Diese Norm gilt für die klinische Laboratoriumsmedizin und umschließt, ohne sich darauf zu beschränken, Blutbankwesen, Chemie, Biophysik, Hämatologie, Immunologie einschließlich Immunhamatologie und Serologie, Mikrobiologie einschließlich Bakteriologie, Mykologie, Parasitologie, Virologie, Nuklearmedizin, bestimmte Teile der Gerichtsmedizin und morphologische Disziplinen, soweit diese nicht im Begriff der pathologischen Anatomie enthalten sind.

A n m e r k u n g 1: Die pathologische Anatomie umschließt, ohne sich darauf zu beschränken, Sektionstätigkeit, pathologische Histologie, Zytopathologie, Neuropathologie und bestimmte Teile der Gerichtsmedizin.

A n m e r k u n g 2: Der Geltungsbereich einschließlich Anmerkung 1 entspricht den Definitionen der World Association of Societies in Anatomic and Clinical Pathology (WASP).

Zweck der Norm ist es, eine eindeutige und allgemein verständliche Bezeichnungsweise für die im Zusammenhang mit Laborkostenermittlung notwendigen Begriffe zu sichern.

2 Mitgeltende Normen

DIN 58 936 Teil 3   Qualitätssicherung in der Laboratoriumsmedizin; Begriffe der Statistik

DIN 58 937 Teil 1   Allgemeine Laboratoriumsmedizin; Benennungen, Gliederung

DIN 58 937 Teil 6   (z. Z. noch Entwurf) Allgemeine Laboratoriumsmedizin; Bewertungssystem zur Ermittlung des Personalbedarfs im medizinischen Laboratorium

3 Analysenkosten

Analysenkosten sind die quantifizierten Werte des Verzehrs von materiellen und immateriellen Gütern, der durch die Laborarbeit entsteht (Kostenverursachungsprinzip) oder mit ihr in Zusammenhang zu bringen ist (Kosteneinwirkungsprinzip). Analysenkosten ermitteln sich als Produkt aus einer Mengenkomponente und einer Wertkomponente.

Zu unterscheiden sind die pagatorischen (mit Ausgaben bewerteten) und die kalkulatorischen (unabhängig von Ausgaben bewerteten) Kosten.

Die Analysenkosten werden im allgemeinen anhand der Aufwendungen einer Rechnungsperiode (ein Jahr) ermittelt. Zusätzlich können jedoch die kalkulatorischen Kosten zu berücksichtigen sein.

3.1 Analysenvollkosten

Analysenvollkosten beinhalten außer den nach dem Kostenverursachungsprinzip den Analysen zurechenbaren Teilkosten auch sämtliche Güterverzehre, die für die Funktionsfähigkeit des Laboratoriums erforderlich sind und den Analysen nur nach dem Kosteneinwirkungsprinzip zugerechnet werden können.

3.2 Analysenteilkosten

Wenn aus praktischen Gründen Analysenteilkosten verglichen werden sollen, muß in jedem Fall angegeben werden, welche Teile der Analysenvollkosten berücksichtigt worden sind bzw. unberücksichtigt blieben.

4 Kostenbegriffe

Kosten können nach verschiedenen sich gegenseitig nicht ausschließenden Gesichtspunkten aufgeteilt werden. Im folgenden werden die für die Aufteilung der Analysenkosten wichtigsten Gesichtspunkte aufgezählt.

4.1 Bewertungsprinzip

Nach dem Bewertungsprinzip können pagatorische und kalkulatorische Kosten unterschieden werden.

Fortsetzung Seite 2 bis 4
Erläuterungen Seite 5

Normenausschuß Medizin (NAMed) im DIN Deutsches Institut für Normung e.V.

Abb. 1a

Seite 2   Entwurf DIN 58 937 Teil 7

4.1.1   Pagatorische Kosten

Pagatorische Kosten beruhen auf tatsächlich erfolgten Ausgabenvorgängen, z. B. Kauf von Reagenzien.

Anmerkung: Ausgaben können sowohl Zahlungs- als auch Kreditvorgänge zugrunde liegen.

4.1.2   Kalkulatorische Kosten

Kalkulatorische Kosten orientieren sich nicht notwendigerweise an Ausgabenvorgängen. Sie können pagatorische Kosten über- oder auch unterschreiten, wobei im ersten Fall der Differenzbetrag als kalkulatorische Zusatzkosten bezeichnet wird, z. B. Mehrabschreibung auf den Wiederbeschaffungswert eines gekauften Gerätes.

4.2   Zeitbezug

Nach dem Zeitbezug wird unterschieden zwischen Istkosten (auch historische Kosten), Standardkosten (auch Normalkosten) und Plankosten.

4.2.1   Istkosten

Es ist zu unterscheiden zwischen Istkosten im weiteren Sinne (i. w. S.) und Istkosten im engeren Sinne (i. e. S.).

4.2.1.1   Istkosten (i. w. S.)

Den Istkosten (i. w. S.) liegt ein bereits durchgeführter Güterverzehr zugrunde.

4.2.1.2   Istkosten (i. e. S.)

Als Istkosten (i. e. S.) werden die in einer vergangenen Rechnungsperiode tatsächlich angefallenen Kosten eines bestimmten Betriebes bezeichnet, z. B. die Reagenzienkosten eines Laboratoriums in der vergangenen Rechnungsperiode.

4.2.2   Standardkosten

Standardkosten sind aus den Istkosten mehrerer Rechnungsperioden und/oder mehrerer Laboratorien ermittelte Durchschnittskosten.

4.2.3   Plankosten

Plankosten sind in die Zukunft projizierte Kosten. Als erwartete oder geplante Kosten können sie Grundlage für die Kostenkontrolle oder Investitionsplanung sein.

4.3   Reagibilität

Analysenkosten können nach dem Gesichtspunkt der Kostenreagibilität aufgeteilt werden in analysenzahlenabhängige (variable) und analysenzahlenunabhängige (fixe) Kosten.

4.3.1   Analysenzahlenabhängige (variable) Kosten

Analysenzahlenabhängige Kosten variieren mit der Anzahl der bei einer bestimmten Kapazität tatsächlich durchgeführten Einzelanalysen, z. B. Reagenzienkosten.

4.3.2   Analysenzahlenunabhängige (fixe) Kosten

Analysenzahlenunabhängige Kosten sind kapazitätsabhängige Kosten, die während der betrachteten Periode nicht abgebaut werden können und deren Höhe vom Auslastungsgrad des Labors unabhängig ist. Sie entstehen im Gegensatz zu analysenabhängigen Kosten also auch dann, wenn z. B. ein Gerät unbenutzt im Labor steht.

4.3.3   Sprungfixe Kosten

Verändern sich die Kosten mit der Analysenzahl nicht kontinuierlich, sondern in Sprüngen, so handelt es sich um sprungfixe Kosten. Im Intervall zwischen den Kostensprüngen verhalten sich diese Kosten wie fixe Kosten. (Beispiel: Ab einer bestimmten Analysenzahl muß ein bislang einfach besetzter Arbeitsplatz doppelt besetzt werden.)

4.4   Zurechenbarkeit

Analysenkosten sollen den Kostenträgern (siehe auch Abschnitt 5) möglichst verursachungsgerecht zugerechnet werden. Es werden Analyseneinzelkosten und -gemeinkosten unterschieden.

4.4.1   Analyseneinzelkosten

Analyseneinzelkosten sind durch den jeweiligen Kostenträger unmittelbar verursacht und diesem direkt zurechenbar.

4.4.2   Analysengemeinkosten

Analysengemeinkosten sind durch die Leistungsvorhaltung des Laboratoriums selbst (laborinterne Analysengemeinkosten), im Krankenhaus- oder Praxislabor oder in anderen Betriebsbereichen (laborexterne Analysengemeinkosten) bedingt und daher den einzelnen Kostenträgern nicht direkt zurechenbar. Für die Zurechnung dieser Kosten zu den Kostenträgern sind deshalb mehr oder weniger willkürliche Kostenschlüsselungen erforderlich.

4.4.2.1   Laborinterne Analysengemeinkosten

Laborinterne Analysengemeinkosten entstehen in den Kostenstellen des Labors entsprechend Abschnitt 5.2.

4.4.2.2   Externe Analysengemeinkosten

Externe Analysengemeinkosten entstehen in anderen Teilen des Krankenhaus- oder Praxisbetriebes außerhalb des Laboratoriums. Dies sind andere ärztliche Einrichtungen wie Untersuchungsräume, Krankenstationen sowie Verwaltung, Werkstatten.

5   Kostenerfassung

Bei der Kostenerfassung wird unterschieden in Kostenerfassung nach Kostenarten (Kostenartenrechnung), nach Kostenstellen (Kostenstellenrechnung) und nach Kostenträgern (Kostenträgerrechnung).

5.1   Kostenarten (Kostenartenrechnung)

In der Kostenartenrechnung werden die Analysenkosten nach der Art des Güterverzehrs aufgeteilt bzw. zusammengefaßt.

Die Kosten werden den Kostenarten nach einem Kostenartenplan zugeordnet, der sämtliche Kosten systematisch erfaßt und eindeutige Zuordnungen ermöglicht. Die durch die Abschnitte 5.1.1 bis 5.1.6 vorgegebene Grobgliederung kann je nach den Bedürfnissen des Laboratoriums erweitert oder gekürzt werden und somit als Grundlage für einen individuellen Kostenartenplan dienen.

5.1.1   Raumkosten

Zu den Raumkosten gehören Raummieten, Energiekosten einschließlich Heizungskosten und Abwassergebühren, Raumreinigungskosten, Gebäudeinstandhaltungskosten, Absetzung für Abnutzung (AfA) der Gebäude und sonstige Raumkosten.

Abb. 1b

5.1.2 Einrichtungskosten

Zu den Einrichtungskosten gehören die AfA für Geräte und andere Einrichtungsgegenstände (z. B. Möbel), Reparaturen, Instandhaltung und Versicherung der Geräte und Einrichtungsgegenstände sowie die sonstigen Einrichtungskosten.

5.1.3 Materialkosten

Zu den Materialkosten gehören die Beschaffungs- und Entsorgungskosten für Reagenzien (radioaktiv und nicht radioaktiv), Medikamente, Einmalartikel, Labormaterial, z. B. Glasmaterial, Verbrauchsmaterial, Büromaterial und sonstige Materialkosten.

5.1.4 Allgemeine Betriebskosten

Zu den allgemeinen Betriebskosten gehören Kapitalkosten, Post-, Transport- und EDV-Kosten, Reise- und Kfz-Kosten, Abgaben und sonstige allgemeine Betriebskosten.

5.1.5 Personalkosten

Zu den Personalkosten gehören Löhne, Bezüge und Alimente sowie Krankenversicherung, Rentenversicherung, Pensionsrückstellung, Sozialleistungen, Arbeitslosenversicherung, Beiträge zu Berufsgenossenschaften, Hilfslöhne und sonstige Lohnkosten für das Laborpersonal, aufgeteilt nach DIN 58 937 Teil 6 [*]).

5.1.6 Tierhaltungskosten

Zu den Tierhaltungskosten gehören die Beschaffungskosten für Versuchstiere, Futtermittel, die Weide- und Grünflächenkosten, Tierbeseitigungskosten und sonstige Tierhaltungskosten.

5.2 Kostenstellen (Kostenstellenrechnung)

Ein Gesamtbetrieb wird für die Zwecke der Kostenrechnung nach einem Kostenstellenplan in Kostenstellen (Orte der Kostenentstehung) aufgeteilt. Kostenstellen können gebildet werden nach Verantwortungsbereichen, räumlichen, funktionalen, abrechnungstechnischen Gesichtspunkten. Kostenträger durchlaufen in der Regel nach der Notwendigkeit des Betriebsauflaufes verschiedene Kostenstellen.

5.2.1 Gliederung der Kosten nach dem analytischen Ablauf

Es werden unterschieden: Präanalytische Kosten, unmittelbare Analysenkosten und postanalytische Kosten.

5.2.1.1 Praanalytische Kosten

Praanalytische Kosten entstehen während der praanalytischen Phase. Die praanalytische Phase beginnt mit dem Beschluß des einweisenden Arztes, eine Analyse anzufordern und endet, wenn die Probe am Arbeitsplatz eingetroffen ist. Während der präanalytischen Phase entstehen Vorbereitungskosten, Abnahmekosten, Lagerungskosten, Einsendekosten, Annahmekosten und Verteilungskosten.

5.2.1.1.1 Vorbereitungskosten

Vorbereitungskosten entstehen durch Formulierung und schriftliche Festlegung der Analysenanforderung sowie durch Bereitstellung und Etikettierung der Untersuchungsmaterialbehältnisse.

5.2.1.1.2 Abnahmekosten

Abnahmekosten entstehen durch Aufsuchen, Identifizieren und Vorbereitung des Probanden (Patienten), durch

die Entnahme des Untersuchungsgutes (siehe Abschnitt 6), Versorgung des Patienten sowie des Untersuchungsgutes (Verschluß oder Verpackung).

5.2.1.1.3 Lagerungs- und Einsendekosten

Lagerungskosten entstehen durch die am Abnahmeort erfolgte Zwischenlagerung des Untersuchungsgutes. Einsendekosten entstehen durch den Transfer des Untersuchungsgutes per Rohrpost, Förderanlage, Bote oder Post zur Annahmestelle des Laboratoriums. Auch wenn das Untersuchungsgut im Laboratorium selbst entnommen wird, entstehen meistens Lagerungs- und Transportkosten, wenngleich geringen Umfanges.

5.2.1.1.4 Annahmekosten

Annahmekosten entstehen im Labor durch Entgegennahme des Untersuchungsgutes, Eingangskontrolle, Vorsortierung, Offnung, Zentrifugierung und Erstellung von Arbeitslisten.

5.2.1.1.5 Verteilungskosten

Verteilungskosten entstehen im Labor durch die Aufteilung und Verteilung des eingesandten Untersuchungsgutes aus Mutterröhrchen in Tochterröhrchen und durch den Transfer zum Arbeitsplatz.

5.2.1.2 Unmittelbare Analysenkosten

Unmittelbare Analysenkosten sind die Analysenkosten im engeren Sinne des Wortes, sie bilden nur einen Teil der Analysenvollkosten. Sie entstehen durch die analytische Bearbeitung der Proben am Arbeitsplatz, beginnend mit der Entgegennahme der Analysenproben und endend mit dem Feststellen des Ergebnisses. Unmittelbare Analysenkosten werden im allgemeinen nach den gleichen Gesichtspunkten aufgeteilt, wie sie im Abschnitt 5.1 aufgezählt sind.

5.2.1.3 Postanalytische Kosten

Postanalytische Kosten entstehen wahrend der postanalytischen Phase. Die postanalytische Phase beginnt mit der ersten Ergebniskontrolle und dauert bis zur Kenntnisnahme des Ergebnisses und Befundes durch den behandelnden Arzt. Während der postanalytischen Phase entstehen Kontrollkosten, Dokumentationskosten, Befundungskosten, Transferkosten und Entsorgungskosten.

5.2.1.3.1 Kontrollkosten

Kontrollkosten entstehen durch Plausibilitatskontrollen an Analysenserien und an einzelnen Kostenträgern, einschließlich der Plausibilitatskontrollen durch den Laborarzt.

5.2.1.3.2 Dokumentationskosten

Dokumentationskosten der postanalytischen Phase entstehen durch manuelle oder maschinelle (auch EDV) Eintragungen der Ergebnisse in Arbeitslisten, Laborjournale, Ergebnisformulare oder durch Schreiben von Ergebnisberichten.

5.2.1.3.3 Befundungskosten

Befundungskosten entstehen durch die Befundung der Ergebnisse (im Sinne von DIN 58 936 Teil 3, Ausgabe Juli 1975, Abschnitte 1.3 und 1.4) durch oder im Auftrage und nach Maßgabe des Laborarztes.

5.2.1.3.4 Transferkosten

Transferkosten entstehen in der postanalytischen Phase durch den Transfer der Ergebnisse vom Arbeitsplatz

[*]) z. Z. noch Entwurf

Abb. 1c

Seite 4 Entwurf DIN 58 937 Teil 7

zum Laborarzt und Schreibdienst und durch den Transfer von Ergebnissen und Befunden aus dem Labor zur überweisenden Stelle, sowie durch Entgegennahme und/oder Eintragung der Ergebnisse und Befunde durch diese.

5.2.1.3.5 Entsorgungskosten

Entsorgungskosten der postanalytischen Phase entstehen durch die Lagerung von Spezimen- und Probenresten, sowie durch die Beseitigung der Spezimen-, Proben- und Reagenzienreste und des Einwegmaterials.

5.2.2 Die Hierarchie der Kostenstellen

Der Gesamtbetrieb (Praxis, Krankenhaus) wird nach dieser Norm in die Kostenstelle Laboratorium und in die übrigen Kostenstellen des Gesamtbetriebes aufgeteilt.

Die Kostenstelle Laboratorium umfaßt das Laboratorium nach DIN 58 937 Teil 1, Ausgabe Januar 1975, Abschnitt 2. Die Kostenstelle Laboratorium kann in Hauptkostenstellen und Hilfskostenstellen untergliedert werden.

5.2.2.1 Hauptkostenstellen im Laboratorium

Hauptkostenstellen sind jene Teile des Laboratoriums, in denen Analysen durchgeführt bzw. Ergebnisse ermittelt werden. Es ist aus praktischen Gründen üblich, eine hierarchische Aufteilung der Hauptkostenstellen vorzunehmen, und zwar in Laborabteilungen, Laborbereiche, Arbeitsgruppen, Arbeitsplätze, Geräte, logische Geräte und Analysenkanäle.

5.2.2.1.1 Laborabteilung

Laborabteilung ist eine Hauptkostenstelle, die im allgemeinen mehrere Laborbereiche umfaßt. Laborabteilungen sind z. B. das Notdienstlabor (siehe Erläuterungen zu DIN 58 937 Teil 1, Ausgabe Januar 1975, Abschnitt 4.1.1.1), das klinisch-chemische Labor, das hämatologische Labor, das mikrobiologische Labor.

5.2.2.1.2 Laborbereich

Laborbereich ist eine Hauptkostenstelle, die im allgemeinen mehrere Arbeitsgruppen umfaßt. Laborbereiche sind z. B. alle vollmechanisierten Arbeitsgruppen und -plätze in einem Labor oder alle manuellen Arbeitsgruppen und -plätze.

5.2.2.1.3 Arbeitsgruppe

Arbeitsgruppe ist eine Hauptkostenstelle, die im allgemeinen mehrere Arbeitsplätze umfaßt. Arbeitsgruppen sind z. B. die Mikroskopierplätze und auch die Enzymstraßen.

5.2.2.1.4 Analysenarbeitsplatz

Analysenarbeitsplatz ist eine Hauptkostenstelle, an der eine oder mehrere Untersucher gemeinsam ein fest umrissenes Analysenprogramm an einem oder mehreren räumlich zueinander zugeordneten Analysengeräten bearbeiten.

5.2.2.1.5 Analysengerät

Analysengerät ist im Rahmen dieser Norm eine Hauptkostenstelle, mit der physikalische und/oder physikalisch-chemische Meßvorgänge durchgeführt werden, um Meßergebnisse nach DIN 58 936 Teil 3 zu erbringen.

5.2.2.1.6 Logisches Gerät

Logische Geräte im Sinne dieser Norm sind Hauptkostenstellen, die festgelegte Verknüpfungen zwischen Syste-

men und Analysengeräten (nach Abschnitt 5.2.2.1.5) bedeuten und im allgemeinen mehrere Analysenbestandteile beinhalten. Der Begriff des logischen Gerätes wird mit gleicher Bedeutung auch in der elektronischen Labor-Datenverarbeitung (ELDV) benutzt.

5.2.2.1.7 Analysenkanal

Analysenkanäle sind im Sinne dieser Norm Hauptkostenstellen, die als Teil eines Analysengerätes ein fest umrissenes Analysenprogramm bearbeiten.

5.2.2.2 Hilfskostenstellen im Labor

Hilfskostenstellen sind jene Teile des Labors, in denen keine Analysenergebnisse entstehen, z. B. „Annahme, Ausgabe und Verteilung". Sie stellen einen Hilfskostenbereich, das „Sekretariat", eine Hilfskostenstelle und die einzelne „Schreibstelle", einen Hilfskostenplatz dar. Hilfskostenstellen können hierarchisch ähnlich unterteilt werden wie Hauptkostenstellen (siehe auch Abschnitt 5.2.2.1.1).

Weitere Kostenstellen im Sinne dieser Norm sind z. B. klinische Abteilungen in Krankenhäusern, Untersuchungsräume und Sprechzimmer in Praxen sowie Verwaltungsstellen.

5.3 Kostenträger (Kostenträgerrechnung)

Für Zwecke der Kostenträgerstückrechnung sind Kostenträger jene betrieblichen Leistungen, d. h. die vom Laboratorium erbrachten einzelnen Analysen und Ergebnisse, auf die die entstehenden Vollkosten verrechnet werden.

Anmerkung 1 : Ein Kostenträger ist also jeweils z. B. die Hämoglobinkonzentration des Patienten A, die GOT-Aktivität im Blutplasma des Patienten B oder die Beurteilung des Knochenmarkes beim Patienten C.

Anmerkung 2 : Neben der Kostenträgerstückrechnung kann auch eine Kostenträgerzeitrechnung (Periodenerfolgsrechnung) durchgeführt werden, wobei dann die gewählte Zeiteinheit als Kostenträger bezeichnet wird.

6 Finanzierungsträger

Natürliche oder juristische Personen, die die Geldmittel zur Deckung der Kosten bereitstellen, werden im Sinne dieser Norm Finanzierungsträger genannt, z. B. eine Ortskrankenkasse.

7 Kostenzurechnung

Bei der Errechnung der Analysenkosten können die Einzelkosten unmittelbar den Kostenträgern (bei der Kostenträgerstückrechnung) zugeordnet werden, während die Gemeinkosten nach einem Plan umgelegt werden müssen.

Anmerkung : Bei den betriebswirtschaftlichen Grundbegriffen des Laboratoriums, die in einem weiteren Teil dieser Norm erläutert werden, wird auf den besonderen Charakter des Laboratoriums als Dienstleistungsbetrieb hingewiesen, dessen primäre Aufgabe die Leistungsbereitschaft ist, die erst durch die Inanspruchnahme zur Leistungserstellung im engeren Sinne des Wortes führt.

Abb. 1d

Erläuterungen

Dieser Norm-Entwurf wurde im Arbeitsausschuß „Arbeitsbewertung und Kosten" (Obmann: Dr. Osburg, Hamburg) des Normenausschusses Medizin im DIN in Zusammenarbeit mit dem Institut für Standardisierung und Dokumentation im Medizinischen Laboratorium (INSTAND) e.V. erarbeitet.

Medizinische Laboratorien sind Dienstleistungsbetriebe, die als Teilbetriebe (Krankenhauslabor, Labor des niedergelassenen Arztes) oder als selbständige Betriebe (Laborgemeinschaft, Praxis des Laborarztes) geführt werden.

Dienstleistungen — also auch Laboranalysen — unterliegen dem uno-actu-Prinzip, das heißt, daß Leistungserstellung und Absatz bzw. Konsum zusammenfallen. Aus diesem Grunde ist im Dienstleistungsbetrieb keine Lagerproduktion möglich. Die Leistungserstellung hängt direkt von der Nachfrage ab. Der Dienstleistungsbetrieb stellt daher zunächst Kapazitäten bereit, um eine erwartete oder für möglich gehaltene — in der Regel aber nicht genau vorherbestimmbare — Nachfrage bedienen zu können. Erst mit der Nutzung der durch die Vorhaltung von Kapazität geschaffenen Leistungsbereitschaft durch einen Nachfrager können Dienstleistungen erstellt und abgesetzt werden.

Der größte Teil der Kosten des medizinischen Laboratoriums entsteht in Anhängigkeit von der bereitgehaltenen Kapazität — unabhängig davon, ob diese Kapazität aufgrund einer entsprechenden Nachfrage genutzt wird oder nicht (fixe Kosten der Leistungsbereitschaft). Bei der Inanspruchnahme der Leistungsbereitschaft durch eine entsprechende Nachfrage entstehen zusätzliche Kosten (variable Kosten der Inanspruchnahme). Wenn die Gesamtkosten des Labors durch die Benutzer getragen werden sollen, müssen diese mit ihren Leistungsentgelten über die durch die Inanspruchnahme der Leistungsbereitschaft verursachten Kosten hinaus einen ausreichenden Beitrag zur Deckung der Kosten der Leistungsbereitschaft (Deckungsbeitrag) leisten.

Für die Aufrechterhaltung der Funktionserfüllung des Laboratoriums muß die Summe der erwirtschafteten Deckungsbeiträge also längerfristig mindestens gleich den angefallenen fixen Istkosten sein.

Das Instrument für die (ex post-)Kontrolle der Kostendeckung ist die (regelmäßig durchgeführte) Kostenträgerzeitrechnung im Rahmen einer Periodenerfolgsrechnung (Gegenüberstellung von Istkosten und Isterlösen einer Periode).

Im Rahmen einer (ex ante-)Kostenträgerstückrechnung (Preiskalkulation) werden die für eine zukünftige Periode zur Selbstkostendeckung mindestens notwendigen Analysenpreise ermittelt. Dieser Kostenträgerstückrechnung liegen im Laboratorium zweckmäßigerweise die erwarteten (geplanten) Vollkosten zugrunde.

Abb. 1e

6.1.4   Geltungsbereich

Medizinische Einrichtungen sollen vor allem den ärztlichen Anforderungen genügen bzw. um die Funktion des Labors immer wieder optimieren zu können, sind in bestimmten Zeitabständen Ist-Analysen notwendig. Wegen der schnell folgenden Veränderungen in der Laboratoriumsmedizin, die auch in der Zukunft zu erwarten sind, sollten Ist-Analysen im Labor **jährlich**, nach Ablauf eines jeden Kalenderjahres, durchgeführt werden. Mit der Ist-Aufnahme wird am besten bei der Inbetriebnahme eines Labors begonnen. Sie sollte ständig fortgeschrieben, die Fortschreibung monatlich überprüft werden. Natürlich kann auch bei einem seit vielen Jahren funktionierenden Labor eine Ist-Aufnahme gemacht werden; auch in diesem Fall ist anschließemd ein ständiges Fortschreiben zu empfehlen.

Nur in ganz kleinen Laboratorien mit ein bis drei Mitarbeitern kann auf die Ist-Aufnahme und Ist-Analysen unter Umständen verzichtet werden, obwohl sie sich auch hier lohnen (Betriebsblindheit!). Bei mittleren und großen Laboratorien sollte die Ist-Analyse vom Laborchef als unverzichtbare Notwendigkeit angesehen werden.

Da Ist-Analysen bisher im deutschen Sprachgebrauch in medizinisch-diagnostischen Laboratorien nur wenig verbreitet sind, wird im folgenden die Durchführung einer Ist-Aufnahme **für ein bereits funktionierendes Laboratorium** beschrieben. Im Zentrallaboratorium-Nord des Krankenhauses Spandau werden seit 1975 regelmäßig Kostenermittlungen durchgeführt. Hier wie auch im Gespräch mit vielen Kollegen im In- und Ausland konnten Erfahrungen gesammelt werden, auf deren Grund die im folgenden geschilderten Anleitungen zur Erstellung von Ist-Aufnahme, Kostenermittlung und Ist-Analyse aufgestellt wurden und zur Diskussion gestellt werden.

Die Ist-Aufnahme beinhaltet auch eine Kosten/Nutzen-Analyse. Diese Kosten/Nutzen-Analyse kann global für das ganze Laboratorium oder detailliert arbeitsplatz- oder geräte- oder sogar analytbezogen durchgeführt werden. In den Abschnitten 6.3.5 und 6.3.7 wird beschrieben, wie dabei im einzelnen vorgegangen werden kann.

Die Durchführung einer Ist-Aufnahme ist besonders bei einem größeren Laboratorium aufwendig. Es ist die Aufgabe des Laborchefs, seine Mitarbeiter über die Notwendigkeit der am Anfang oft unbeliebten Aufgaben zu überzeugen.

Die Erfahrung zeigt, daß jeder Mitarbeiter des Laboratoriums es einmal einsieht, wie nützlich und wichtig Ist-Aufnahmen und Ist-Analysen gerade für das Arbeitsklima im Labor und die Arbeit eines jeden einzelnen Mitarbeiters sind. Bei einem Laboratorium kann eine **EDV-Anlage** bei entsprechender Programmierung die Ist-Aufnahme unterstützen. Sie kann zu einem großen Teil automatisch erfolgen und gegenüber der manuell durchgeführten Ist-Aufnahme zu einem wesentlich geringeren Personaleinsatz führen. Da zur Zeit viele Laboratorien im deutschen Sprachgebiet noch nicht über Computer verfügen, wird im folgenden beschrieben, wie die Ist-Aufnahme einschließlich einer detaillierten Kostenanalyse rein manuell durchgeführt werden kann.

Die Ist-Analyse muß vom Laborpersonal durchgeführt und fortgeschrieben werden. Die Ist-Analyse der vorliegenden Daten erfolgt vom Laborleiter aufgrund seiner Fachkenntnisse, da **nur** er in der Lage und befugt ist, die Daten der Ist-Aufnahme korrekt und zutreffend zu beurteilen. Alle Daten der Ist-Aufnahme und alle Aussagen der Ist-Analyse sind **geistiges Eigentum des betreffenden Laboratoriums bzw. des Laborchefs** und sollten ohne seine Zustimmung Dritten nicht zugänglich gemacht werden. Bei Laboratorien mit EDV-Anlagen muß der

Datenschutz beachtet werden. Laborrechner sind in vielen Fällen ein intergraler Bestandteil eines Krankenhausinformationssystems. Der Laborrechner muß einerseits einen ständigen Zugriff zur Patientendatei haben und der behandelnde Arzt sollte in der Lage sein, Analysenergebnisse **seiner** Patienten abzurufen. Der Verwaltung muß der Zugriff nur zu Daten ermöglicht werden, die den einzelnen Patienten tatsächlich in Rechnung gestellt werden. Ansonsten ist aber bei der Programmierung streng auf die **Trennung und Beschränkung der Zugriffsmöglichkeiten** zu achten. Dies trifft auch auf alle Daten der Ist-Aufnahme zu, welche unkommentiert leicht zu Mißverständnissen führen könnten.

Die hier beschriebenen Vorgehensweisen sind im Zentrallabor-Nord des Krankenhausbetriebes Spandau in Zusammenarbeit mit G. LANGE und Tamara OTTO und anderen Mitarbeitern dieses Laboratoriums sowie in einer ad hoc Gruppe der Arbeitsgemeinschaft Berliner Laborleiter mit Dr.rer.nat. W. AUSLÄNDER, Dr.med. W. DA FONSECA-WOLLHEIM, Dr.Dr. Maria HARDEL, Dr. Silke HELLER und Dr.Dr.med. M. WUNDSCHOCK erarbeitet worden. Diesen und den weiter oben erwähnten Damen und Herren sei hierfür auch an dieser Stelle Dank gesagt. Zu Dank ist der Autor auch der Abt. Labororganisation der Fa. E. MERCK, Darmstadt, Herrn K. HEISE, Herrn Apotheker K.D. GERBIG und seinen Mitarbeitern verpflichtet, die seit 1982 und 1983 eine Ist-Aufnahme des Labors durchgeführt, die Ist-Analyse gemeinsam durchdiskutiert und damit die Notwendigkeit, aber auch die Durchführbarkeit solcher Maßnahmen in einem größeren Zentrallaboratorium unter Beweis gestellt haben.

6.2 DATENSAMLUNG ZUR IST-AUFNAHME

6.2.1 Allgemeines

Der aufwendigste und zugleich wichtigste Teil der Ist-Aufnahme
ist die ständige Datensammlung. Bei ihrer ersten Erstellung
macht sie sicherlich viel Mühe, da festgestellt werden muß,
woher die Daten zu beziehen sind; die verschiedenen Formulare
müssen beschafft werden usw. Es ist wichtig, daß im Labor
erfahrene technische Assistenten mit dieser Aufgabe beauftragt
werden, wobei je nach Größe des Labors es zwei oder drei Mitarbeiter sein sollten, um bei Urlaub und Krankheit die Konti-
nuität der Datensammlung zu sichern. In größeren Laboratorien
ist es ratsam, dazu drei Arbeitsgruppen mit jeweils zwei bis
vier Mitarbeitern einzurichten. Ist eine erste Ist-Aufnahme
einmal erstellt worden und wird darauf geachtet, daß die
Datensammlung Monat für Monat regelmäßig durchgeführt wird, so
ist die Arbeit leicht zu bewältigen.

Wir unterscheiden vorbereitende Maßnahmen oder Vorarbeiten,
die ein Jahr lang durchgeführt werden müssen, bevor die erste
Ist-Analyse durchgeführt werden kann und die danach regelmäßig
durchzuführenden weiteren Arbeiten.

6.2.2 Vorarbeiten

Die folgenden Vorarbeiten müssen durchgeführt werden:

6.2.2.1 Bauplan, Raumverzeichnis und Arbeitsbereiche

Der **Bauplan** des Labors muß vorhanden sein. Daraus wird ein
Raumverzeichnis angefertigt mit Angabe der Grundfläche in
(m²) eines jeden Raumes. Hierbei muß unterschieden werden
zwischen den **Analysenräumen** und den **"Nicht-Analysenräumen"**.
Als "Analysenraum" werden alle jene Räume bezeichnet, in denen
Analysen tatsächlich durchgeführt und auch abgelesen werden,
d.h. in denen Meßinstrumente, Mikroskope stehen oder in denen
rein manuelle Arbeiten, wie Blutgruppenserologie, durchgeführt
werden. Alle anderen Räume sind "Nicht-Analysenräume" (Annahme, Verteilung, Dienstzimmer, Aufenthaltsräume, Umkleide-
räume, Korridore, Toiletten usw.). Die Gesamtgrundfläche der
Analysenräume und der Nicht-Analysenräume muß voneinander
getrennt festgestellt werden.

Es hat sich als nützlich erwiesen, das gesamte Laboratorium in
"Arbeitsbereiche" aufzuteilen, diese Aufteilung in einem Bauplan einzuzeichnen und im Labor auszuhängen. So kann erreicht
werden, daß es für jeden Winkel des Labors einen Verantwortlichen gibt. Je nachdem, an welchem Arbeitsplatz jemand tätig
ist, ist er auch diesen Arbeitsbereich zuständig.

6.2.2.2 Inventar, Flächenbedarf, Brauchbarkeitsdauer und
Abschreibung

Eine **Inventarliste** des Labors mit Aufzählung aller vorhandenen
kurzlebigen Anlagegüter (Möbel, Geräte, Arbeitsmittel) muß
vorhanden sein. Es ist zweckmäßig, das Laborinventar in einem
Buch fortzuschreiben (s. Abschnitt 6.3.4) und es außerdem
als Kartei anzulegen, um für jedes Analysengerät eine
Karteikarte zu haben, oder noch besser, es als Datei zu
speichern.

Der **Flächenbedarf** eines jeden Analysengerätes muß festgelegt werden (s. Tab. 1). Jedes Gerät braucht eine Stellfläche und Nebenflächen für das Analysengut, Kühlschränke usw. Zu jedem Gerät gehört auch eine sogenannte Personalfläche, d.h. vom Bedienungspersonal beanspruchte Fläche. Stellfläche, Nebenfläche und Personalfläche werden zusammengezählt und als **Betriebsfläche** des Gerätes in Quadratmetern angegeben. In der Tabelle 1 sind einige Beispiele unverbindlich zusammengestellt.

Für alle Anlagegüter, die im Inventar enthalten sind, muß die **Brauchbarkeitsdauer** geschätzt und dementsprechend die jährliche Abschreibung in Prozenten des Beschaffungspreises festgelegt werden.

Bei Anaylsegeräten ist die Brauchbarkeitsdauer definiert als das Zeitintervall von der Inbetriebnahme an bis zu dem Zeitpunkt, bis das Gerät aus dem Routinebetrieb genommen wird (die Zusammenhänge zwischen Brauchbarkeitsdauer und Abschreibungsprozenten sind in der Tabelle 2 zusammengefaßt). Bei Analysengeräten, Dilutoren, Zentrifugen usw. beträgt die Brauchbarkeitsdauer meist etwa fünf bis zehn Jahre, bei Mikroskopen, Möbeln usw. zehn bis fünfzehn Jahre. Später, wenn Analysengeräte für die Ausfallsicherung noch vorgehalten werden, sollten sie bereits abgeschrieben sein.

Flächenbedarf und Abschreibungsprozente

Im Folgenden werden einige Beispiele genannt, wobei betont wird, daß es sich bei dem Flächenbedarf und der Brauchbarkeitsdauer (bzw. den daraus errechneten Abschreibungsprozenten) um unverbindliche Schätzungen handelt.

Tabelle 1

Gerätebenennung	Stell-fläche m²	Neben-fläche m²	Personal-fläche m²	Betriebs-fläche m²	Jährliche Abschreibung in % der Beschaffung
Mikroskop	1	0,5	1	2,5	20
Tischzentrifuge	0	0	0	1	30
Kühlschrank	0	0	0	1	24
Schnittger-Groß	1,5	3	1	5,5	24
TEG	1	0,5	1	2,5	24
Coulter-S	2	1,5	1	4,5	24
Zellwaschzentrifuge	0	0	0	1	24
Eppendorf 1101	1	1,5	1	3,5	15
Zeiss PMQ-II	2	1	1	4	23
Zeiss Pl-4	1	1,5	1	3,5	23
Technicon SMA 12/60	3	2	1	6	24
Eppendorf Enzymstraße	2	2	1	5	24
AVL-Gas-Check	1	1	1	3	24
Perkin-Elmer-AAS	2,5	1,5	1	5	24
KLiNa	1	0,5	1	2,5	24
Airfuge	0	0	0	0,5	24
Coulter-DN	1	0,5	1	2,5	30
Eppendorf Chloridmeter	0	0	0	0,5	24

Abschreibungsprozente

Die Dauer optimaler Nutzung der Geräte/Möbel (Analysengeräte, Dilutoren usw. 5 bis 10 Jahre, Mikroskope, Möbel 10 bis 15 Jahre) ist geschätzt und der jährliche Abschreibungssatz (enthält auch Kapitalkosten) in % des Beschaffungspreises ist aus der Tabelle 2 entnommen:

Tabelle 2

Jahre der optimalen Verwendbarkeit	Abschreibung in % des Preises
5	30
6	28
7	26
8	24
9	22
10	20
11	19
12	18
13	17
14	16
15	15

Wichtig ist, daß jedes Anlagegut in der Inventarliste einem Analysenplatz oder einem Nicht-Analysenraum zugeordnet ist und bei Standortveränderungen neu eingetragen wird.

6.2.2.3 Raumkosten

Die tatsächlich anfallenden **Raummietekosten** müssen erfragt werden. Wenn das Labor nicht in gemieteten sondern in eigenen Räumen arbeitet, werden die ortsüblichen Mietekosten für entsprechende gewerblich genutzte Räume genommen.

6.2.2.4 Energiekosten

Aus dem Betriebsabrechnungsbogen (BAB) des Krankenhausbetriebes werden die **Energienebenkosten** für Strom, Gas, Wasser, Heizung und Abwasser bzw. Abfallbeseitigung entnommen.

6.2.2.5 Stellenplan

Der **Stellenplan** des Labors muß vorhanden sein und von der Personalwirtschaftsstelle müssen die genauen Personalkosten für jede Gehaltsgruppe erfragt werden. Die Personal-Bruttokosten sind bekanntlich wesentlich höher als die Löhne bzw. Gehälter.

6.2.2.6 Verbrauchsmaterial- und Instandhaltekosten

Es muß festgestellt werden, wo die entstandenen Kosten (Rechnungsendbeträge einschließlich Mehrwertsteuer, abzüglich Skonto) für die beschafften Reagenzien, Einwegmaterialien, Wartungsarbeiten, Reparaturen usw. verbucht werden; mit diesen Stellen muß ein guter Kontakt aufgebaut werden, um diese Kosten auch regelmäßig ohne große Mühe zu erhalten.

6.2.3   Einrichtung der Arbeitsgruppen

Wie bereits erwähnt, sollten drei Arbeitsgruppen eingerichtet werden; die Statistikgruppe, die Datengruppe und die Kostengruppe. Es wird empfohlen, bei mehreren der üblichen Dienstbesprechungen mit dem gesamtem Laborpersonal das Konzept von Ist-Aufnahme, Kostenermittlung und Ist-Analyse eingehend zu besprechen. Nach Größe des Labors werden die Arbeitsgruppen aus je 2 bis 4 MTA bestehen.

Tabelle 3   Personalmitteldurchschnittssätze   (PMD 1977 und 1986)

Im PMD enthalten sind Bruttobeträge (incl. überstunden)
                Zuwendungen (Weihnachtsgeld, Urlaubsgeld)
                Arbeitgeberanteile zur Sozialversicherung

Besoldungs-, Vergütungs-, u. Lohngruppen	Jahres PMD	Monats PMD (Jahr/12)	Tages PMD (Monat/22)	Stunden PMD (Tag/8)	Minuten PMD (Std./60)
Bgr: __1977__					
A 13	54320	4527	205.76	25.72	0.43
A 14	57420	4785	217.50	27.19	0.45
A 15	64330	5361	243.67	30.46	0.51
A 16	70800	5900	268.18	33.52	0.56
Vgr: I	97340	8112	368.71	46.09	0.77
(BAT) Ia	79400	6617	300.76	37.59	0.63
Ib	65840	5487	249.39	31.17	0.52
IIa	59910	4993	226.93	28.37	0.47
III	42790	3566	162.08	20.26	0.34
IVa	52240	4353	197.88	24.73	0.41
IVb	41440	3453	156.97	19.62	0.33
Vb	35370	2948	133.98	16.75	0.28
Vc	32830	2736	124.36	15.54	0.26
VIb	32500	2708	123.11	15.39	0.26
VII	29990	2499	113.60	14.20	0.24
VIII	26880	2240	101.82	12.73	0.21
IXa	29860	2488	113.11	14.14	0.24
Lgr: II	25890	2158	98.07	12.26	0.20
III	28040	2337	106.21	13.28	0.22
Bgr: __1986__					
A 13	67900	5658	257.20	32.15	0.54
A 14	81320	6777	308.03	38.50	0.64
A 15	86610	7218	328.07	41.01	0.68
A 16	94860	7905	359.32	44.91	0.75
Vgr: I	138940	11578	526.29	65.79	1.10
(BAT) Ia	126060	10505	477.50	59.69	0.99
Ib	95890	7991	363.22	45.40	0.76
IIa	82310	6859	311.78	38.97	0.65
III	79750	6646	302.08	37.76	0.63
IVa	84830	7069	321.33	40.17	0.67
IVb	57020	4752	215.98	27.00	0.45
Vb	55630	4636	210.72	26.34	0.44
Vc	46970	3914	177.92	22.24	0.37
VIb	46680	3890	176.82	22.10	0.37
VII	44400	3700	168.18	21.02	0.35
VIII	36980	3082	140.08	17.51	0.29
IXa	38570	3214	146.10	18.26	0.30
Lgr: II	39450	3288	149,43	18.68	0.31
III	41450	3454	157.01	19.63	0.33

6.2.3.1 Aufgaben der Statistikgruppe

Die Statistikgruppe sorgt für die Bereitstellung und laufende Anpassung der Statistikbögen und der Statistikbücher und versorgt die Arbeitsplätze mit Statistikbögen (Abb. 2 u. 3). Sie prüft täglich die abgegebenen Statistikbögen auf Vollständigkeit und Plausibilität (bei unerwartet großen Schwankungen sollte eine Rückfrage erfolgen). Die Summe der **Primäranalysen** und **aller** Analysen (Primäranalysen und Folgeanalysen) wird getrennt für jeden Analyt täglich in die Statistikbücher übertragen, monatlich zusammengezählt und der Kostengruppe übergeben.

Einer Anregung von HAECKEL folgend, sind die **Statistikerfassungsbögen** (Abb. 2 u. Abb. 3) in einem Arbeitsausschuß des Normenausschusses Medizin erarbeitet worden. Vorbereitet und verteilt werden die Statistikerfassungsbögen für einzelne Arbeitsplätze oder im Fall weniger Analyte für mehrere Arbeitsplätze gemeinsam.

Die Bögen nach HAECKEL enthalten die Daten mehrerer Analyte für jeweils einen Tag. OSBURG verwendet für jeden Analyt einen Bogen mit den Daten eines ganzen Monats (Abb. 4). Es ist Geschmacksache, für welchen Bogen man sich entscheidet. Jedenfalls sollte man die Bogeninhalte in einen PC eingeben, um Additionsfehler zu vermeiden.

Im Notfall-Labor soll für jede Schicht bzw. für den Bereitschaftsdienst ein besonderer Statistikbogen ausgefüllt werden. Abb. 2 zeigt einen Statistikbogen für das Notfall-Labor. Alle für das Notfall-Labor vorgesehenen Analyte sind auf dem Vordruck angegeben, für gelegentlich vorkommende weitere Analysen ist eine Leerzeile vorhanden.

Statistik-Erfassungsbogen

Laborbereich: __NOTDIENST__   I   II   III   Datum: _______________

Bestandteil	Patient. Proben	Stand. Lösung	Reag. Leerwert	Proben Blindw.	Kontroll Proben	Mehrf. Bestim.	Summe
K⁺Na-Profil							
Chlorid							
Blutgas-Profil							
Glukose — Beckman							
Glukose — ACA							
Harnstoff							
GOT							
CK							
Amylase							
HB							
Leuko							
Plättchen							
Quick							
APTT							
TThromb. Test							
Fibrinogen							
Blutgruppen							
Kreuzprobe							
Eldon-Karten							
Liquor-Status							
Ammoniak							
Sediment							

Summe:

Abb. 2

Statistik-Erfassungsbogen

Laborbereich: TRANSFUSIONSDIENST   Datum: _______________

Zähleinheit	Eingang	Rückgabe	Ausgabe				Summe
			Lynarstr.	Streit.	HaHö.	Sonstig	
Ery-Sediment							
Frischblutspender							
Gewaschene Ery							
Leuko-Konzentrat							
Thrombo-Konzentrat							
Gefrierplasma							
Vollblut							
Blutgruppen							
Summe							

Abb. 3

Für andere Arbeitsplätze sind die Statistikerfassungsbögen
ähnlich aufgebaut. Eine Ausnahme bildet der Statistikerfassungsbogen für das Blutkonservendepot (Abb. 3), da hier
einerseits die Präparationsarten (Zeilen), andererseits die
verschiedenen Ausgabegebiete (Spalten) getrennt erfaßt und
aufsummiert werden.

Bei jeder Umorganisation, wenn z.B. die Bestimmung eines Ana-
lysenbestandteiles von einem Arbeitsplatz oder einem Analysengerät zu einem anderen verlegt wird, müssen die Statistikbögen
entsprechend geändert werden. Auch dies ist die Aufgabe der
Statistikgruppe.

6.2.3.2 Aufgaben der Datengruppe

Die Datengruppe führt ein **Buch** über alle Veränderungen im
Labor und sammelt alle **Belege** über Zugänge, Veränderungen und
Abgänge im Grundriß bzw. in der Arbeit, registriert die
dadurch entstandenen Kosten auf entsprechenden Formularen und
übergibt diese monatlich einmal der Kostengruppe.

Es hat sich als zweckmäßig erwiesen, zwischen Zugängen, Veränderungen und Abgängen einerseits im **Grundriß**, andererseits
bei der **Arbeit** zu unterscheiden. **Zugänge im Grundriß** sind neu
beschaffte Analysengeräte und/oder Möbel oder neu eingerichtete Arbeitsplätze oder dem Labor zusätzlich zur Verfügung
gestellte Räume. **Veränderungen im Grundriß** sind Verlegungen
von Arbeitsplätzen, Verschiebungen von Möbeln sowie eventuelle
Baumaßnahmen, Renovierungen usw. **Abgänge im Grundriß** sind
abgegebene Geräte, zusammengelegte Arbeitsplätze usw.

Zugänge in der Arbeit sind neu eingeführte Analysen (Analyte, die bisher im Labor nicht analysiert wurden) oder Erprobungen. **Veränderungen in der Arbeit** sind methodologische Umstellungen (z.B. die Reagenzien werden von einem anderen Hersteller beschafft). **Abgänge in der Arbeit** sind Analysen, die nicht mehr durchgeführt werden. Ein Beispiel für einen Zugang und einen Abgang in der Arbeit: Ab Anfang März 1981 werden Versuche mit der Transferrinbestimmung und der Ferritinbestimmung begonnen, und wenn diese beiden Methoden einwandfrei funktionieren, wird ab Juli die Eisenbindungskapazität nicht mehr durchgeführt. Dies wären zwei Zugänge und ein Abgang in der Arbeit.

<table>
<tr><td colspan="9" align="center">ERFASSUNGSBOGEN FÜR ANALYSENZAHLEN</td></tr>
<tr><td colspan="7">ANALYT (Profil): ___________________________</td><td colspan="2">BLATT NR: ☐☐☐</td></tr>
<tr><td>1</td><td>2</td><td>3</td><td>4</td><td>5</td><td>6</td><td>7</td><td>8</td><td>9</td></tr>
<tr><td colspan="2">ANFORDERUNGSSTATISTIK</td><td colspan="6">AUFWANDSSTATISTIK</td><td>BEFUNDSTATISTIK</td></tr>
<tr><td></td><td rowspan="2">Angeforderte Analysen</td><td colspan="6">Durchgeführte Analysen</td><td rowspan="2">Mitgeteilte Analysen/Ergebnisse</td></tr>
<tr><td rowspan="2">DATUM</td><td colspan="3">Hilfsanalysen</td><td rowspan="2">Primär-analysen</td><td rowspan="2">Sekundär-analysen</td><td rowspan="2">Gesamtzahl der durch-geführten Analysen/ Ansätze</td></tr>
<tr><td>Reagenzien Leerwerte</td><td>Standards</td><td>Kontrollen</td></tr>
<tr><td></td><td></td><td></td><td></td><td></td><td></td><td></td><td></td><td></td></tr>
<tr><td></td><td></td><td></td><td></td><td></td><td></td><td></td><td></td><td></td></tr>
<tr><td></td><td></td><td></td><td></td><td></td><td></td><td></td><td></td><td></td></tr>
<tr><td></td><td></td><td></td><td></td><td></td><td></td><td></td><td></td><td></td></tr>
<tr><td></td><td></td><td></td><td></td><td></td><td></td><td></td><td></td><td></td></tr>
<tr><td></td><td></td><td></td><td></td><td></td><td></td><td></td><td></td><td></td></tr>
<tr><td></td><td></td><td></td><td></td><td></td><td></td><td></td><td></td><td></td></tr>
<tr><td></td><td></td><td></td><td></td><td></td><td></td><td></td><td></td><td></td></tr>
<tr><td></td><td></td><td></td><td></td><td></td><td></td><td></td><td></td><td></td></tr>
<tr><td></td><td></td><td></td><td></td><td></td><td></td><td></td><td></td><td></td></tr>
</table>

Abb. 4

Alle diese Zugänge, Veränderungen und Abgänge im Grundriß bzw. in der Arbeit sollen in einem großen Tagebuch geführt werden, weil erfahrungsgemäß später nicht rekonstruiert werden kann, wann eine Veränderung stattgefunden hat. Jede Veränderung beeinflußt das Kostenspektrum des Laboratoriums. Zu betonen ist, daß auch alle **Erprobungen** von Geräten, Reagenziensätzen usw. in diesem Buch erfaßt werden müssen, da sie erheblichen Arbeitsaufwand verursachen können.

Die Ist-Gruppe muß alle **Lieferscheine** und **Reparaturberichte** bzw. zumindest deren Fotokokpien in Ordnern übersichtlich abgeheftet sammeln sowie die dazugehörigen Rechnungen, wobei die tatsächlich bezahlten Beträge (Mehrwertsteuer, Skonto, Mahngebühren usw.) festgehalten werden müssen. Abzuheften sind auch Quittungen über die zur Reparatur versandten oder an andere Laboratorien ausgeliehenen oder ausgesonderten und abgegebenen Geräte oder andere Inventarstücke.

6.2.3.3 Aufgaben der Kostengruppe

Die Kostengruppe erhält von beiden anderen Gruppen jeweils nach Monatsende die statistischen Angaben über Zugänge, Veränderungen bzw. Abgänge. Es ist noch einmal zu betonen, daß Statitik geführt werden muß über **Primäranalysen** (auch Ergebnisstatistik genannt; jedes aus dem Labor hinausgehende Analysenergebnis wird einmal gezählt) und über **alle** gemachten Analysen (einschließlich Mehrfach- und Doppelbestimmungen, Standards für die Bezugskurve, Kontrollproben, Ringversuche, Wiederholungen wegen Meßbereichsüberschreitung, im Labor verunglückte Analysen, nicht beantragte, aber gemachte Analysen, wie die immer mitlaufende Leukozytenzählung am Coulter, auch wenn nur Erythrozytenzählung und Hb beantragt wurden). Dies ist wichtig für die Kostenberechnung, da alle soeben aufgezählten Sekundäranalysen Kosten verursachen, auch wenn sie zu keinem Ergebnis führen.

Von der Datengruppe erhält die Kostengruppe das Buch und die Inventarkartei zur Einsichtnahme sowie alle Lieferscheine, Quittungen, Rechnungen, Reparaturberichte usw.

Die Kostengruppe stellt zu Beginn des Jahres einen **Kostenstellenplan** des Labors, aufgeteilt nach Hauptkostenstellen und Hilfskostenstellen (siehe 6.3.7) auf, und legt für jede dieser laborinternen Kostenstellen die notwendigen Formulare an (vorteilhaft in einem entsprechend unterteilten Ordner).

Alle von den beiden anderen Gruppen gelieferten Unterlagen müssen auf **Vollständigkeit und Plausibilität** (Rechenfehler? Eintragungsfehler ?) überprüft werden. Nach der notwendigen Aufteilung werden sie in die entsprechende Tabelle eingetragen (Abb. 5). Hier werden die **Instandhaltekosten** (Wartungsverträge, Reparaturrechnungen, Ersatzteilbeschaffungen wie Schläuche, Nippel, Sicherungen, Leuchten usw.), **Verbrauchsmaterialkosten** (Einwegmaterial, Plastikware, Drucker-Rollen, Glassachen, Objektträger, Reagenzien einschließlich demineralisiertes und destilliertes Wasser, Konserven und Blutbestandteile wie Leukozytenkonzentrate usw., Medikamente und Verbandszeug für den Erste-Hilfe-Schrank, Büromaterial usw.), ferner **Transport- und Kommunikationskosten** (Coupon-Taxi, Telefon- und Portogebühren sowie Kosten für den Boten) und **"sonstige Kosten"** (z.B. Tierhaltung usw.) festgehalten. Falls es für das Zentrallabor besondere Stromzähler und andere Zähler gibt (anzustreben !), sollten Strom, Wasser, Warmwasser, Heizung und Gasverbrauch jeweils an einem gleichen Stichtag des Monats abgelesen und notiert werden. Das gleiche gilt für in Flaschen oder Kartuschen angeschafftes Gas, Preßluft usw. In vielen Fällen wird es nicht möglich sein, diese **Energiekosten** getrennt für das Labor zu erfassen, man sollte dann versuchen, eine plausible Schätzung dafür zu erhalten und einzutragen.

Abb. 5: Kostenerfassungsbogen

Kostenunterstelle; <u>Klinische Chemie, Technicon SMA 12/60</u>

Kost.-unt.stell.Nr.: <u>152</u>

Jahr : <u>1980</u>

III. Variable Kosten 1980 (Energie-, Material-, Gerätekosten)

Datum	Firma, Artikel	Betreff	Materialkosten				Be-triebs-kosten	Instandhaltung	
			Reagen-zien	Einweg-mater.	Labor-mater.	sonst. Mater.		Ersatz-teile	Repara-turen
8.Jan.	200 Papierrollen	SMA 12/60				1988,-			
	Probenbecher usw.			1896,44					
9.Jan.	Sure Cap (Anteil)		254,32						
	Kontrollproben (Anteil)		1156,-						
5.Feb.	Biuret 10 x		273,-						
	Chlorid-Color 10 x		440,-						
27.Feb.	Heizbad							604,-	
2.März	Außendienst								139,-
	usw.								
		usw.							
			usw.						
				usw.					
					usw.				
						usw.			
							usw.		
								usw.	
									usw.
S u m m e			72349,-	2056,-		9633,-		1324,-	370,-

B e m e r k u n g e n ;

Alle nach außen gehenden Analysen sollten in einer detaillierten, nach Analyten und nach Adressaten getrennt geführten Strichlisten festgehalten werden. Je nach Frequenz der nach außen gehenden Analysen müssen diese monatlich, vierteljährlich, halbjährlich oder jährlich zusammengehalten werden. Für jede Analysenart sind auch die tatsächlich in Rechnung gestellten und vom Krankenhaus bezahlten Kosten festzuhalten. Kosten der nach außen gehenden Analysen werden in vielen Fällen nicht dem Labor, sondern der beantragenden Stelle (z.B. I. Innere Abteilung) angelastet. Es ist aber notwendig, daß alle nach außen gehenden Analysenanträge zusammen mit dem Probenmaterial zum Labor kommen, von hier nach außen vergeben werden, und daß auch alle deshalb eingehenden Rechnungen vom Laborleiter als "sachlich richtig" gezeichnet werden.

Nur so kann das Labor verhindern, daß Analysen nach außen gehen, die im Labor des Krankenhauses preiswerter gemacht werden können und so kann festgestellt werden, ob es wirtschaftlicher ist, eine Analysenart im Labor einzuführen oder sie nach außen zu senden.

Im Zusammenhang mit den Personalkosten hat es sich als günstig erwiesen, wenn der Ltd. MTA aufgrund des Dienstplanes eine monatlich zusammengestellte und **nicht** personenbezogene Fehlzeitstatistik (Abwesenheitsstatistik) führt. werden die im Stellenplan vorhandenen Stellen für technisches Personal mit der Anzahl der Arbeitstage im betreffenden Monat multipliziert, erhält man "Soll-Personaltage", die gleich 100 % zu setzen sind. Die im Monat angefallenen "Fehl-Tage" wegen Urlaub, abgebummelter Überstunden, Diensturlaub, unbezahltem Urlaub, Krankheit, Mutterschutz sowie nicht voll ausgenutzten Stellenplan (unbesetzte, freie Stellen) werden ebenfalls als "Personal-Tage" ausgerechnet und in eine Tabelle eingetragen.

Tabelle 4

Urlaub, Krankheit, Mutterschutz, Fluktuation usw. bei dem
technischen Personal 1981

Monat	Sollzeit		Jahres-Urlaub		Unbez.-Urlaub		Dienst-Urlaub		Mutter-schutz		Abgeltung d.Überst.		Krankheit		Kur		Freie Stellen		Istzeiten	
	MT	%	MT	%	MT	%	MT	%	MT	%	MT	%	MT	%	MT	%	MT	%	MT	%
Januar	609	100	53	9	-	-	10	2	39	6	5	1	26	4	-	-	14	2	462	76
Februar	580	100	45	8	-	-	-	-	55	9	6	1	6	1	-	-	14	2	454	78
März	638	100	48	8	-	-	8	1	66	10	14	2	9	1	-	-	11	2	482	76
April	580	100	69	12	-	-	8	1	41	7	13	2	20	3	-	-	6	1	423	73
Mai	589	100	71	12	-	-	2	0	38	6	12	2	14	2	-	-	6	1	446	76
Juni	775	100	47	6	19	2	-	-	40	5	23	3	22	3	-	-	6	1	618	80
Juli	713	100	88	12	23	3	-	-	46	6	13	2	-	-	-	-	3	0	540	76
August	651	100	116	18	21	3	-	-	26	4	13	2	21	3	-	-	5	1	449	69
September	682	100	94	14	19	3	-	-	15	2	3	0	6	1	22	3	8	1	515	76
Oktober	682	100	92	13	-	-	10	1	-	-	20	3	13	2	5	1	7	1	535	78
November	620	100	96	15	-	-	4	1	-	-	30	5	57	9	-	-	9	1	424	68
Dezember	589	100	92	16	-	-	-	-	-	-	4	1	16	3	-	-	9	2	468	79
Jan-Dez.	7708	100	911	12	82	1	42	1	356	5	156	2	220	3	27	0	98	1	5816	75,5%

Erläuterung: MT = Manntage (= Personen x Tage)
Sollzeit = Stellenplan x Tage (Mo-Fr); 27 MTLA und 2 -ab Mai 4- Arzthelferin/Laborantin

Das technische Personal war im Jahresdurchschnitt zu 75,454% der Zeit anwesend.

6.3   BESCHREIBUNG DES IST-ZUSTANDES

Nach Jahresende wird aufgrund der gesammelten Unterlagen von den drei genannten Arbeitsgruppen (Statistikgruppe, Datengruppe und Kostengruppe) die Beschreibung des Ist-Zustandes für das abgelaufene Jahr zusammengestellt und dem Laborchef übergeben. Für die Beschreibung des Ist-Zustandes können verschiedene Aufteilungen gewählt werden; die hier Wiedergegebene hat sich praktisch bewährt.

6.3.1   Geltungsbereich

Der Geltungsbereich beschreibt die räumliche und zeitliche Begrenzung der Ist-Aufnahme.

6.3.1.1 Laboratorium

Die Ist-Aufnahme beschreibt die Aufgaben, Struktur, Ausstattung, Organisation und Leistung sowie Kosten und Nutzen des Laboratoriums in seinem Umfeld, d.h. im Betrieb, z.B. im Krankenhaus und dessen Wirkungsbereich.

6.3.1.2 Umfeld

Bei jeder Ist-Aufnahme müssen die relevanten Umfeld-Daten und in jedem Fall alle Einrichtungen des (Krankenhaus-) Betriebes und dessen Wirkungsbereiche Berücksichtigung finden, für

die im Labor oder durch Vermittlung des Labors Analysen durchgeführt werden. Beim nidergelassenen Laborarzt bilden die Einsender das Umfeld.

6.3.1.3 Zeitraum

Der Ist-Analyse wird in der Regel ein Zeitraum von 12 Monaten
zugrundegelegt, üblicherweise das vergangene Kalenderjahr,
welches in der Ist-Aufnahme genannt werden muß.

6.3.2   Umfeld des Labors

6.3.2.1 Beschreibung des Gesamtbetriebes

Beschrieben wird die Krankenhausstruktur (Bereiche, Abteilungen mit Bettenzahlen und Liegezeiten, Ambulanzen, andere
Stellen, die Laborleistungen erbringen, andere Einrichtungen,
EDV, technischer Betrieb, Verwaltung usw.), die Aufgaben des
Krankenhauses und seiner Einrichtungen. Dieser Abschnitt entfällt, wenn die Ist-Aufnahme für ein Fachlaboratorium eines
niedergelassenen Laborarztes erstellt wird.

6.3.2.2 Bereich des Gesamtbetriebes

Zu beschreiben ist der Einzugsbereich des Gesamtbetriebes
(Krankenhaus), aus dem die Patienten kommen und die Besonderheiten des Einzugsbereiches, wie andere medizinische Einrichtungen, labordiagnostische Einrichtungen im Einzugsbereich
oder in dessen Nachbarschaft und an anderen Orten , soweit
ein Kontakt zu ihnen besteht.

6.3.3 Laborbeschreibung

Gliederung des Labors (z.B. Hämatologie, Immunologie, Chemie, Exkremente, Mikrobiologie, Notfall-Labor, Methodologie, Forschung, Tierhaltung usw.) und Aufzählung aller Arbeitsplätze (analytische Arbeitsplätze und nichtanalytische Arbeitsplätze). Der Grundriß des Labors mit eingezeichnetem Mobiliar und größeren Geräten sowie die arbeitsplatzbezogene Aufteilung des gesamten Labors ist der Ist-Beschreibung beizufügen (Abb. 6 und 7).

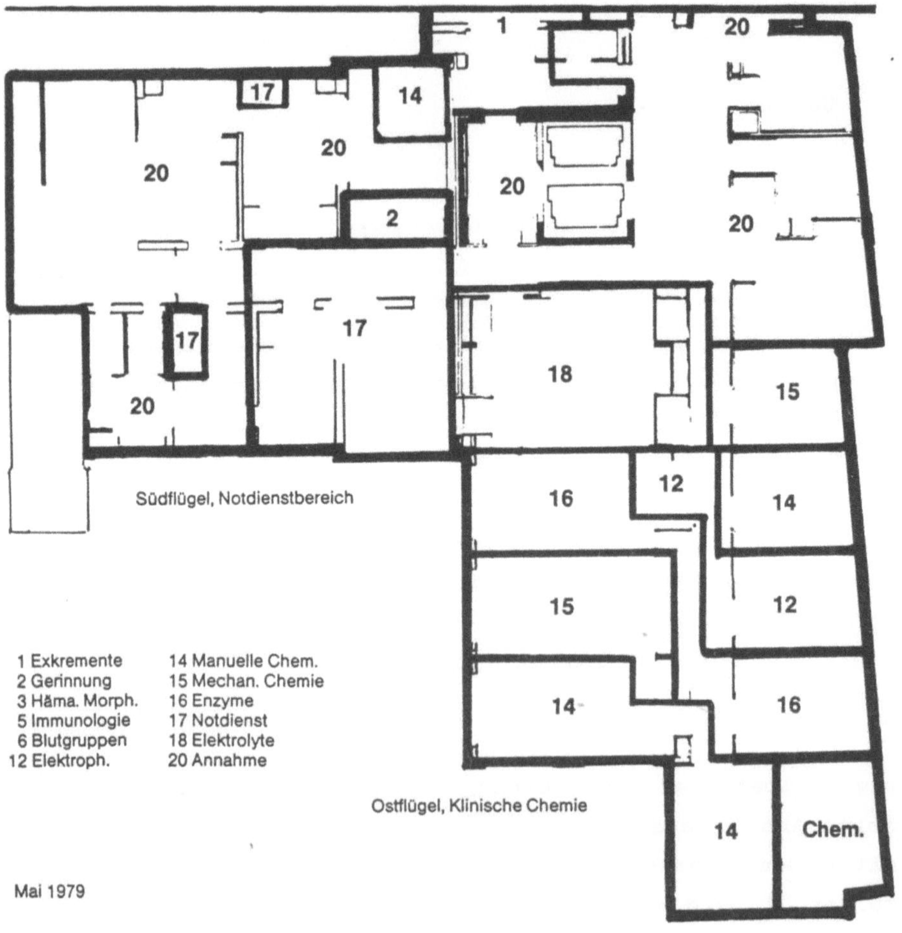

Abb. 6

Raum 123 – Klin.-chem. Hauptlabor

A) manuelle Chemie

- a) Zentrifuge (Hettich)
- b) Kühlschrank (Siemens)
- c) Wasserbad (Köttermann)
- d) Photometer Quantum, Firma Abbott

Raum 123 – Klin.-chem. Hauptlabor

B) mechanische Chemie

- e) Autoanalyzer MT II (Technicon)
- f) Kühlschrank (Siemens)
- g) Autoanalyzer SMA 12/60 (Technicon)
- h) Kühlschrank (Siemens)

C) Enzyme

- i) Spektrophotometer (Gilford)
- j) Teletype zu Pos. i)
- k) ACP 5040 (Eppendorf) Rotationsmischer

D) Elektrolyte

- l) Flammenphotometer Typ 460
- $m_{1/2}$) Blutgasanalysatoren (AVL)
- n) Osmometer (Knauer)
- o) Photometer LP^1 6 a (Lange)
- p) Chloridmeter (Eppendorf)
- q) Kühlschrank
- r) AAS (Perkin-Elmer) Tischultrazentrifuge Air-fuge

Raum 124 – Notfall-Labor

- a) ACA III (DU Pont)
- b) Kli-Na (Beckmann)
- c) Coulter D (Coulter)
- d) Mixer (Coulter)
- e) Mikroskop (Zeiss)
- f) Vibrator (Assistent)
- g) Thrombofuge (Coulter)
- h) Thrombo-Counter (Coulter)
- i) Blutgruppen-Zentrifuge MLA
- k) Wasserbad (Assistent)
- l) Ableselupe (Hanau)
- m) Zellwasch-Zentrifuge (Dade)
- n) Koagulometer Schnittger-Gross
- o) Kühlschrank K 1848 (Siemens)
- p) Dilutor (Brand)

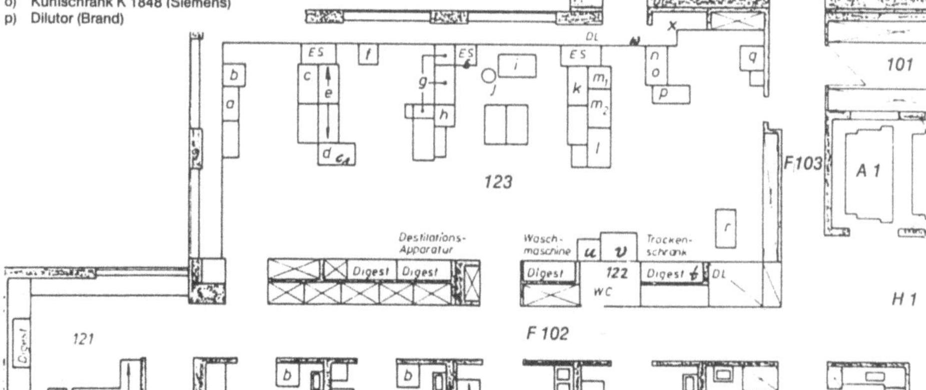

Zentral-Labor
Krankenhaus Spandau

Ostflügel, Klinische Chemie

Abb. 7

6.3.4   Laboraufwand

6.3.4.1 Räumlichkeiten

Aufzählung aller Analysen- und Nichtanalysenräume (mit Grundfläche in m² , Raumbeschilderung und Raumnumerierung).

6.3.4.2 Personal

Stellenplan, Arbeitszeitverteilung, Abwesenheitszeiten (Fehlzeiten) und Personalstruktur (Ausbildung, Einsatz) sind
hier anzugeben.

6.3.4.3 Inventar

Das Inventar wird aufgeteilt nach Analysengeräten, Analysenne-
bengeräten, Nichtanalysengeräten, Mobilar und Sonstigem. Bei
allen Geräten sind der Raumbedarf (Betriebsfläche), die ge-
schätzte Lebensdauer (Abschreibungszeiten) und die entsprechenden Abschreibungssätze anzugeben.

6.3.4.4 Wartung und Pflege

Hier soll angegeben werden, welche andere Kostenstellen des
Betriebes (krankenhauseigene Werkstatt) oder des Trägers
(z.B. Reperaturbetrieb des Gesundheitssenators) zum Einsatz
kommen und wieweit der Kundendienst des Herstellers oder einer
von ihm beauftragten Werkstatt beansprucht wird.

6.3.4.5 Verbrauchsmaterial

Die Gesamtmengen der im Jahr angeschafften Reagenzien, Einwegmaterialien, Bürobedarf, Reinigungsbedarf und sonstiges sind
anzugeben.

6.3.4.6 Energie und Wasser

Hierzu gehören der Strom (stabilisierter Strom und Drehstrom
sind getrennt aufzuführen), Heizung, Lüftung, Klimatisierung,
Gase (Leuchtgas, Preßluft, Sauerstoff usw.) und Wasserverbrauch (Leitungswasser, demineralisiertes Wasser, destilliertes Wasser).

6.3.4.7 Sonstiges

Bücher, Zeitschriften, audio-visuelles Material, Postspesen,
Telefongebühren usw.

6.3.5   Labororganisation

6.3.5.1 Personalmanagement

Neben dem Geschäftsverteilungsplan müssen die Kompetenzvertei-
lungen, Dienstpläne, Dienstbesprechungen, Fort- und Weiterbil-
dungsveranstaltungen aufgeführt werden. Es ist notwendig, im
Geschäftsverteilungsplan jedem Mitarbeiter des Labors einen
festen Arbeitsplatz nominell zuzuordnen, mit dem Vermerk, daß

eine ständige Rotation zwischen den im Geschäftsverteilungsplan aufgeführten Stellen für das technische Personal stattfindet.

6.3.5.2 Sicherheitswesen

Aufzählung von Sicherheitsvorschriften und der Sicherheitseinrichtungen (Erste-Hilfe-Schränke, Feuerlöschgeäte, Löschdecken, Atemschutzmasken, Notduschen) und der Beschilderung (Ausgänge, Notausgänge usw.), Zahl der im Jahr abgehaltenen Sicherheitsübungen.

6.3.5.3 Beschaffungswesen und Lagerhaltung

Es sind die kostenbezogenen Kompetenzabgrenzungen anzugeben, das eingeführte Formularwesen (mit Beispielen), die Investitions- und Beschaffungspläne für das laufende und für die folgenden Jahre mit Angaben über die Lieferzeiten. Die Lagerungsmöglichkeiten und Vorschriften des Gesamtbetriebes und des Labors sind anzugeben (alle Laborunterlagen einschließlich Geräteausdrucke usw. werden üblicherweise fünf Jahre lang, Bücher fünfzehn Jahre lang gelagert).

6.3.5.4 Spezimengewinnung und Transportwesen

Nachweis aller vorhandenen Abnahme- und Einsendevorschriften, Angaben über die Kontaktpflege zu den Einsendern; Organisation und Zeitplanung des Transportwesens. Auch die Antragsformulare und die Annahmeabwicklung ist hier zu beschreiben.

6.3.5.5 Verteilung

Genaue Angaben über die Verteilungsorganisation mit dem zentralen Verteilungsplatz, dem laborinternen Transport, der Unterverteilung am Platz selbst, mit graphischer Angabe der Zeitverteilung des Arbeitsanfalles. Genaue Beschreibung der Identifizierung aller Primär-, Sekundär- und Tertiärröhrchen.

6.3.5.6 Methodologie

Die Arbeitsabläufe an allen Arbeitsplätzen mit Zeiterfassung, Auslastung, Mechanisierungsgrad sollten am besten in Form laborinterner detaillierter Arbeitsvorschriften festgehalten werden. Benötigt werden ferner Bedienungsanleitungen für alle Geräte, Vorschriften für die Erprobung neuer Geräte, Methoden oder Reagenzien.

6.3.5.7 Arbeitsplatzpflege

Vorschriftsmäßige Gerätepflege, Reinigungsarbeiten, Desinfektion.

6.3.5.8 Qualitätssicherungsmaßnahmen

Interne und externe Kontrollroutinen und deren Dokumentation für **alle** im Labor bestimmten Analysenbestandteile. Plausibilitätskontrollen und Rückfrageroutinen.

6.3.5.9 Ergebnis und Befunderstellung

Hier werden die Zeitstrukturen bei zeitkritischen, semizeit-
kritischen und zeitunkritischen Analysen festgehalten, die
Zuordnungssicherung, der Ergebnisanfall, die Befundungsarten
und Möglichkeiten (wer befundet was; graphische Befundausga-
bemöglichkeiten) sowie die dafür eingeführte Prüfroutine.

6.3.5.10 Rechnungswesen

Rechnungsstellung für Sonderpatienten und Vorgaben dazu.

6.3.5.11 Dokumentation und Archivierung

Laborinterne Ergebnis- und Befunddokumentation, Laborjournal.
Angaben über die Kurz-, Mittel- und Langzeitarchivierungsmög-
lichkeiten und diesbezügliche Vorschriften.

6.3.5.12 Sonstiges

Dienstanweisungen, laborinterne Vorschriften, Aushänge, Formularwesen usw.

6.3.6   Laborleistungen

6.3.6.1 Zeitunkritischer Leistungskatalog

Unter Routinebedingungen durchgeführtes Analysenprogramm mit
festen Anliefer- und Ergebnis- bzw. Befundausgabezeiten.

6.3.6.2 Semizeitkritischer Leistungskatalog

Falls es Ambulanzen gibt, müssen dafür Annahme- und Ausgabe-
zeiten außerhalb der üblichen Routine festgelegt werden. Es
handelt sich hier um eilige Analysen, aber nicht um
Notfallanalysen.

6.3.6.3 Zeitkritischer Leistungskatalog

Dies ist das Notfallanalysenprogramm, das für echte medizinische Notfälle (Aufnahmen, Erste-Hilfe-Stelle, Operationssäle,
Intensivstationen sowie Notfälle auf anderen Stationen) rund
um die Uhr zur Verfügung steht.

6.3.6.4 Befundungen, Konsiliarleistungen

Es wird die Zusammenarbeit zwischen dem Laborarzt und den behandelnden Ärzten beschrieben, in welcher Art und mit welcher Regelmäßigkeit diese stattfinden.

6.3.6.5 Patientenversorgung

Aufzählung der im Labor selbst durchgeführten Spezimenabnahmen usw., Mitteilungen über ein vorhandenes Blutkonservendepot, Marcumarpatienten-Sprechstunde u.ä.

6.3.6.6 Fremdanalysen

Leistungskatalog der nach außen gehenden und der von außen kommenden Analysen, geordnet nach Analysenbestandteilen, Einsendern bzw. auswärtigen Laboratorien.

6.3.6.7 Leistungserfassung

Angaben über die Statistikführung, Gesichtspunkte, Formulare, Bücher, Geräte und Computerausdrucke, Arten der Statistikführung. Welche Blöcke (Aufnahmeprofile, Organprofile) werden angeboten. Aufzählung der im Labor vorhandenen Haupt- und Nebenkostenstellen.

6.3.6.8 Sonstiges

Rückerstattung an das Krankenhaus (Sachkosten) usw.

6.3.7 Kostenermittlung

6.3.7.1 Allgemeines

Wenn die notwendigen Angaben über das ganze Jahr gesammelt werden (s. Abschnitte 6.2.3 - 6.2.5), die in den Abschnitten 6.3.2 - 6.3.6 beschriebenen Angaben zusammengestellt vorliegen, könnten die Kosten arbeitsplatz-, analysengeräte- oder analytbezogen errechnet werden. Um sich in diese Materie einzudenken, wird dem Leser empfohlen, die wiedergegebenen Begriffe und Begriffsdefinitionen sorgfältig durchzulesen (s.Abbildung 1).

Bei der manuell durchgeführten Erfassung und Errechnung der Analysenkosten hat es sich als zweckmäßig erwiesen, für die fixen, die sprungfixen und die variablen Analysenkosten jeweils getrennte Formulare zu verwenden; in diesen Formularen die notwendigen Berechnungen durchzuführen, um dann am Ende in

einem vierten Formular die Analysengesamtkosten je beantragter
Primäranalyse und je durchgeführter Einzelanalyse (Primäranalyse und Folgeanalysen zusammen) berechnen zu können. Im folgenden werden diese Tabellen und deren Benutzung besprochen
und mit Beispielen verdeutlicht.

Kostenermittlungen sind anfangs eine aufwendige und unbeliebte
Aufgabe. Sie werden gern zurückgewiesen, da dies keine
technische Aufgabe, geschweige denn eine ärtzliche Aufgabe
sei; man solle es der Verwaltung überlassen. Die Erfahrung
zeigt aber, daß bei einem so komplexen und hochtechnisierten
Betrieb wie einem Krankenhauslaboratorium für die Kostenermittlungen sehr viel spezifisch-labortechnisches Fachwissen
notwendig ist, so daß die Kostenermittlungen unbedingt das Laborpersonal **selbst** durchführen muß.

Die Zeiten der Hochkonjunktur, der nahezu unbegrenzt zur Verfügung stehenden Investitionsmittel und der stark überbewerte-
ten Gebührenordnungspositionen für Laboruntersuchungen sind
vorbei. Heute müssen Laboratorien - wenn sie überleben wollen - wirtschaftlich arbeiten. Dies gilt für Krankenhauslaboratorien, Laboratorien niedergelassener Ärzte und Apparategemeinschaften in gleicher Weise. Der Laborleiter muß seine
technischen Mitarbeiter darauf aufmerksam machen, daß ihre
Arbeitsplätze von den Kostenermittlungen, Kosten-Nutzen-Analysen und Ist-Analysen abhängen. Jedem Mitarbeiter des Labors
muß die Bedeutung der Statistikführung, der Datensammlung für
die Ist-Aufnahme und die Durchführung der Kostenrechnungen
klar gemacht werden, dann wird die notwendige Motivation vorhanden sein.

Eine erstmalige Aufstellung einer Ist-Aufnahme, die erstmali-
gen Durchführungen von Kostenberechnungen, sind harte Arbeit.
Wenn diese aber gemacht ist, ist die ständige Fortschreibung

nicht so aufwendig und kann neben der täglichen Routinearbeiten erfolgen.

Die in den folgenden Abschnitten beschriebenen Tabellen sind in dem Zentrallabor-Nord im Krankenhaus Spandau in einem sogenannten **Kostenerfassungsbogen** zusammengefaßt, auf dessen Vorderseite die Tabellen für Fixkosten und sprungfixe Kosten sowie die Zusammenfassung aller Analysenkosten steht, während auf der Rückseite die Tabelle für variable Kosten angeordnet ist. Der Übersichtlichkeit halber werden diese Tabellen in den folgenden Abschnitten aber einzeln abgebildet und besprochen. Der Kopfteil des Kostenerfassungsbogen wird zusammenn mit der Tabelle über die Fixkosten abgebildet. Die Spalten und z.T. auch die Zeilen der Tabellen sind numeriert worden, um sie besser und einfacher beschreiben zu können.

Die eingetragenen Beispiele sollen einerseits die Tabellenführung erläutern, andererseits verdeutlichen, daß Kostenberechnungen nicht übertragbar sind. Durch kleinste Ursachen verändert sich die Kostenstruktur im Labor von Jahr zu Jahr,weshalb die Ist-Aufnahme auch jährlich neu zusammengestellt werden muß. **Alle eingetragenen Bestandteile beziehen sich auf den Technicon SMA 12/60 und das Jahr 1980.** Die Ergebnisse sind in den entsprechenden Zeilen der Tabellen 5a und 5b wiederzufinden.

Tab. 5a: Analysenkosten, mechanisierte Chemie I,
Absolutkosten (DM)

Geräte Analyte Jahre	Gemachte/Einzelanalysen	Raumkosten	Gerätekosten	Materialkosten	Betriebskosten	Personalkosten	LABORGRENZKOSTEN	Beantragte Analysen	Raumkosten	Gerätekosten	Materialkosten	Betriebskosten	Personalkosten	LABORGRENZKOSTEN
		je gemachte Analyse							je beantragte Analyse					
Technicon SMA 12/6		Albumin, Gesamteiweiß, Triglyceride, Cholesterin, Calcium, Chlorid, Phosphor, Harnsäure, Harnstoff, Kreatinin und Bilirubin (dir. u. indir.)												
1978	294984	0,13	0,12	0,28	0,07	0,26	0,86	99003	0,39	0,36	0,86	0,19	0,76	2,56
1979	378720	0,06	0,24	0,21	0,05	0,28	0,84	112833	0,21	0,79	0,70	0,17	0,93	2,80
1980	339228	0,05	0,03	0,25	0,05	0,21	0,58	113867	0,13	0,10	0,74	0,14	0,62	1,73
Eppendorf Enzymstraße 5020		GOT, GPT, AP, LDH und HBDH												
1978	88998	0,15	0,35	0,24	0,06	1,36	2,15	38273	0,36	0,81	0,55	0,13	3,17	5,02
1979	61504	0,14	0,54	0,52	0,08	1,49	2,77	48560	0,18	0,68	0,66	0,11	1,89	3,52
Eppendorf ACP 5040		GOT,GPT,LDH, HBDH, GGT, CK, AP,												
1980	119346	0,13	0,27	0,51	0,19	0,34	1,44	85029	0,18	0,38	0,72	0,26	0,48	2,02
Gilford 300 Straße		1978; GGT, LAP, LIP; 1979; GGT; 1980; Glukose												
1978	17122	0,80	1,44	0,85	0,30	1,59	4,98	13798	0,99	1,79	1,05	0,37	1,57	5,77
1979	16793	0,56	1,68	0,14	0,33	0,54	3,25	15086	0,62	1,86	0,15	0,37	0,61	3,61
1980	14039	1,08	1,79	0,51	1,32	0,92	5,62	9181	1,66	2,73	0,78	2,01	1,41	8,59
KLiNa, Osmometer		Kalium, Natrium, Osmolalität; 1978 auch AAS u. Airfuge												
1978	55034	0,38	0,55	0,05	0,12	0,62	1,72	45901	0,46	0,66	0,06	0,15	0,74	2,07
1979	53888	0,14	0,35	0,12	0,08	0,74	1,43	48456	0,16	0,39	0,13	0,09	0,83	1,59
1980	56977	0,25	0,26	0,25	0,22	0,11	1,08	51106	0,28	0,29	0,28	0,24	0,16	1,24

Tab. 5b: Analysenkosten, mechanisierte Chemie I,
Prozentangaben

Geräte Analyte Jahr	Gemach- te/Ein- zelana- lysen	Raum- ko- sten	Gerä- te- ko- sten	Mate- rial- ko- sten	Be- triebs- ko- sten	Per- sonal- ko- sten	LABOR- GRENZ- KOSTEN	Bean- tragte Analy- sen	Raum- ko- sten	Gerä- te- ko- sten	Mate- rial- ko- sten	Be- triebs- ko- sten	Per- sonal- ko- sten	LABOR- GRENZ- KOSTEN
		je gemachte Analyse							je beantragte Analyse					
Technicon SMA 12/6		Albumin, Gesamteiweiß, Triglyceride, Cholesterin, Calcium, Chlorid, Phosphor, Harnsäure, Harnstoff, Kreatinin und Bilirubin (dir. u. indir.)												
1978	298,0%	15,2%	14,0%	32,7%	7,6%	30,4%	100%	100%	15,2%	14,1%	33,6%	7,4%	29,7%	100%
1979	335,6	7,1	28,6	25,0	6,0	33,3	100	100	7,5	28,2	25,0	6,1	33,2	100
1980	297,9	7,7	6,0	42,6	8,1	35,6	100	100	7,7	6,0	42,6	8,1	35,6	100
Eppendorf Enzymstraße 5020		GOT, GPT, AP, LDH, und HBDH												
1978	232,5	7,1	16,1	11,0	2,6	63,1	100	100	7,1	16,1	11,0	2,6	63,2	100
1979	126,7	5,1	19,5	18,8	2,9	53,8	100	100	5,1	19,3	18,8	3,1	53,7	100
Eppendorf ACP 5040		GOT,GPT,LDH, HBDH, GGT, CK, AP, LDH und HBDH												
1980	140,4	8,9	18,8	35,8	12,9	23,6	100	100	8,9	18,8	35,8	12,9	23,6	100
Gilford 300 Straße		1978; GGT, LAP, LIP; 1979; GGT; 1980; Glukose												
1978	124,1	16,1	28,9	17,1	6,0	31,9	100	100	17,2	31,0	18,2	6,4	27,2	100
1979	111,3	17,2	51,7	4,3	10,2	16,6	100	100	17,1	51,5	4,3	10,4	16,8	100
1980	152,9	19,3	31,8	9,1	23,5	16,4	100	100	19,3	31,8	9,1	23,4	16,4	100
KLiNa, Osmometer		Kalium, Natrium, Osmolalität; 1978 auch AAS u. Airfuge												
1978	119,9	22,1	32,0	2,9	7,0	36,0	100	100	22,2	31,9	2,9	7,2	35,8	100
1979	111,2	9,8	24,5	8,4	5,6	51,7	100	100	9,8	24,5	8,4	5,6	51,6	100
1980	111,5	22,8	23,8	23,0	19,9	10,5	100	100	22,3	23,2	22,4	19,4	12,7	100

6.3.7.2 Fixe Kosten und Betriebskosten (s.Abb.8)

In dem ersten Teil des Kostenermittlungsbogens werden eingetragen:

- Raumkosten

- Gerätekosten

- Einrichtungskosten

- Betriebskosten

Diese Tabelle hat zehn Spalten, deren Inhalt bzw. zeilenweise
erfolgenden Eintragungen im folgenden besprochen werden. Danach folgt die Besprechnung der fünf letzten Zeilen dieser Tabelle, die die Ausrechnung der Kosten beinhaltet.

In der **Spalte 1** werden alle Einrichtungsgegenstände (Geräte,
Möbel, Einbauschränke usw.), Kühlschränke, Tiefkühltruhen,
Zentrifugen usw. eingetragen. Es ist wichtig, daß in diesen
Tabellen das gesamte Laborinventar, d.h. alle kurz-, mittel-
und langlebigen Anlagegüter erfaßt werden. da sie die Grundlage jeder Kostenrecehnung sind. Die Zahl der freien Zeilen ist
bewußt eingeschränkt gewählt worden, die hier, sowie in der
Tabelle für sprungfixe Kosten vorhandenen Zeilen sollten niemals voll ausgenutzt werden. Es ist notwendig, im Labor so
viele Haupt- und Hilfskostenstellen einzurichten, daß in
keiner laborinternen Kostenstelle mehr als acht bis zwölf
verschiedene Anlagegüter geführt werden, bzw. mehr als acht
bis zwölf verschiedene Analysen durchgeführt werden
(Großgeräte sind notfalls virtuell zu unterteilen).

In die **Spalte 2** trägt man das Anschaffungsjahr der Geräte und anderer Anlagegüter ein. Als Anschaffungsjahr gilt grundsätzlich das Beschaffungsjahr. Wenn es (z.B. bei Möbel) nicht mehr feststellbar ist, so sollte das Jahr eingetragen werden, in dem das Anlagegut in das Labor kam.

In die **Spalte 3** werden die gesamten Anschaffungskosten (zuzüglich Mehrwertsteuer, Mahnkosten, Transportkosten, abzüglich Skonto) eingetragen. Bei gemieteten Geräten oder bei Schenkungen bleibt diese Spalte leer.

Die **Spalte 4** enthält die Abschreibungsprozente aus der Tabelle 2.

Die **Spalte 5** enthält die jährlichen Abschreibungskosten, errechnet aus dem Inhalt der Spalte 3 und 4. Bei gemieteten Geräten bleiben die Spalten 3 und 4 leer und in die Spalte 5 werden die jährlichen Mietkosten eingetragen.

In die **Spalte 6** wird der Raumbedarf der Analysengeräte und der Analysennebengeräte (s. Tabelle 1) in Quadratmetern mit einer Nachkommastelle eingetragen. Für Pipetten und andere Kleingeräte braucht kein gesonderter Raumbedarf nachgewiesen werden. Man sollte aber pro Arbeitsplatz für Pipetten und andere Kleingeräte insgesamt 0,5 m² ansetzen .

Der im Labor vorhandene Verkehrsraum (Verbindungswege) wird auf diesen Blättern gesondert erfaßt und umgelegt.

Die **Spalte 7** enthält die Raumkosten. Sie werden errechnet aus der veranschlagten Miete pro m² und dem Raumbedarf.

Spalte 8 enthält die Raumreinigungskosten, aus den Gesamtpersonalkosten des Flächenreinigungspersonals umgelegt auf die jeweiligen Betriebsflächen.

Spalte 9 enthält die Instandhaltekosten. Man entnimmt sie aus den beiden letzten Spalten der Tabelle über variable Kosten (siehe dort).

Die **Spalte 10** enthält die Betriebskosten. Dazu zählen Kapitalkosten, allgemeine Betriebskosten (Telefon, Fernschreiber, Porto, EDV, Fahrzeitkosten), Abgaben (Steuern, Gebühren usw.), Energiekosten und sonstige Betriebskosten (Zeitschriften, Bücher, Vordrucke, Büromaterial usw.). Sie werden am besten dem Betriebsabrechnungsbogen (BAB) des Krankenhauses entnommen, man berechnet die Gesamtkosten je m^2 , um sich so auf den Raumbedarf (Spalte 6) beziehen zu können.

Nachdem die Spalten 1 bis 10 für alle an der betreffenden Kostenstelle vorhandenen Einrichtungen und Geräte eingetragen worden sind, wird die **erste Zwischensumme** eingetragen. In den meisten Fällen ist die Zwischensumme der Spalte 6 (Raumbedarf),in Quadratmetern ausgedrückt, geringer als die Gesamtfläche des betreffenden Raumes, so daß die Differenz als **"Verkehrsraum"** deklariert und eingetragen wird (dies bedeutet, daß in der Spalte 6 die zweite Zwischensumme genau der Gesamtfläche des betreffenden Raumes entsprechen muß). Aufgrund dieses für die Spalte 6 berechneten Verkehrsraumes werden in der gleichen Zeile die Spalten 7, 8 und 10 ausgefüllt und in der folgenden Zeile eine zweite Zwischensumme gebildet.

Für die **Umlage der Abschreibungskosten** wird die Summe aller Abschreibungskosten der Nichtanalysenräume geteilt durch die Quadratmeterzahl aller Analysenräume. Mit dem so errechneten

Faktor wird die Quadratmeterzahl des in Frage kommenden Raumes multipliziert. Bei den **Raumkosten ist der Umlagefaktor** die Gesamtfläche aller Nichtanalysenräume geteilt durch die Gesamtfläche aller Analysenräume. Dieser Faktor multipliziert mit Spalte 6 und 8 ergibt die Umlagen für diese Spalten. Für die Umlagen bei der Spalte 9 geht man von allen Instandhaltungskosten der Nichtanalysenräume aus.

In Spalte 10 ergibt die Teilung der Gesamtkosten des Betriebsabrechnungsbogens durch die gesamte Quadratmeterzahl des Labors multipliziert mit der Quadratmeterzahl des betreffenden Raumes die Rechnungsgrundlage.

In die letzte Zeile wird in den Spalten 3 sowie 5 bis 10 die **Gesamtsumme** der fixen Kosten und Betriebskosten eingetragen.

Abb. 8: Kostenerfassungsbogen

Kost.-unt.-stell.Nr. : ___152

Kostenunterstelle: __Klinische Chemie, Technicon SMA 12/60__________   Jahr   : _1980_

I. RAUM-, EINRICHTUNGS-, GERÄTE- UND BETRIEBSKOSTEN

Einrichtungen und Geräte	Anschaf/Miete Jahr	Kosten	Abschreibung %	Kosten	Raum-bedarf	Raum-kosten	Raum-reinig.	Instand-haltung	Betr.-kosten
Mobiliar	1973	1893,-	20%	379,-	entfällt da Einbau	-	-	-	-
SMA 12/60	Miete	57192,-	-	-	4,5	1071,-	675,-	1694,-	-
Methodenumbau	1977	15426,-	-	-	-	-	-	-	-
Siemens Kühlschrank	1974	346,-	24%	83,-	1,0	238,-	150,-	-	-
Probennehmer	1971	6286,-	-	-	0,5	119,-	75,-	-	-
Coulter-Mixer	1974	850,-	20%	170,-	0,5	119,-	75,-	-	-
Oxford 1000/500	?	234,-	-	-	-	-	-	-	-
Sipper	1979	14461,-	24%	3471,-	-	-	-	-	-
1. Zwischensumme	x	96662,-	x	4103,-	6,5	1547,-	975,-	1694,-	-
Verkehrsraum	x	x	x	x	8,5	2023,-	1275,-	x	-
2. Zwischensumme	x	x	x	x	15,0	3570,-	2250,-	x	-
Umlage	x	x	x	7755,-	24,45	5819,-	3668,-	134,-	-
S U M M E	x	x	x	11858,-	39,45	9389,-	5918,-	1828,-	14084,-

6.3.7.3 Sprungfixe Personalkosten (Abbildung 9)

In der Spalte 1 steht in jeder Zeile ein Analysenbestandteil (gekürzt). Alle im Labor vorkommenden Analysenbestandteile müssen in einem der Kostenerfassungsbögen auf dieser Tabelle erscheinen und alle Analysenbestandteile, die an mehrerer Arbeitsplätzen analysiert werden, erscheinen demnach mehrfach.

In die Spalte 2 wird die jeweilige Gesamtanalysenzahl eingetragen, in die Spalte 3 die Anzahl der Primäranalysen. In die Spalte 4 wird der Personalbedarf für den jeweiligen Analyt aufgrund der Analysengesamtzahl und aufgrund der im Kapitel 3 dieses Buches mitgeteilten Methode berechnet und auf zwei Nachkommastellen genau eingetragen.

Die letzten Zeilen dieser Tabelle dienen der **Korrektur und der Ergänzung,** um die tatsächlichen Gesamtpersonalkosten errechnen zu können. Wenn alle Bögen ausgefüllt sind, rechnet man als erstes den **Sollbedarf** an technischen Personal nach OSBURG aus. Dieser Sollbedarf (mit zwei Nachkommastellen) entspricht in keinem Fall dem exakten **tatsächlichen Personalstand** (zumindest ist dies wegen des Rundungsfehlers bei den sprungfixen Kosten nicht der Fall). Um die tatsächlichen Personal-Ist-Kosten zu berechnen, werden die Ist-Zahlen durch die Soll-Zahlen geteilt und so ein **Unterbesetzungsfaktor** (bzw. überbesetzungsfaktor) ermittelt, mit dem die auf jeden Arbeitsplatz entfallenden Zahlen des technischen Personals und die entsprechenden Kosten berichtigt werden müssen.

Die Anzahl der tatsächlich besetzten Akademikerstellen wird durch die Anzahl der tasächlich besetzten MTA-Stellen dividiert, bzw. die Anzahl der mit sonstigem Personal (Sekretärinnen usw.) besetzten Stellen wird ebenfalls durch die Anzahl der besetzten MTA-Stellen dividiert. Man erhält

Faktoren, mit denen die berichtigten Personalzahlen für die MTA auf jedem Blatt multipliziert werden müssen. Für jede Kostenstelle ergeben sich innerhalb des Labors umzulegende Akademikerstellen bzw. sonstigen Stellen (jeweils auf zwei Nachkommastellen genau berechnet), die dann mit den durchschnittlichen Kosten einer Akademikerstelle bzw. einer "sonstigen" Stelle multipliziert die entsprechenden Personalkosten ergeben.

In der letzten Zeile wird die Anzahl der gemachten und der angeforderten Analysen, die Personalzahl und die Personalgesamtkosten des betreffenden Kostenerfassungsbogens eingetragen.

Abb. 9: Kostenerfassungsbogen

Kostenunterstelle; Klinische Chemie, Technicon SMA 12/60

Kost.-unt.-stell.Nr. : 152

Jahr : 1980

II. ANALYSENZAHLEN UND PERSONALKOSTEN

| Analysen | | | Personal | | Analysen | | | Personal | |
Bestadteile	Gemacht	Angeford,	Stand	Kosten	Bestandteile	Gemacht	Angeford,	Stand	Kosten
Albumin	28269	4168			Bilirub, ges,	28269	8382		
Chlorid	28269	6251			Bilirub, dir,	28269	8401		
Ges, Eiweiß	28269	7103			Calcium	28269	4726		
Phosphor	28269	3142						0,913	38285,-
Triglyceride	28269	9142			Zwischen-Summe	x	x	0,913	38285,-
Cholesterin	28269	9232			Uml,Tech,Pers,	x	x	1,315	55142,-
Harnstoff	28269	19886			Akad,Personal	x	x	0,132	10834,-
Kreatinin	28269	19747			Sonst,Personal	x	x	0,132	4353,-
Harnsäure	28269	13687			S U M M E	339228	113867	1,579	70321,-

6.3.7.4 Variable Kosten (s. Abb. 5)

Diese über das ganze Jahr zu führenden Tabellen müssen aufsummiert und die Summen in die entsprechenden Spalten
übertragen werden.

Im Gegensatz zu den Tabellen für fixe und sprungfixe Kosten
können die Tabellen für variable Kosten auf mehreren Blättern
fortgeführt werden, wenn das Labor Verbrauchsmaterial für
einen Arbeitsplatz in vielen kleinen Portionen über das ganze
Jahr hindurch bezieht.

6.3.7.5 Gesamtkosten (Abb. 10)

Diese Tabelle ist eine Zusammenfassung der Kosten aus den drei
anderen Tabellen. In die Spalten 1 bis 5 werden zuerst die
entsprechenden Zahlen aus den Summenzeilen der anderen drei
Tabellen eingetragen und in den beiden folgenden Zeilen durch
die Summe der erstellten bzw. der beantragten Analysen geteilt, um so die im Labor entstandenen direkten und indirekten
Kosten für die einzelne beantragte bzw. die einzelne erstellte
Analyse zu erhalten.

In die letzten Spalten sollen die bisher unberücksichtigten
Umlagen des Krankenhauses eingetragen werden. Dies sind z.B.
die Kosten der Probennahme und des Probentransportes (für
eine Blutentnahme bei einem Patienten werden drei Arztarbeits-
minuten und fünf Schwesternarbeitsminuten berechnet). Ferner
müssen die Kosten der Verwaltung, von Parkanlagen und
ähnlichem, Berücksichtigung finden. Die diesbezüglichen Angaben sind dem Betriebsabrechnungsbogen des Gesamtbetriebes zu
entnehmen.

Als weiteres Beispiel sind in der Tabelle 5a die aufgeschlüsselten Grenzkosten (ohne externe Umlage) einiger vollmechanisierter Analysengeräte über mehrere Jahre angegeben. Die Tabelle 5b enthält die gleichen Angaben als Prozente aufgeschlüsselt, wobei die Gesamtanalysenzahl auf die Zahl der Primäranalysen und die Einzelkosten auf die Gesamtkosten bezogen worden sind. Bei diesen vollmechanisierten Analysengeräten sind mindestens 11% mehr Analysen gemacht worden als beantragt waren. Dies dürfte bei langen Serien, keinen Umstellungen, problemlosen Analysenabläufen das Minimum an notwendigen Sekundäranalysen sein. Im Mittel benötigt ein qualitätsbewußt geleitetes Laboratorium gut 40% zusätzliche Sekundäranalysen. Wenn ein mittleres oder größeres Laboratorium weniger als 40% Sekundäranalysen aufweist, besteht der Verdacht eines Billiglaboratoriums, bei dem die Zuverlässigkeit der Analysenergebnisse zu wünschen übrig läßt.

Abb. 10: Kostenerfassungsbogen

Kost.-unt.-stell.Nr. : 152

Kostenunterstelle: Klinische Chemie, Technicon SMA 12/60   Jahr   : 1980

IV. ZUSAMMENFASSUNG DER ANALYSENKOSTEN (Aus den Tabellen I - III)

Kosten	Raum-kosten	Geräte, Einrichtungen	Material-kosten	Betriebs-kosten	Instand,-kosten	Person, kosten	Zwischen-summe	Umlage (Ext)	Summe
Gesamt	15307,-	11858,-	84038,-	15912,-	70321,-		197436,-		
je gemachte Analyse	0,045	0,0349	0,2477	0,0469	0,207		0,5815		
je angeforderte Analyse	0,134	0,104	0,738	0,140	0,617		1,733		

Die Summe der Gesamtkosten aller Kostenermittlungsbögen muß
mit der Summe aller Ausgaben, die im Jahr für das Labor angefallen sind, übereinstimmen. Wenn die Analysenkosten manuell
berechnet werden müssen, wird es im allgemeinen nicht möglich
sein, die Kosten für jeden Analyt einzeln zu berechnen, obwohl
es von Analyt zu Analyt auch auf den einzelnen Arbeitsplätzen
oft erhebliche Unterschiede gibt. Im Laufe der ersten Jahre
werden die Erfahrungen zeigen, wie die Kostenermittlungsbögen
am sinnvollsten aufzuteilen sind, damit gut anwendbare Aussagen über die Kosten der einzelnen Analysen (Primäranalysen
wie auch Gesamtanalysen) zur Verfügung stehen.

6.3.7.6 Vereinfachte Kostenrechnung (Durchschnittskosten)

Anstelle der in den bisherigen Abschnitten beschriebenen aufgeschlüsselten Kostenrechnungen können aufgrund der in jedem
Krankenhaus vorhandenen Betriebsabrechnungbögen (BAB) und
der Analysenstatistik Durchschnittskosten ausgerechnet werden.
Die Tabelle 6 gibt Beispiele dafür. 1982 wurden die Aufnahmeprofile reduziert, was einen vorübergehenden Rückgang der Pri-
märanalysenzahlen verursachte. Im Januar 1985 wurde der Technicon SMA 12/60 durch eine selektive 12-Kanal-Straße er-
setzt, die Sekundäranalysenzahlen gingen auf die Hälfte zu-
rück.

Abschließend zum Thema "Kosten" sei darauf hingewiesen, daß
Krankheiten und alles, was damit zusammenhängt, Kosten verursachen, daß Krankenhäuser und andere Einrichtungen des Gesund-
heitswesens ebenso Geld kosten, wie z.B. die Feuerwehr. Diese
Kosten müssen natürlich in sinnvollen Grenzen gehalten werden. Die Erfahrung zeigt, daß, wenn in einem Labor einmal mit
Kostenberechnungen begonnen wird, allein dieser Umstand zu erheblichen Einsparungen in den Folgejahren führt.

6.3.8 Labor-Erträge

Das Labor verursacht nicht nur Kosten, es erbringt dem Gesamtbetrieb auch erheblichen Nutzen. Leider gibt es noch keine
allgemein akzeptablen Richtlinien, wie die Laborerträge zu
berechnen sind. Oft wird so vorgegangen, daß ausgerechnet
wird, wieviel die beantragten Analysen gekostet hätten, wenn
man sie alle in ein fremdes Labor gesandt hätte.

Betriebsabrechnungsboegen und Analysenkosten

Kt.Bezeichnung	1981	1982	+/-	1983	+/-	1984	+/-	1985	+/-	1986	+/-
0 Aerztl. Dienst	182953.99	219967.29	20%	256949.83	17%	235142.06	-8%	245458.88	4%	249919.56	2%
2 MT-Dienst	1263004.44	1243024.66	-2%	1326922.37	7%	1320665.14	0%	1364049.46	3%	1406552.19	3%
3 Funktionsdienst								172975.24		198116.11	15%
5 Techn. Dienst	163069.85	108770.96	-33%	102416.97	-6%	127498.22	24%			•	
20 Sonstiges Pers.	•					32545.00		33248.17	2%	34802.90	5%
• Personalkosten	1609028.28	1571762.91	-2%	1686289.17	7%	1715850.42	2%	1815731.75	6%	1889390.76	4%
66 Medizin. Bedarf	845471.58	862817.97	2%	1028497.23	19%	1169363.80	14%	1441705.12	23%	1283072.36	-11%
67 Wasser, Energie	5465.81	3333.49	-39%	2373.13	-29%	5826.36	146%	7219.01	24%	13482.94	87%
68 Wirtsch. Bedarf	10632.87	9044.97	-15%	4402.97	-51%	5399.48	23%	7092.55	31%	5858.14	-17%
69 Verwalt. Bedarf	10691.30	7259.33	-32%	15568.37	114%	6990.39	-55%	6008.26	-14%	4792.00	-20%
71 Gebrauchsgueter	29171.65	43288.36	48%	42360.28	-2%	43053.04	2%	39700.05	-8%	3359.89	-92%
72 Instandhaltung	69645.90	160672.22	131%	146590.53	-9%	124425.25	-15%	147256.81	18%	250823.86	70%
73 Steuern usw.	310.75	83.45	-73%	1109.68	1230%	537.70	-52%	280.00	-48%	430.75	54%
78 Sonstiges	5875.00	220.00	-96%	270	23%						
• Sachkosten	977264.86	1086719.79	11%	1241172.19	14%	1355596.02	9%	1649261.80	22%	1561819.94	-5%
• Unmittelb.Kosten	2586293.14	2658482.70	3%	2927461.36	10%	3071446.44	5%	3464993.55	13%	3451210.70	0%
90 UVA an Kostenst.	2952324.66	3032936.18	3%	3232704.24	7%	3422811.74	6%	3808542.22	11%	3967369.48	4%
100 ZR v.Gem.Kost.St.	275724.46	279818.18	1%	247550.39	-12%	283285.87	14%	270956.41	-4%	294433.16	9%
112 ZR v.Rein.Diest	4975.45	4090.38	-18%	13568.76	232%	17302.41	28%	29667.22	71%	184909.11	523%
113 ZR v.Wass,Energ.	71404.33	74831.22	5%	30707.48	-59%	32811.47	7%	33451.44	2%	27785.67	-17%
114 ZR v.Inn.Transp.	17121.01	15211.24	-11%	12773.90	-16%	17188.53	35%	9025.99	-47%	8464.66	-6%
117 ZR v.Apotheken	298.23	502.46	68%	642.35	28%	777.02	21%	447.61	-42%	566.18	26%
• Inn.Betriebl.LV	2582801.18	2658482.70	3%	2927461.36	10%	3071446.44	5%	3464993.55	13%	3451210.70	0%
• Kosten nach LV	3491.96	0.00		0.00		.00		0.00		0.00	
Analaysenzahlen:											
Primaeranalysen	639468	544872	-15%	610135	12%	660386	8%	697440	6%	755685	8%
Sekundaeranalysen	448480	489569	9%	504981	3%	517860	3%	243381	-53%	279500	15%
• Einzelanalysen	1087948	1034441	-5%	1115116	8%	1178246	6%	940821	-20%	1035185	10%
Kosten der Primaeranalyse:											
Personalkosten	2.52	2.88	15%	2.76	-4%	2.60	-6%	2.60	0%	2.50	-4%
Sachkosten	1.53	1.99	31%	2.03	2%	2.05	1%	2.36	15%	2.07	-13%
• Unmittelb. Kosten	4.04	4.88	21%	4.80	-2%	4.65	-3%	4.97	7%	4.57	-8%
Kosten der Einzelanalyse:											
Personalkosten	1.48	1.52	3%	1.51	0%	1.46	-4%	1.93	33%	1.83	-5%
Sachkosten	0.90	1.05	17%	1.11	6%	1.15	3%	1.75	52%	1.51	-14%
• Unmittelb. Kosten	2.38	2.57	8%	2.63	2%	2.61	-1%	3.68	41%	3.33	-9%

6.3.9   Sonstiges

In diesem Abschnitt sind alle jene Umstände und Bemerkungen aufzuführen, die in den vorhergehenden Abschnitten nicht untergebracht werden konnten.

6.4   IST - ANALYSE

6.4.1   Vorgaben zur Ist-Analyse

Eine allgemeine Ist-Analyse sollte sich nach den landesüblichen Vorgaben richten. In den USA sind solche Richtlinien im Rahmen des Inspektions- und Akkreditierungsprogrammes (siehe INSTAND-Schriftenreihe Band 3) erarbeitet worden. Für das Bundesgebiet gibt es vorerst leider nur wenige Anhaltspunkte. Das Literaturverzeichnis enthält diesbezügliche Angaben.

6.4.2   Durchführung der Ist-Analyse

Entsprechend der Gliederung der Abschnittes 6.3 sollte der Laborleiter die Beschreibung des Ist-Zustandes Unterabschnitt für Unterabschnitt durcharbeiten, alle Diskrepanzen und Schwachstellen sowie die Lösungsvorschläge auflisten.

Das Ergebnis der Ist-Aufnahme sollte bei Mitarbeiterbe-
sprechungen mit allen akademischen und technischen Mitarbeitern des Laboratoriums eingehend erörtert werden. Wenn man die
Mitarbeiter dazu auffordert, sind auch sie oft in der Lage,
auf Schwachstellen hinzuweisen und Wege aufzuzeigen, wie
solche Schwachstellen korrigiert werden könnten.

Werden Ist-Analysen zu besonderen Zwecken benötigt, so entnimmt man die emtsprechenden Abschnitte der üblichen allgemeinen Ist-Analyse, stellt sie dem speziellen Sollkonzept
gegenüber und kann dann die notwendigen Kosten/Nutzen-
überlegungen anstellen, Pflichtenhefte erarbeiten usw.

6.4.3 Konsequenzen der Ist-Analyse

Die wichtigsten Punkte der jährlich erstellten Ist-Aufnahme,
Kostenberechnungen und der Ist-Analyse sollten in einem kurzen
Bericht zusammengefaßt, abschließend nochmals mit den Mit-
arbeitern durchdiskutiert werden, um die notwendigen
Anordnungen zu treffen.

7 Struktur- und Wirtschaftlichkeits-Analyse im medizinischen Laboratorium

O. Henker (Reutlingen) und M. Walker (Gerlingen)

7.1 NOTWENDIGKEIT VON WIRTSCHAFTLICHKEITSUNTERSUCHUNGEN

Medizinische Laboratorien - im folgenden in die drei Kategorien, Krankenhaus-, Facharzt- und Gemeinschaftslabor unterteilt - stehen heute mehr denn je unter dem Druck, ihre Organisation und Leistungserbringung wirtschaftlich zu gestalten und dennoch einen hohen Qualitätsstandard aufrecht zu erhalten.

Dies ist vor allem unter der momentanen Kostenexplosion im Gesundheitswesen zu sehen.

Das Krankenhauslabor als Dienstleistungsbetrieb ist ein integrierter Bestandteil des gesamten medizinischen Leistungsspektrum des Krankenhauses.

Als wichtigste Rahmenbedingungen innerhalb der momentanen Schwierigkeiten ist die Regelung zur Gestaltung der Pflegesätze im Krankenhaus zu sehen. Die gegenwärtigen Grundsätze zur Betriebskostenfinanzierung (Prinzip der Kostendeckung, proportionale und pauschale Kostenerstattung nach Pflegetagen, Verfahrensweisen zur Ermittlung der Selbstkosten und zur Festsetzung der Pflegesätze) verbergen den Zusammenhang zwischen Leistung und Gegenleistung.

Der "Preis" in Form des Allgemeinen Pflegesatzes hat keinen Bezug zu der tatsächlichen, vom Krankenhaus erbrachten und vom Patienten in Anspruch genommenen Leistung. Mangelnde Transparenz der Leistungsermittlung ist die Folge.

Werden die tatsächlich entstandenen Kosten über den Pflegesatz erstattet, fehlt dem Krankenhaus darüberhinaus jegliche Motivation zu einer wirtschaftlichen Leistungserstellung. Denn erstattungsfähig sind nur die tatsächlich getätigten Ausgaben.

Hat ein Krankenhaus die Absicht, Unwirtschaftlichkeit abzubauen, wird es sogar regelrecht "bestraft",
- es erhält in Zukunft einen geringeren Erstattungsbetrag pro Patient und Tag, da die Pflegesätze auf Basis der individuellen Selbstkosten der Vorperiode kalkuliert werden.

Das Kostendeckungsprinzip hat dazu geführt, daß das Hauptaugenmerk des Krankenhausmangements sich verständlicherweise weniger auf wirtschaftliches Verhalten und die Suche nach Möglichkeiten zur Kostenreduktion, sondern in erster Linie auf den Nachweis der über den Pflegesatz zu erstattenden Betriebskosten gerichtet ist.

Beim Facharzt- und Gemeinschaftslabor ergibt sich die Wirtschaftlichkeitsforderung u. a. aus dem Kassenarztrecht (z.B. $ 368 RVO), wonach medizinisch-technische Leistungen wirtschaftlich erbracht werden sollen.

Zusätzlich entsteht derzeit Brisanz im Zusammenhang mit der Einführung des neuen "Einheitlichen Bewertungsmaßstabes (EBM)" zum 01.10.87. der eine drastische Senkung der Honorare für Laborleistungen mit sich bringt. Verschärfung erfährt diese Situation noch durch die offensive Werbung von Großlaboratorien, die mit ihren Niedrigstpreislisten einen regelrechten Verdrängungswettbewerb eingeläutet haben.

Auch Diskussionen über die Trockenchemie, die oft mehr emotional als unter sachlichen und betriebswirtschaftlichen Gesichtspunkten geführt werden, verstärken die momentane Verwirrung.

Unsicherheit und Ungewissheit prägen also die momentane Situation. Diese Aktivitäten sind einerseits nicht dazu geeignet, die Laboruntersuchung langfristig als ärztliche Leistung aufrecht zu erhalten und laufen andererseits einer wirkungsvollen Kostendämpfung entgegen.

Dieser, mehr berufspolitische Aspekt, soll jedoch hier nicht das Thema sein.

Durch die schwierige Umfeldsituation ist jedoch die Frage der Wirtschaftlichkeit als existenzielle Notwendigkeit viel deutlicher in das Bewußtsein der Betroffenen gerückt.

7.2 DIE PROBLEMATIK VON WIRTSCHAFTLICHKEITSUNTERSUCHUNGEN IM MEDIZINISCHEN LABOR

7.2.1 Grundsätzliche strukturelle Probleme

Das Ziel der medizinischen Laboratorien besteht darin, die angeforderten Leistungen zum benötigten Zeitpunkt und in der geforderten Qualität zu erbringen.

Dabei ergibt sich ein Zielkonflikt zwischen der Notwendigkeit der Sicherstellung der Leistung und der Forderung nach wirtschaftlicher Leistungserbringung.

Unter folgenden veränderten Rahmenbedingungen muß das Labor den o.g. Forderungen gerecht werden:

- steigendes Analysenaufkommen
- höhere Ansprüche an gesicherte Analysenqualität (Qualitätskontrolle)
- neue Analysenmethoden
- diversifiziertes Laborspektrum mit neuen Parametern und veränderten Bewertungskriterien
- steigende Anzahl von Notfalluntersuchungen
- Trend zur zentralisierten Versorgung
- zunehmende Mechanisierung der Analysendurchführung
- Flut von Probenmaterialien (Abnahme,Transport,Verteilung)
- Forderung nach schnellerer zeitlicher Verfügung der Analysenergebnisse von Seiten der Pflegegruppen bzw. Einsender
- steigende Datenflut (z.B. Patienten-, Analysen- , Qualitätskontroll-, Kosten-, Statistik-Daten), EDV-Einsatz.

Diese noch unvollständige Aufzählung von Trends und Problemfeldern machen deutlich, daß der Zielkonflikt nicht nur im Labor allein gelöst werden kann, sondern daß es notwendig ist, die Wechselwirkungen des Labors innerhalb des gesamten Umfeldes einzubeziehen.

7.2.2 Die Problematik der Kostenstruktur

Wenn man die in einem medizinischen Labor anfallenden Kosten einmal nach den betriebswirtschaftlichen Begriffspaaren

Einzelkosten   - Gemeinkosten   einerseits und
variable   - fixe Kosten   andererseits unterteilt,

so kommt man zu folgendem Ergebnis:

Die bezügliche Zurechnung auf eine Leistungseinheit wesentlich
einfacher zu handhabenden direkten oder Einzelkosten machen im
Labor maximal 1/3 der Gesamtkosten aus. Einzelkosten im Labor
sind die

Reagenz- und Materialkosten

Alle übrigen Kostenarten, wie

Personal-. Geräte-, Raum- und sonstige Kosten

sind nicht direkt auf die Leistungseinheit, d.h. auf die Analyse zurechenbar und sind somit indirekte oder Gemeinkosten.

Durch diese Tatsache wird die Kostenrechnung insgesamt erschwert und erfordert eine konsequente Einhaltung der drei
Teilrechenmethoden

- Kostenarten-
- Kostenstellen- und
- Kostenträgerrechnung.

Beim Begriffspaar variable - fixe Kosten, das sich auf die
Reagibilität der Kosten auf Beschäftigungsschwankungen bezieht, ergibt sich ein ähnliches Bild. Die einfacher zu
handhabenden variablen oder proportionalen Bestandteile, nämlich wiederum die Reagenz- und Materialkosten, machen den
geringeren Teil aus. Die auf Auslastungsschwierigkeiten nicht
reagierenden Fixkosten betragen zwischen 2/3 und 3/4 der
Gesamkosten.

Da im medizinischen Labor die direkten und variablen Kosten einerseits und die indirekten und fixen Kosten andererseits weitgehend identisch sind, wird im folgenden nicht mehr zwischen den beiden Begriffspaaren unterschieden.

7.2.3   PROBLEMATIK DER ERLÖSSTRUKTUR

Eine Wirtschaftlichkeitsbetrachtung wird in ihrer Aussagefähigkeit deutlich gesteigert, wenn man neben den Kosten auch die Erlösseite mit einbezieht und in einem adäquaten Verhältnis den Kosten gegenüberstellt.

Eine solche erweiterte Kosten- und Leistungsrechnung stößt aber in allen drei Labortypen auf erhebliche Probleme:

- Im Krankenhauslabor gibt es für die einzelne Leistungseinheit, d.h. die Analyse oder den Analyt gar keinen echten Preis. Vielmehr geht diese Leistung in die pauschalierte Pflegesatzberechnung mit
  ein und stellt auch im Bewußtsein der Beteiligten folglich keinenüber
  einen Preis ermittelten Einzelwert dar. Dementsprechend gibt es dort
  auch keinen Vergleich zwischen angesetztem Preis und den verursachten
  Selbstkosten einer Leistungseinheit (Ausnahme Privatpatienten).

- Im Facharztlabor gibt es dagegen sehr wohl Erlöse, die sich
  aus einzelnen Honoraren pro Bestimmung ergeben. Dort ist jedoch die
  Erlösbetrachtung einmal durch die Vielfältigkeit der Gebührenordnung
  und anderer Honorar- und Preisgrundlagen erschwert und wird durch die
  Vielzahl verschiedener Analysen in ihrer Undurchsichtigkeit potenziert. Dies hat zur Folge, daß noch nicht einmal der Laborarzt selbst
  eine ausreichende Transparenz über die Erlösstruktur seiner einzelnen
  Laborbereiche hat. Von den diesbezüglichen Erschwernissen sollen nur
  einige aufgezählt werden:

. Keine festen Preise bei nach BMÄ abzurechnenden Leistungen, da der
  zu vergütende Punktwert zum Zeitpunkt der Leistungserstellung noch
  nicht bekannt ist.

. Unterschiedliche Sätze bei EGO und GOÄ mit zum Teil unterschiedlichen Zuschlagssätzen bei den GOÄ-Gebühren.

. Divergierende Abrechnungsverfahren bei KV-Abrechnung, Privatabrechnung sowie sonstiger Leistungen (Fremdlabors usw.).

. Keine buchhalterische Einzelerfassung und Zusammenführung, ebenso
  auch Ermittlung und Buchung eines Soll-Erlöses bzw. Soll-Umsatzes.

Diese gravierenden, abrechnungstechnischen Schwächen sind existent,
obwohl in den meisten Laborarztpraxen bereits leistungsfähige
Mehrplatz-Computersysteme installiert sind und diese von der Kapazität
her ohne weiteres in der Lage wären, diese Abrechnungsanwendungen noch
zusätzlich zu übernehmen.

- Im Gemeinschaftslabor stellt sich die Erlösseite aus zwei-
  erlei Blickwinkeln dar. Einmal muß aus Sicht des Labors sichergestellt
  werden, daß die Laborpreise so festgesetzt werden, daß die daraus
  resultierenden Erlöse insgesamt die Kosten des Labors decken. Ein
  Gemeinschaftslabor soll ja aufgrund verschiedener Vorschriften weder
  Gewinne noch Verluste erwirtschaften, sondern nach dem Kosten-
  Deckungsprinzip arbeiten.

Dies wird in den wenigsten Fällen erreicht, weil dazu eine exakte,
permanente Kostenrechnung erforderlich wäre. Am Jahresende bedarf es
daher gewisser Erlös-Korrekturen, meist in Form von Ausschüttungen von
zuviel einbehaltenen Erlösen an die Mitglieder.

- Die zweite Sicht betrifft den einzelnen Arzt als Mitglied
  der Gemeinschaft und ist an der jeweils gültigen Honorarordnung ausge-
  richtet. Hier stellt sich derzeit für viele Gemeinschaftslabors und

deren Mitglieder die entscheidende Frage "Arbeitet das Labor so kostengünstig, daß es Analysenpreise ermöglicht, die deutlich geringer sind. als das dafür künftig - nach neuem EBM - vergütete Honorar". Diese Erlösbetrachtung aus der Sicht des einzelnen Arztes steht nur in einem mittelbaren Zusammenhang mit einer Wirtschaftlichkeitsberechnung in einem Gemeinschaftslabor.

7.2.4 Schwachstellen im Rechnungswesen

Die in medizinischen Labors angewendeten Buchhaltungs- und sonstigen Abrechnungsverfahren sind aus verschiedenen Gründen nicht dazu geeignet, die Funktion eines echten Rechnungswesens zu erfüllen und die notwendigen betriebswirtschaftlichen Führungsinformationen zu liefern.

In Krankenhäusern ist der Übergang von der Kameralistik zu doppelten Buchführung mit Kosten-Leistungs-Rechnung zwar formal vollzogen, jedoch nicht in allen Teilbereichen verwirklicht. Eine weitergehende Zergliederung der Krankenhauskostenstelle "Labor" in die einzelnen Laborbereiche und die laufende Anwendung einer "Kostenrechnung" ist in den seltensten Fällen verwirklicht.

Im Gemeinschaftslabor ist, sofern es bilanziert, d.h. mit einem Jahresabschluß in Form einer Bilanz mit Gewinn- und Verlustrechnung arbeitet, in der Regel eine einfache Finanzbuchhaltung installiert, auf deren Grundlage dann der Jahresabschluß erstellt wird. Diese Finanzbuchhaltung orientiert sich aber fast ausschließlich an der externen Rechnungslegung und deckt die Anforderungen eines internen Rechnungswesen nicht ausreichend.

Das Facharztlabor hat hier in der Regel noch schlechtere Voraussetzungen, weil es sich bezüglich des Jahresabschlusses der einfachen Form der Einnahmen-Überschuß-Rechnung bedient, die wiederum noch geringere Anforderungen an die Finanzbuchhaltung stellt.

In vielen Fällen ist es sogar noch so, daß die Buchhaltung nicht einmal laufend geführt wird, sondern nur einmal im Folgejahr bei der Erstellung des Jahresabschlusses zusammengestellt wird. In solchen Fällen liegen das Jahr über keinerlei aktuelle Informationen über Ist-Kosten, Ist-Erlöse und Ist-Ergebnisse (Gewinne) vor. Dies umso verwunderlicher, als, wie bereits erwähnt, zum Teil modernste Computer-Anlagen installiert sind, die - ausgestattet mit der entsprechenden Standard-Software - diese Funktionen leicht mit übernehmen könnten.

Die Ursachen für diese Schwachstellen sind u.a. im folgenden begründet.

7.2.5 Betriebswirtschaftliches Know-How-Defizit und mangelndes Kostenbewußtsein

Bei den verantwortlichen Leitern von medizinischen Labors handelt es sich in aller Regel um Ärzte. Die Laborleitung ist in erster Linie eine Managementaufgabe, die als wesentliche Komponente das "Wirtschaften", d.h. den Umgang mit knappen Mitteln umfaßt. Zur Führung eines "Wirtschaftsbetriebes" ist ein gewisser Grundstock an kaufmännisch-betriebswirtschaftlichen Kennntnissen erforderlich. Dies gilt für große, mittlere und kleine Unternehmen ebenso wie auch für das medizinische Labor.

Leider ist bezüglich dieser Fragen in der ärztlichen Ausbildung ein klares Defizit zu verzeichnen. Dies hat zur Folge, daß kaufmännisch-wirtschaftliche Zusammenhänge oft nicht richtig verstanden werden und daraus Fehlentscheidungen resultieren.

Aus diesem Grunde ist es auch nicht verwunderlich, daß das erforderliche Kostenbewußtsein, das nur bei genauer Kenntnis der Wirtschaftlichkeitsfaktoren zu erzeugen ist, noch relativ unterentwickelt ist. Die häufig zu beobachtende Kontraposition zwischen der ärztlichen Laborleitung und der Verwaltungsleitung im Krankenhaus ist sicher auch nicht dazu geeignet, das Kostenbewußtsein in positiver Hinsicht zu beeinflussen.

7.3 STRUKTUR-ANALYSE ALS VORAUSSETZUNG FÜR WIRTSCHAFTLICHKEITSUNTERSUCHUNGEN

Zur Beurteilung der wirtschaftlichen Leistungserstellung im Labor werden häufig Vergleichszahlen herangezogen, die aus verschiedenen Quellen, z.B. aus Krankenhausbetriebsvergleichen stammen.

Diese Kennzahlen sind jedoch nur bedingt für Vergleichszwecke verwendbar, da die Bedingungen und Standardisierungen in den Vergleichslaboratorien selten gleich gelagert sind. Unterschiedlich sind in der Regel Analysenfrequenz, Leistungsspektrum, Mechanisierungsgrad, eingesetzte Analysengeräte, Personalstruktur und Organisation des Labors.

Aus allen oben genannten Einzelproblemen ergibt sich die Notwendigkeit, den Versuch zu unternehmen, die jeweiligen individuellen Organisationsstrukturen eines Labors in Form der Struktur-Analyse zu erfassen.

Diese Struktur-Analyse vereinigt folgende Methoden der etablierten Schwachstellen-Analyse in einem integrierten Modell:

- **Das intuitive Verfahren:** Hierbei wird nicht nach einem festgelegten System vorgegangen, sondern die Kreativität, das Wissen und die Erfahrung der Labormitarbeiter und der Laborverantwortlichen nutzbar gemacht.

- **Das Analogieverfahren:** Vergleichszahlen aus anderen Struktur- und Wirtschaftlichkeitsrechnungen werden zugrunde gelegt und entweder im Zeitablauf zueinander in Beziehung gesetzt oder aber zu zwischenbetrieblichen Vergleichen genutzt

- **Checklistenverfahren:** Mit Hilfe eines Formularsystems werden Informationen zu detaillierten Leistungserfassungen gesammelt. Im Labor sind die Zeiten für Probenvorbereitung, Probenverteilung, Analysendurchführung und Befundung sowie Dokumentation in einem gesonderten grafischen Bogen zu erfassen. Vorteilhaft bei dieser Methode ist, daß schon bei der Befragung Verbesserungen und auch Strukturschwächen ermittelt werden können.

Hauptziele der Struktur-Analysen sind:

- Erkennen von Strukturschwächen.
- Feststellen der Auswirkungen von personellen oder apparativen Strukturveränderungen.
- Verwendung sachgerechter Verteilungsschlüssel für die nicht direkt zurechenbaren Kosten.
- Vermeidung von Leerlauf und Doppelarbeit.
- Bestmögliche Gestaltung der Arbeit und der Arbeitsbedingungen für den Menschen.

Folgendes Resümee kann aus der Anwendung der Struktur-Analyse gezogen werden:

Nach mehrjähriger Anwendung der Struktur-Analyse ergab sich die Erkenntnis, daß sich organisatorische Strukturen immer an ihrer maximalen Belastung ausrichten (anpassen).

Diese strukturelle Anpassung, die häufig über lange Betrachtungszeiträume relativ konstant ist, geht aber in der Regel nicht mit der wirtschaftlichen (ökonomischen) Anpassung einher.

Diese Erkenntnis führte darum zu der Integration der Struktur-Analyse in einem betriebswirtschaftlich abgesicherten Kostenrechnungsmodell unter folgenden Prämissen:

- Struktur-Analyse zeigt die organisatorische Matrix eines Labors im Ist- und Soll-Zustand auf.
- Struktur-Analyse ermittelt die Aufteilung der Personalzeiten für die jeweiligen Hauptkostenstellen (analytische Zeiten).
- Struktur-Analyse zeigt auch die Personalzeiten auf, die nicht den Haupt-, sondern den Hilfskostenstellen zuzuordnen sind (Probenverteilung, EDV usw.).

Die Aufteilung der Personalzeiten ist die Grunglage für die Verteilung der Personalkosten auf die verschiedenen Laborbereiche.

**7.4   DIE INTEGRIERTE STRUKTUR- UND WIRTSCHAFTLICHKEITS-
ANALYSE ALS PRAKTIKABLE PROBLEMLöSUNG**

7.4.1   Anforderungen und Ziele

In ihrer mehr als 10-jährigen Beratungspraxis in medizinischen
Laboratorien haben die beiden Verfasser sich intensiv mit dem
Thema "Wirtschaftlichkeit im Labor" befaßt und eine Fülle
praktischer Erfahrungen gesammelt. Dies führte letztlich zu
der Entwicklung des Instrumentes der Struktur- und Wirtschaftlichkeits-Analyse (SWA). Ausgehend von den erwähnten Erfahrungen wurden dabei folgende Rahmenbedingungen zugrunde
gelegt:

- Es sollte keine weitere theoretische Abhandlung über das
  "Wie" von Wirtschaftlichkeitsuntersuchungen erstellt werden. Im Vordergrund stand vielmehr die Entwicklung eines
  praktikablen, einfach zu handhabenden Führungsinstruments,
  das relativ schnell, mit vertretbarem Zeitaufwand und zu
  vertretbaren Kosten in einem Labor eingesetzt werden kann.

- Die Ergebnisse sollten hinreichend genau, aber auch kompri-
  miert und für Nichtfachleute gut verständlich, soweit wie
  möglich bildlich, dargestellt werden.

- Den vielfach angebotenen partiellen Berechnungen, die von
  - nicht überprüfbaren - Soll- oder "Wunsch"-Kosten ausgehen, sollte nicht eine weitere hinzugefügt werden. Vielmehr sollte ein ganzheitliches, in sich geschlossenes
  Kostenrechnungssystem entwickelt werden, das mit dem
  Jahresabschluß abstimmbar und in seiner Plausibilität über-
  prüfbar ist. Als Basisdaten werden vorrangig die effektiv
  angefallenen Ist-Kosten eingesetzt.

- Großer Wert wurde auch darauf gelegt, daß z.B. eine vorge-
  schlagene Maßnahme zur Strukturverbesserung in ihrer zeitlichen und kostenmäßigen Auswirkung grafisch verdeutlicht
  werden kann.

- Integration des Laborpersonals bei der Ist-Aufnahme zur
  Struktur- und Wirtschaftlichkeits-Analyse, um die notwendige Identifikation zu erreichen.

- Letztlich sollten natürlich von vornherein alle möglichen
  EDV-Effekte sinnvoll genutzt werden.
  Einer dieser Effekte liegt darin, daß dieses System, ausgehend von einer einmaligen Ist-Berechnung und -Darstellung,
  kurzfristig und mit geringem Aufwand beliebig viele
  Alternativ-Berechnungen ("Was wäre, wenn ...") erstellen
  kann.

Die verantwortlichen Laborleiter werden dadurch in die Lage
versetzt, neue Laborkonzeptionen und deren Auswirkungen einmal
in Form von verschiedenen Planversionen zunächst auf dem
Papier zu berechnen und darzustellen. Dadurch könnten anste-
hende Entscheidungen wesentlich besser abgesichert werden.

7.4.2   Computerunterstützung

Aufgrund langjähriger EDV-Erfahrung aus verschiedene EDV-
Anwendungsbereichen - u.a. auch aus der Labor-EDV - und
aktuellen Beratungen bei der EDV-Systemauswahl hatte man einen
guten überblick über das, was die moderne Informationstechnologie heute bietet und was sinnvoll nutzbar ist.

Als geeignetes Medium biete sich der Personal Computer (PC)
an. Neben neuester Hardware-Technologie legte man viel Wert
auf leistungsfähige Software-Komponenten. Besonders erwähnens-
wert ist dabei, daß das gesamte Anwendungssystem ausschließlich mit Software-Werkzeugen der sogenannten 4. Generation und
nicht durch konventionelle Programmierung realisiert wurde.
Dementsprechend ist das System sehr flexibel und änderungs-
freundlich. Dadurch kann es relativ leicht an individuelle
Besonderheiten eines Labors angepaßt werden und ist in hohem
Maße benutzerorientiert.

Auch die speziellen Komponenten der Computer-Grafik, wie
Grafik-Software, hochauflösende Grafik-Karten und -Bildschirme
sowie Farbdrucker und Plotter werden konsequent genutzt.

Zu den eingesetzten Software-Werkzeugen gehören auch standardisierte Datenbank-Tools, in denen die verschiedensten Basisdaten, z.B. über Geräte, Reagenzien und Verbrauchsmaterialien
strukturiert abgespeichert und gezielt abgerufen werden
können.

Die Integration aller dieser - z.T. brandneuen - Hardware-,
Software- und Orgware-Komponenten zu einem lauffähigen,
routinemäßig einsetzbaren Anwendungssystem stellt eines der
größten Probleme bei der Realisierung dar.

7.4.3   Betriebswirtschaftliche Methodik

Den Kernpunkt bei der Wirtschaftlichkeitsuntersuchung bildet
das berriebswirtschaftliche Instrument der Kostenrechnung, das
in seinen drei Teilbestandteilen

- Kostenarten-,
- Kostenstellen- und
- Kostenträgerrechnung eingesetzt wird.

Als Besonderheit ist zu erwähnen, daß dieses spezielle Kostenrechnungssystem so konzipiert und realisiert wurde, daß es sowohl den Regeln der herkömmlichen

Voll-Kostenrechnung

gerecht wird, als auch dem moderneren Prinzip der

Teil-Kosten- oder Deckungsbeitragsrechnung

(Direct-Costing)

genügt. Es können also sowohl die Selbstkosten einer Leistungseinheit einschließlich aller (über Schlüssel errechneten) Umlagen für Hilfs und allgemeine Kostenstellen als auch Preisuntergrenzen und Deckungsbeiträge in den verschiedenen Stufen errechnet werden.

Die Struktur- und Wirtschaftlichkeits-Analyse als Momentaufnahme liefert eine umfassende Transparenz über die Vergangenheit und vor allem über die gegenwärtige Ist-Situation des Labors.

Darüberhinaus bietet sie eine fundierte Planungsgrundlage und zugleich die Möglichkeit, alternative Prognose-Rechnungen durchzuspielen und mit realen Zahlen eine oder mehrere Planversionen eines Labors zu simulieren.

Damit diese gewonnene Transparenz aber auch in Zukunft zu jeder Zeit - auch bei veränderten Rahmenbedingungen - erhalten bleibt, ist es unbedingt notwendig, das Rechnungswesen des Labors zu aktualisieren und zu einem richtigen Führungsinstrument auszubauen.

Zu diesem Zwecke wurde - als Ergänzung zur SWA - ein ebenfalls

PC-gestütztes Controlling-Verfahren

entwickelt, das speziell auf die Belange des medizinischen Labors zugeschnitten ist.

Der relativ neue, betriebswirtschaftliche Begriff des Controlling sollte dabei keinesfalls mißverstanden und etwa mit " Kontrolle " gleichgesetzt werden. Der Schwerpunkt dabei liegt vielmehr in der (wirtschaftlichen) Steuerung, die allerdings nur dann möglich ist, wenn vorher klare Ziele festgelegt und in Plandaten umgesetzt sind, denen dann die im Rechnungswesen aufbereiteten Ist-Daten gegenübergestellt werden.

Der daraus resultierende

Plan-Ist-Vergleich

stellt dann das

Steuerungsinstrument

im engeren Sinne dar.

7.4.4   Formularsystem zur Ist-Analyse

Zur Erleichterung und Beschleunigung der Ist-Aufnahme im Labor
wurde ein ausgefeiltes Formularsystem entwickelt. Im ersten,
sehr wichtigen Schritt geht es zunächst darum, das Labor, sofern noch nicht geschehen, in sinnvolle Bereiche aufzuteilen.

Mit Hilfe der Formulare werden die einzelnen Kostenarten -
entsprechend ihrer Verursachung - erfaßt und den einzelnen
Bereichen zugeordnet. Neben den Kosten werden selbstver-
ständlich auch die relevanten Mengen- und Erlösdaten sowie die
Basisinformatin zur Labororganisation und -struktur erfaßt
(siehe Abb. 1: Erfassungsformular "Gerätekosten" und Abb 2:
Erfassungsformular "Analysenmengen, -preise, Reagenz- und
Materialkosten").

Sämtliche Kosten werden in ihrer Summe mit den im Jahresabschluß oder ähnlichen Dokumenten nachgewiesenen Aufwendungen
abgestimmt und auf ihre Plausibilität geprüft. Mit Hilfe des
Formularsystems kann die Ist-Aufnahme, bei guter Unterstützung
des Labors, in kürzester Zeit durchgeführt werden.

GERÄTEKOSTEN-ERFASSUNGSBLATT

Labor:_______________

Datum:_______________

IST ○   SOLL ○

für alle Geräte, die Abschreibung, Miete, Leasing-,
AKS- oder Wartungskosten verursachen, auch aus den Bereichen
EDV, Transport, Verwaltung usw.

Geräte-Bezeichnung	Labor-bereichs-Nr. (aus Formular 2)	Jahres-AfA lt. Anlagen-Verzeichnis	Jahres-Miete/Leasing/AKS in-vestiv p.a.	Wartungs-Kosten p.a.	Reparatur-kosten p.a.	Bemer-kungen z. B. Full-service
Summe		*	*	*	*	

* Bitte mit Bilanz/Anlagenverzeichnis abstimmen

Formular 3   Stand: Februar 87

Abb. 1

ANALYSENDATEN-ERFASSUNGSBLATT

IST ○   SOLL ○

Labor: ___________

Datum: ___________

Blatt-Nr. _________

Ana-lysen-bezeich-nung	Rea-genz-her-steller	Pak-kungs-größe	Händler-/Apothe-ken-Rabatt	Be-reichs-Nr.	Parameter-Stck.p.a. ange-fordert	durchge-führte Analysen od. Angabe %-Schl.	Reagenzkosten		DM/Analyse nur Kontroll-Material	Labor-Material DM/Analyse (s. Formular 7)	Preisliste Labor DM/Analyse
1	2	3	4	5	6	7	8	9	10	11	12

unbedingt ausfüllen!   bei Anfall ausfüllen!   unbedingt ausfüllen!

Formular 8

Stand: Februar 87

Abb. 2

7.5 MODULE UND AUSWERTUNGEN AUS DER STRUKTUR- UND WIRTSCHAFTLICHKEITSANALYSE

Das integrierte Paket (SWA) setzt sich aus folgenden, aufeinander abgestimmten Bausteinen zusammen:

7.5.1 Mehrjahres-Entwicklung

Dieses Anwendungsmodul befaßt sich mit der Entwicklung des Labors in den vergangenen sechs Jahren bis zur Gegenwart. Auf der Grundlage der jeweiligen Jahresabschlüsse werden die für die Wirtschaftlichkeit maßgeblichen Faktoren wie z.B. Erlöse, anteilige Pflegesätze, Kostenarten/-gruppen, betriebswirtschaftliche Kennzahlen, Mitarbeiterzahlen, Analysenmengen usw. analysiert und dargestellt.

In dem dabei verwendeten SWA-Programm-Modul wird das gesamte Zahlenwerk der Wirtschaftseinheit "Labor" in verschiedenen Detaillierungsstufen abgebildet. Daraus ergibt sich eine Vielzahl von Auswertungsvarianten in Form von absoluten und relativen Zahlen, von denen hier nur ein kleiner Auszug wiedergegeben werden soll.

Abbildung 3 zeigt das Verhältnis der direkten, d.h. der variablen Einzelkosten (Reagenz- und Labormaterial) zu den indirekten, d.h. fixen Gemeinkosten. Wie daraus klar ersichtlich ist, machen die direkten Kosten maximal 1/3 der Gesamtkosten aus. Bemühungen um Kostensenkungen sollten sich deshalb auch, aber nicht ausschließlich auf diese Kostenarten beschränken.

Gesamtkosten
Ist
Indirekte Kosten
Direkte Kosten
1981 1982 1983 1984 1985 1986

Abb. 3

Fixkosten n. Arten
Ist
Sonstige Kosten
Transportkosten
Raumkosten
Geraetekosten
Personalkosten
1981 1982 1983 1984 1985 1986

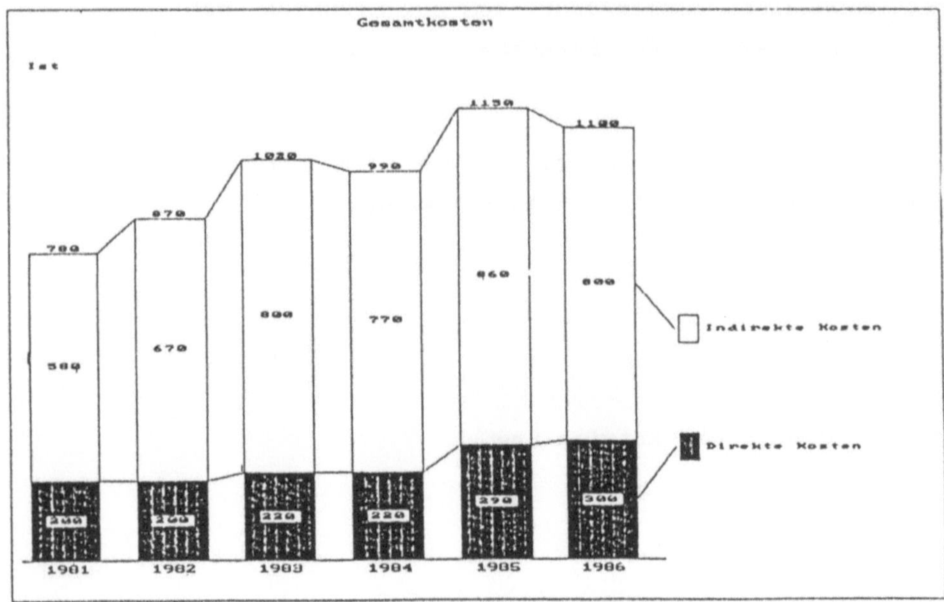

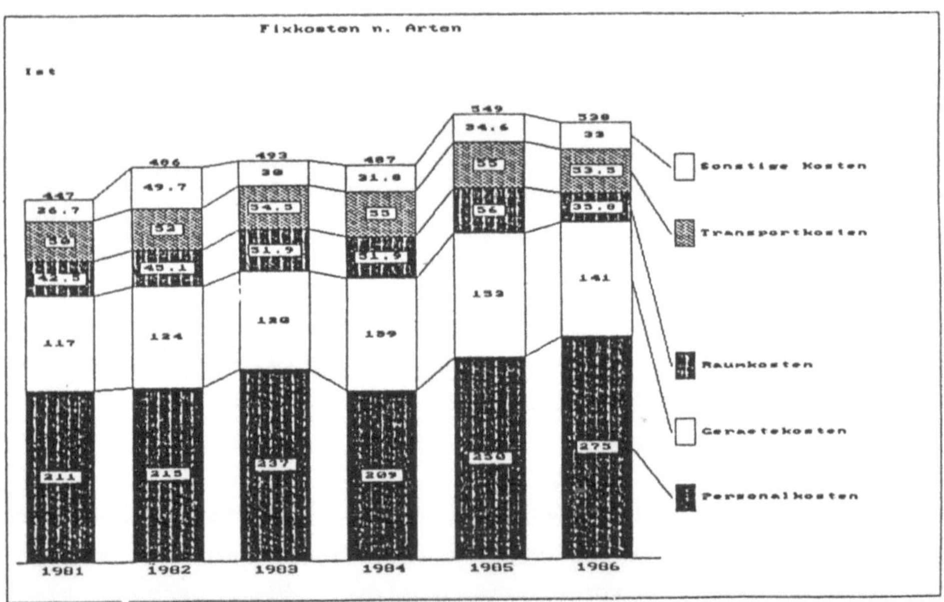

Abb. 4

Die Abbildung 4 "Aufteilung der Fixkosten" zeigt, wie sich die fixen Gemeinkosten in ihren einzelnen Bestandteilen (Kostenartengruppen) entwickelt haben.

Abbildung 5 zeigt das errechnete Verhältnis aus der Mitarbeiterzahl und Fixkosten aus Abb. 4. Daraus läßt sich eine Aussage über die Produktivität ableiten.

Aus Abbildung 6 ist ersichtlich, wie sich die Umsatzrendite eines Facharztlabors entwickelt hat. Diese wichtige betriebswirtschaftliche Kennzahl über die Rentabilität sollte permanent im Auge behalten werden.

Abbildung 7 zeigt schließlich noch die Entwicklung von Ärzten, Mitarbeitern und Analysen in einem Gemeinschaftslabor.

Mit Hilfe dieser Auswertungen werden die thematischen und begriffliche Einstimmung erleichtert, die Entwicklung der Wirtschaftlichkeitsparameter im Zeitablauf transparent und bewußt gemacht und das Problemverständnis für die folgende detaillierte Durchleuchtung dieser Größen gesteigert.

Als wesentlicher Vorteil kommt noch hinzu, daß das Programm-Modul "Mehrjahresentwicklung" bei den später folgenden Planungsalternativen auch als Prognosemodell, z.B. für die kommenden Jahre herangezogen werden kann.

FIXKOSTEN
PRO PERSON
(gesamt)
FK pro Person
70
87
113
110
120
122
1981 1982 1983 1984 1985 1986
Ist
Fixkosten gesamt
700
670
1020
790
1170
1100
1981 1982 1983 1984 1985 1986
Personal gesamt
10
10
9
9
9
9
1981 1982 1983 1984 1985 1986

Abb. 5

STRUKTUR DER
UMSATZRENDITE
Umsatzrendite =
Periodenergebnis : Betriebsleistung
Umsatzrendite n.St. (%) [EM 700]
41.0
41.7
47.0
40.9
45
42.6
1981 1982 1983 1984 1985 1986
Ist
Per.ergebnis n.St.
800
750
870
675
900
1000
1981 1982 1983 1984 1985 1986
Betriebsleistung
1950
1800
1850
1650
2000
2350
1981 1982 1983 1984 1985 1986

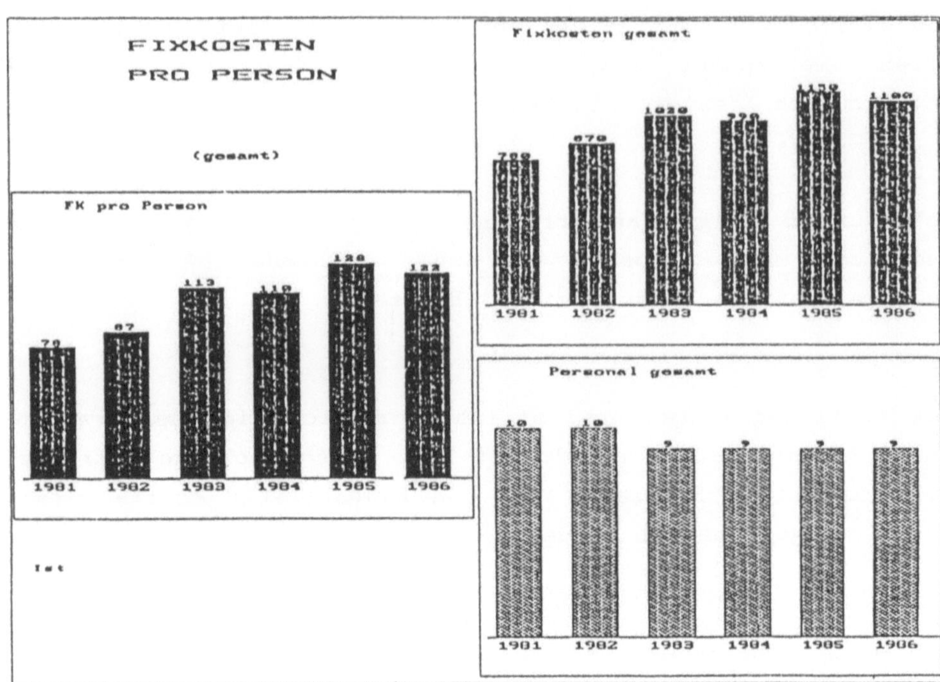

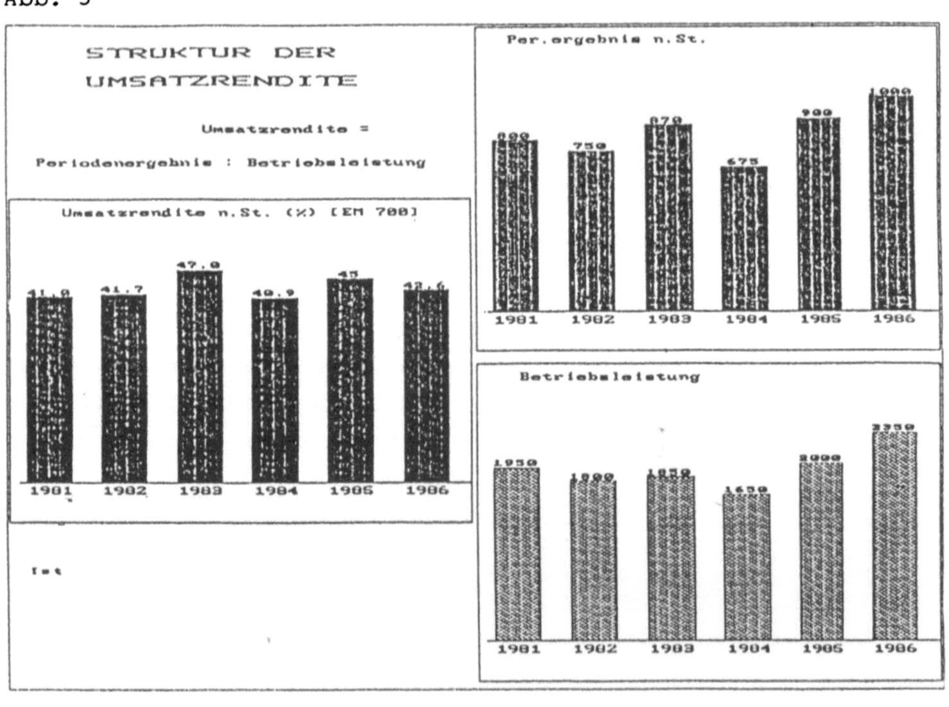

Abb. 6

AERZTE, MITARBEITER, ANALYSEN
Anzahl
Jahr
Mitarbeiter
Aerzte
Analysen

Abb. 7

Struktur-Analyse IST
Praeanalyt.
Analyse
Postanalyt.
Sonstiges
MA7-SERO
MA6-GERI
MA5-ELYTE
MA4-ELPHO
MA3-HAND
MA2-ACP2
MA1-ACP1
Uhr

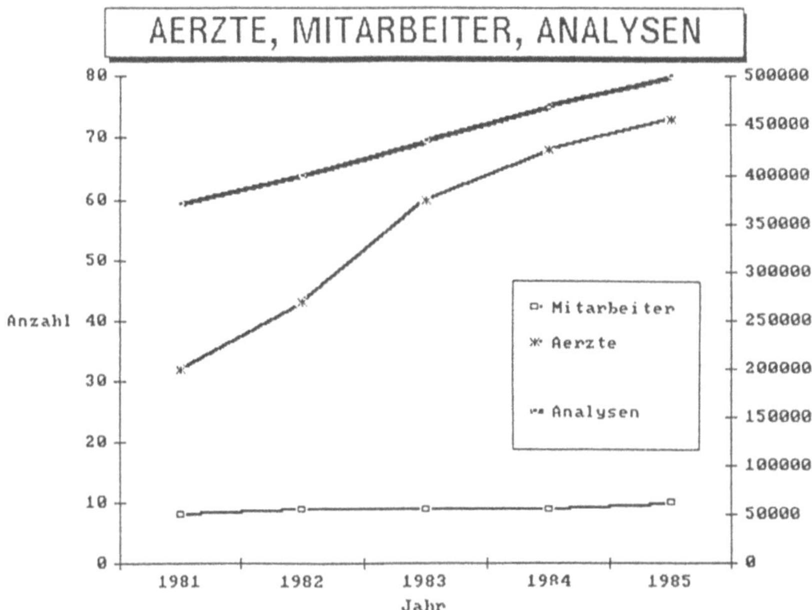

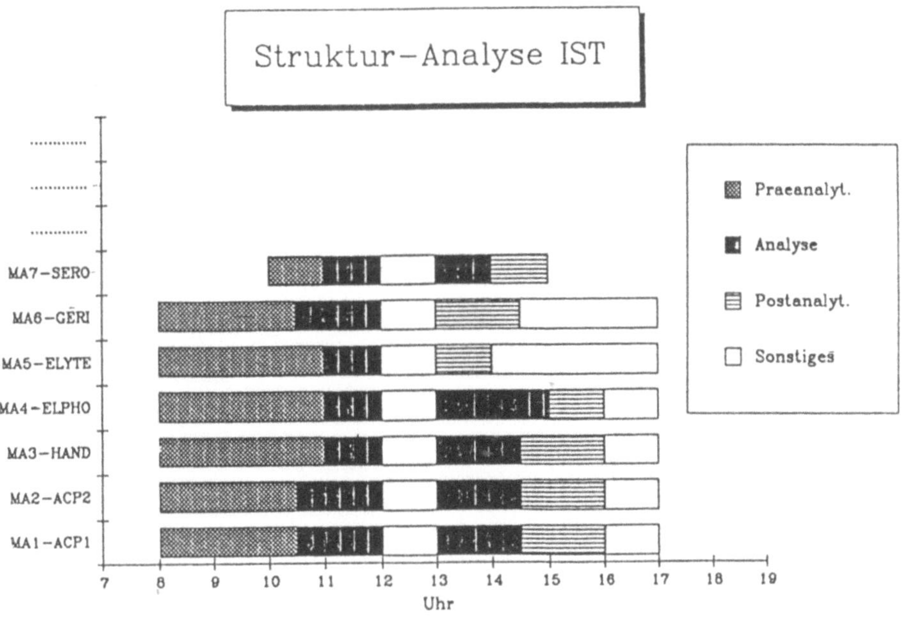

Abb. 8

7.5.2   Struktur-Analyse

Wie oben ausgeführt, ergab sich die Erkenntnis, daß mit Hilfe grafischer Darstellungen Organisationsstrukturen eindeutig klargelegt werden können.

Auf der Grundlage der vorhandenen Mitarbeiter und Gerätestruktur wird der Tagesablauf an den einzelnen Arbeitsplätzen - unteilt in verschiedene Tätigkeiten - deutlich gemacht.

Abbildung 8 zeigt die Struktur eines seriell arbeitenden Analysengerätes. Abbildung 9 zeigt demgegenüber die Strukturveränderungen durch Einsatz selektiv mehrkanaligen Analysengerätes auf.

Bei der heute immer breiter gefächerten Parameterpalette ist in den Laboratorien ein deutlicher Trend, weg von der Arbeitsbelastung durch die Hauptroutine, hin zu der breiten Diversifikation und Spezialisierung der einzelnen Arbeitsplätze, zu beobachten. Methoden wie Immunologie, mit ihren breiten Anwendungsgebieten, finden immer mehr Eingang in die sogenannte Routinediagnostik. Dies erfordert eine Umschichtung des Personals im Bereich der klassischen, klinisch-chemischen Routineparameter.

Abbildung 10 zeigt den Anteil der einzelnen Tätigkeitsgruppen, bezogen auf den gesamten Personaleinsatz im Labor. Wie daraus klar ersichtlich ist, liegt der Zeitanteil für die eigentliche analytische Tätigkeit oftmals unter 40 % aller Tätigkeiten im Labor.

Struktur-Analyse SOLL
Praeanalyt.
Analyse
Postanalyt.
Sonstiges
MA6-HAEMA
MA5-GERI
MA4-ELY/SER
MA3-ELPHO
MA2-HAND
MA1-ERIS
7 8 9 10 11 12 13 14 15 16 17 18 19
Uhr

Abb. 9

DER ZEITLICHE ANTEIL DER
VERSCHIEDENEN TAETIGKEITEN
11%
17%
38%
13%
20%
Analyse
PA/PV
Befund
Allg.Adm.
Vorbereit.

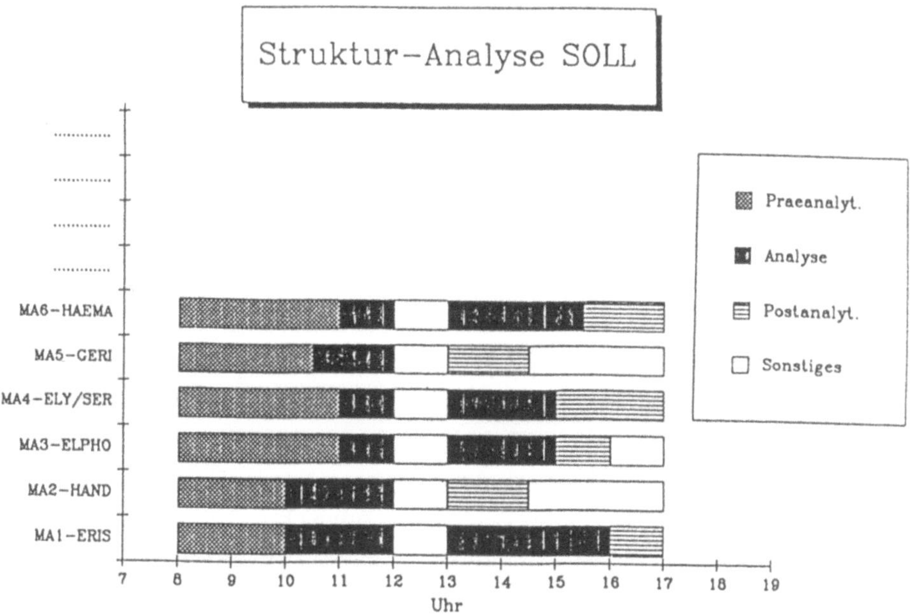

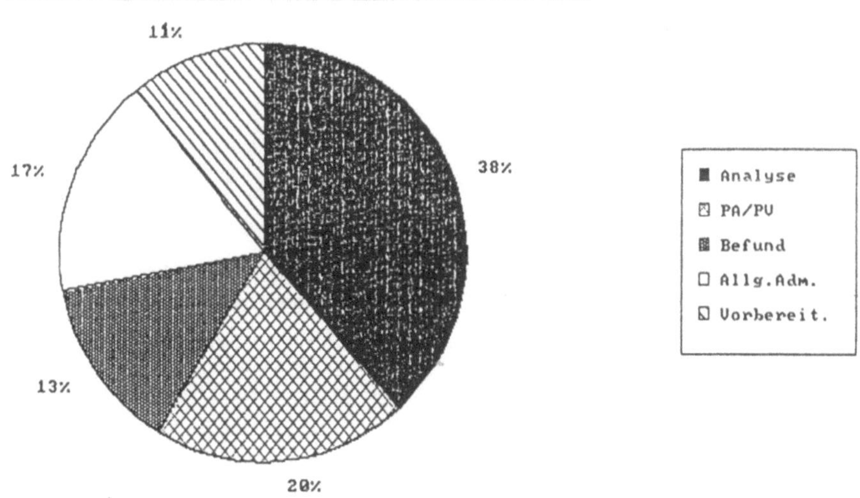

Abb. 10

Abbildung 11 zeigt schließlich den zeitlichen Personaleinsatz in den einzelnen Bereichen des Labors.

Auf der Grundlage dieses organisatorischen Ist-Zustandes können strukturelle Änderungen geräte- und verfahrensseitig oder personell geplant und im Wege von alternativen Soll-Konzeptionen mit Hilfe dieses Moduls durchgerechnet werden.

In Abbildung 12 werden beispielsweise zwei Gemeinschaftslabors gleicher Größe - einmal mit und einmal ohne EDV - einander gegenübergestellt. Dabei wird deutlich, wie sich die Anteile der davon betroffenen Kostenarten - Personalkosten einerseits und Gerätekosten andererseits - unterschiedlich darstellen.

7.5.3   Kosten- und Leistungsrechnung

Dieses Modul bildet das Kernstück der Struktur- und Wirtschaftlichkeits-Analyse und ist nach den dafür von der Betriebswirtschaftslehre entwickelten Regeln aufgebaut.

Buchhaltung und Jahresabschluß betrachten das Labor als eine Einheit und ermitteln Werte, die sich in der Regel nur auf dieses Gesamtgebilde beziehen. Unterschiedliche Kosten, Erlöse und vor allem Ergebnisse in den einzelnen, zum Teil sehr verschiedenen Bereichen eines medizinischen Labors treten bei dieser "Black Box-Betrachtung" nicht in Erscheinung.

Wenn keine weiteren Komponenten eines internen Rechnungswesens existent sind, hat der verantwortliche Laborleiter nur solche globalen auf das Gesamtlabor bezogenen Zahlen zur Verfügung. Diese groben Informationen reichen im gegenwärtigen und zukünftigen Kostenumfeld nicht mehr aus.

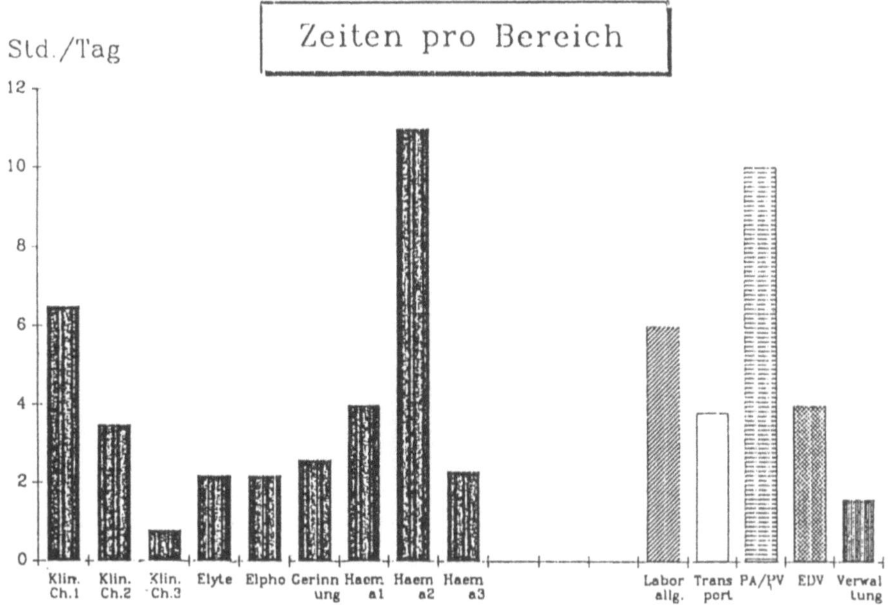

Abbildung 11

Abb. 11

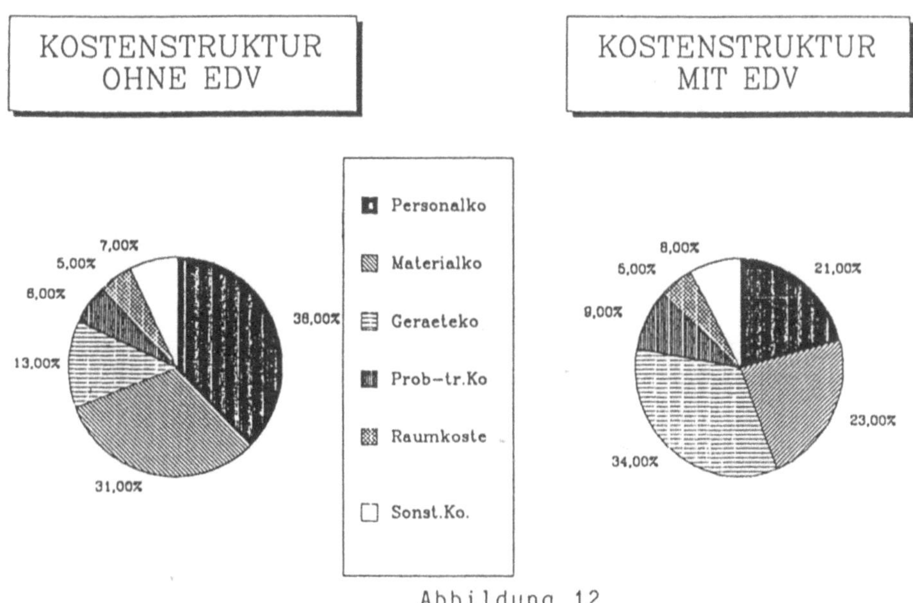

Abbildung 12

Abb. 12

Die Kosten- und Leistungsrechnung als wichtiger Teil eines internen Rechnungswesens geht hier einen wesentlichen Schritt weiter als die (Finanz-) Buchhaltung. Ausgehend von der ersten Stufe, nämlich der Kostenartenrechnung, in der es um die Frage "welche Kosten sind angefallen?" geht, wird in der 2. Stufe, der Kostenstellenrechnung die Frage "wo sind die Kosten angefallen?" beantwortet. D.h. die Kosten, Erlöse und Ergebnisse werden jeweils, getrennt nach den einzelnen Laborbereichen, in denen sie anfallen, ermittelt.

Entsprechend der Inanspruchnahme der Kostenstellen durch die einzelnen Leistungseinheiten - sprich Analysen - werden dann in der 3. Stufe, der sog. Kostenträgerrechnung, in der die Frage "wofür sind die Kosten angefallen?" lautet, die einzelnen Kosten auf die Analysen verrechnet.

Eine der wichtigsten Voraussetzungen für eine aussagefähige Kosten- und Leistungsrechnung besteht zunächst darin, das Labor in sinnvoll abgrenzbare Bereiche, d.h. Kostenstellen aufzuteilen. Dabei wird notwendigerweise unterschieden zwischen "produzierenden" Analytikbereichen, d.h. Hauptkostenstellen und den der Analytik vor- und nachgelagerten Hilfs- und allgemeinen Kostenstellen.

Abbildung 13 zeigt eine solche Bereichsaufteilung in einem Gemeinschaftslabor, Abbildung 14 zeigt eine solche aus einem Facharztlabor.

Im Krankenhauslabor kommt noch eine zusätzliche Dimension, nämlich die Unterscheidung zwischen Notfall und Routine hinzu. Die Abildungen 15, 16 und 17 zeigen eine mögliche Aufteilung eines Krankenhauslabors in mehreren hierarchischen Stufen. Im Ergebnis liefert dann die Kostenrechnung auf jeder dieser Stufen entsprechende Aussagen.

Labor allg.
Trans-port
PA/PV
EDV
Ver-walt.
Kln. Chemie1
Kln. Chemie2
Kln. Chemie3
Elyte
Elpho
Gerin-nung
Häma 1
Häma 2
Häma 3

Abb. 13

Labor allg.
Trans-port
PA/PV
EDV
Ver-walt.
Kln. Chemie
Endokrin.
Haema.
Immunol.
Mikrob.
Mikrosk.
Arzt-leistung
Fremd-labor

Abb. 14

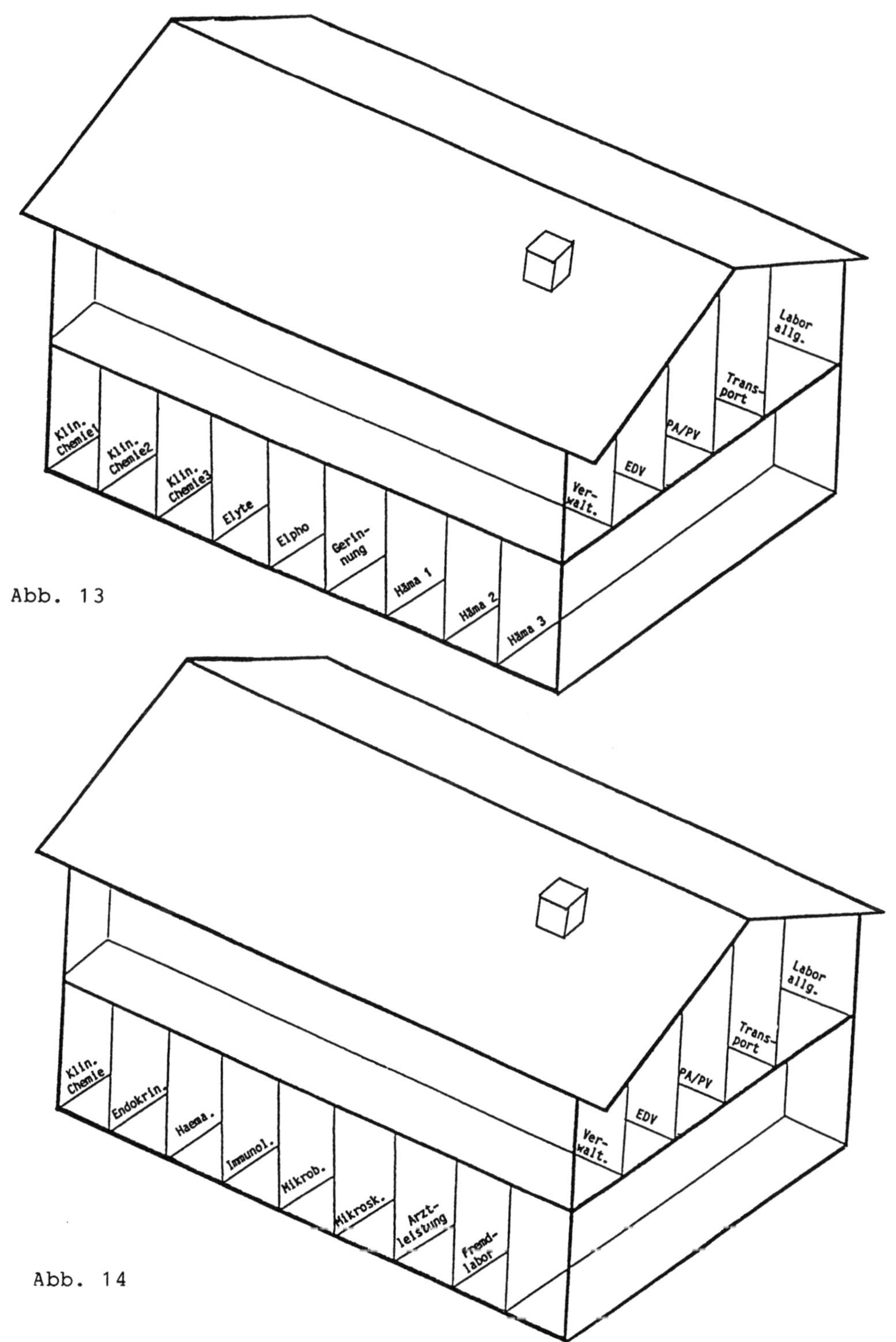

Krankenhaus-Labor
Klinische Chemie
- Routine -
Sonstiges
- Routine -
Notfall-Labor

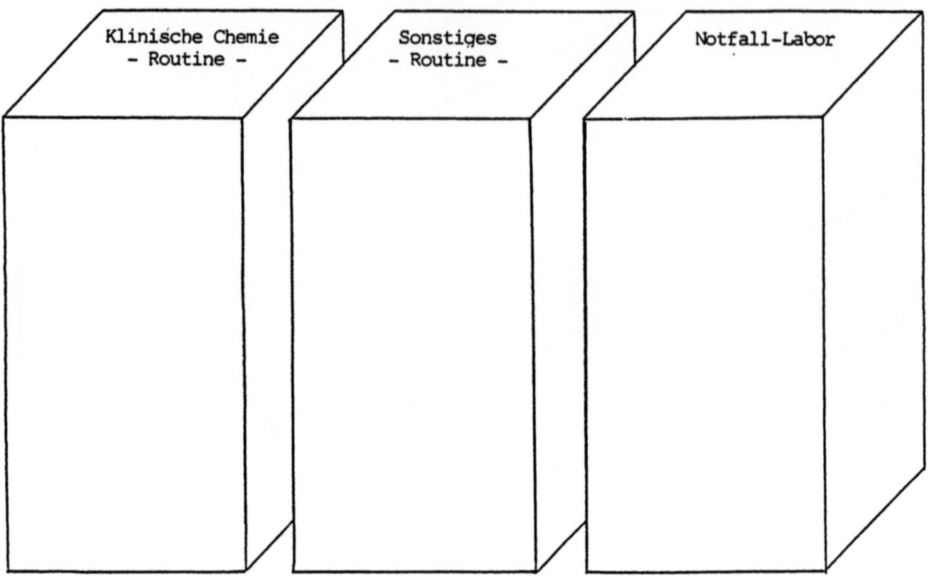

Abb. 15

Klinische Chemie - Routine -
Abbott VP
Dupont ACA
SMA 6
SMA 12
Handplatz
Elektrophorese
Bering Nephelom.
Blutzucker
Gerinnung

Krankenhaus-Labor
Sonstiges - Routine -
Kleines Blutbild
Diff.-Blutbild
Thrombocounter
Blutgr.-Serologie
Blutdepot
Urin
Radiologie
Sonstiges EKG, Lungenf.

Notfall-Labor
Dupont ACA
Beckmann Cener
Gerinnung
Hämatologie
Blutgr.-Serologie
Urin/Blutzucker

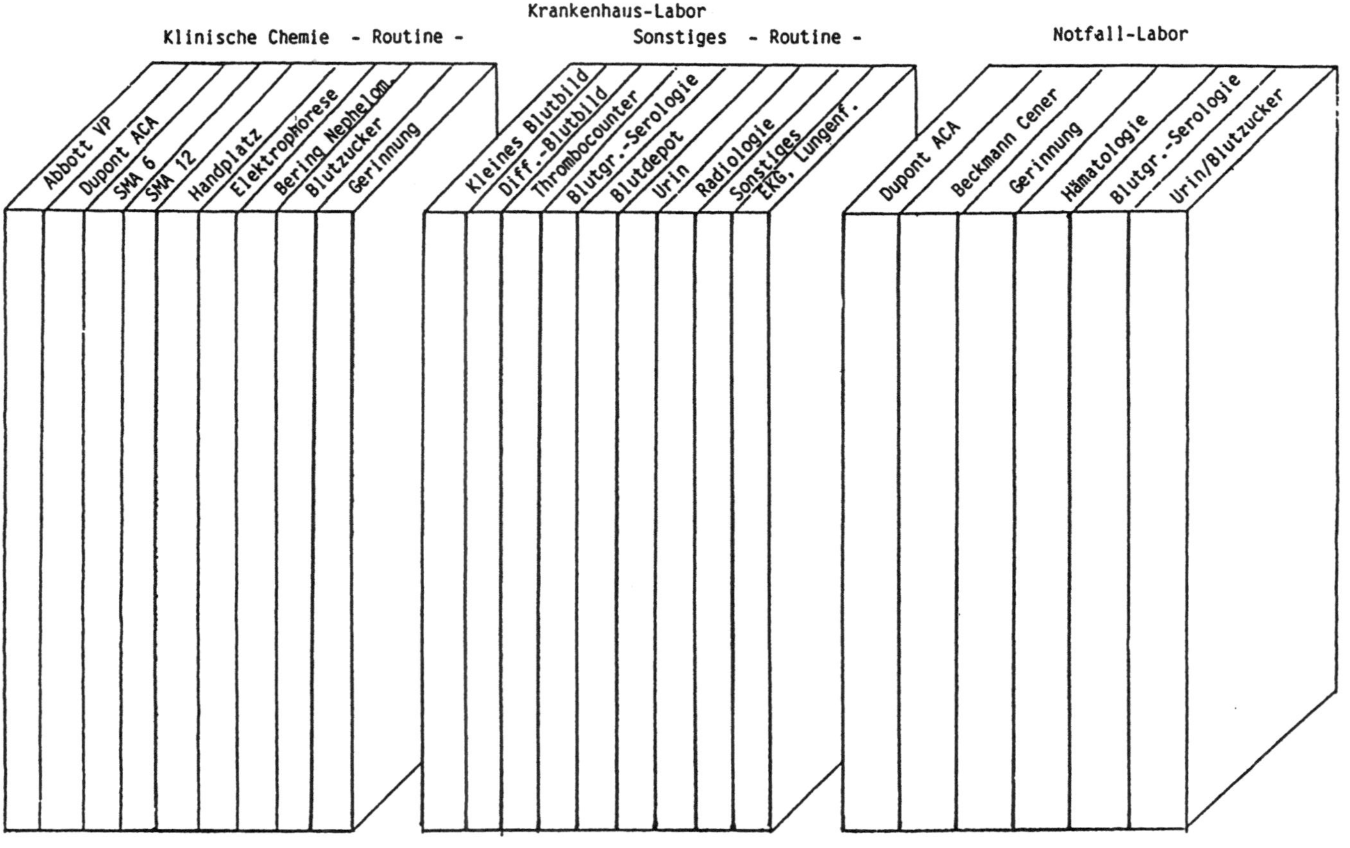

Abb. 16

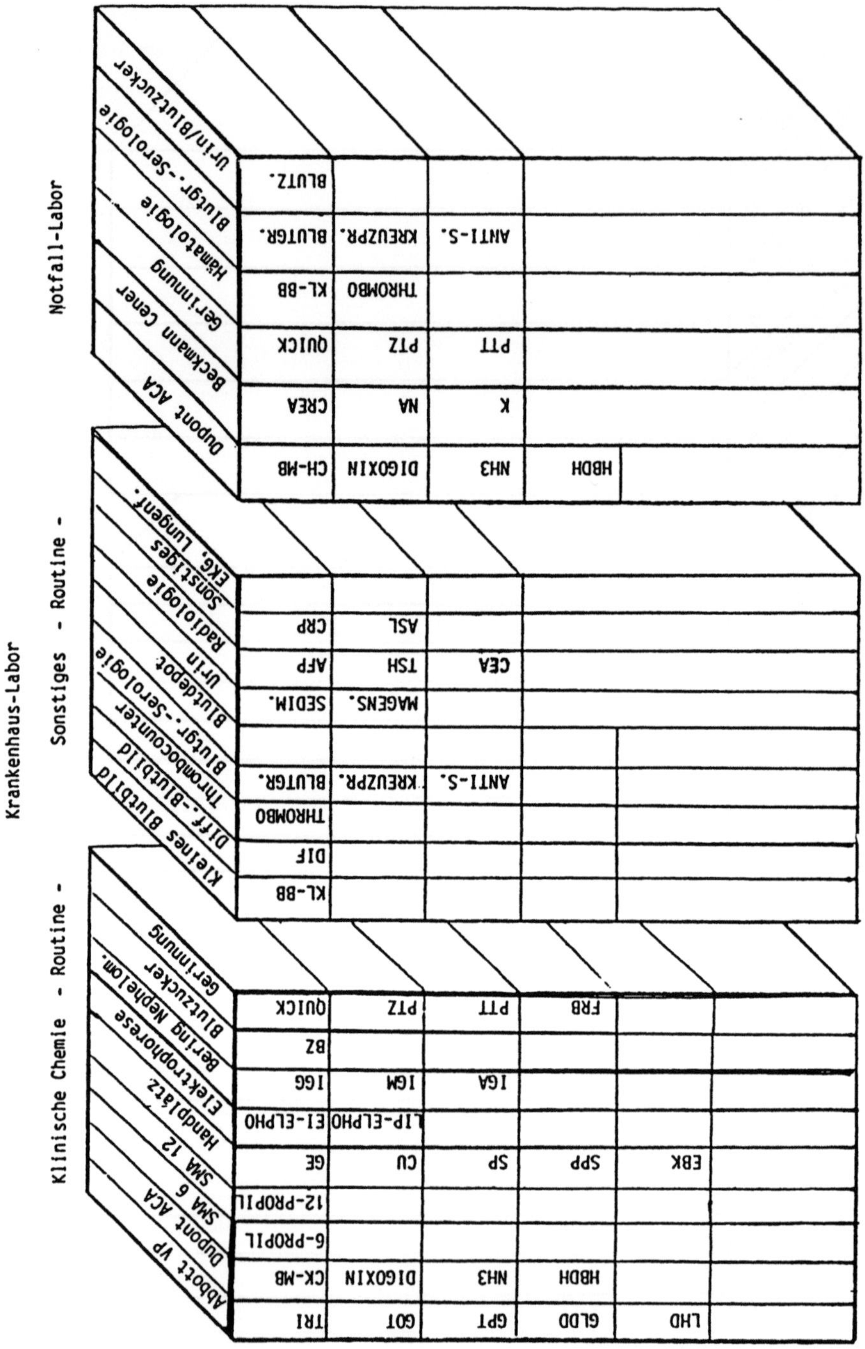
Krankenhaus-Labor
Klinische Chemie - Routine -
Sonstiges - Routine -
Notfall-Labor
Abbott VP
Dupont ACA
SMA 6
SMA 12
Handplätz
Elektrophorese
Bering Nephelom.
Blutzucker
Gerinnung
TRI
GOT
GPT
GLDD
LHD
CK-MB
DIGOXIN
NH3
HBDH
6-PROPIL
12-PROPIL
GE
CU
SP
SPP
EBK
EI-ELPHO
LIP-ELPHO
IGG
IGM
IGA
BZ
QUICK
PTZ
PTT
FRB
Kleines Blutbild
Diff.-Blutbild
Thrombocounter
Blutgr.-Serologie
Blutdepot
Urin
Radiologie
Sonstiges
EKG, Lungenf.
KL-BB
DIF
THROMBO
BLUTGR.
KREUZPR.
ANTI-S.
SEDIM.
MAGENS.
AFP
TSH
CEA
CRP
ASL
Dupont ACA
Beckmann Cener
Gerinnung
Hämatologie
Blutgr.-Serologie
Urin/Blutzucker
CH-MB
DIGOXIN
NH3
HBDH
CREA
NA
K
QUICK
PTZ
PTT
KL-BB
THROMBO
BLUTGR.
KREUZPR.
ANTI-S.
BLUTZ.

Abb. 17

Das im Rahmen der Struktur- und Wirtschaftlichkeits-Analyse realisierte Kostenrechnungsmodell weist noch eine wichtige Besonderheit auf, die es bezüglich Genauigkeit und Aussagekraft von anderen Modellen unterscheidet. Dabei handelt es sich um die grundsätzliche Einteilung der Kostenarten in die drei Hauptgruppen

- variable, direkte Kosten (Reagenz- und Materialkosten),
- bereichsfixe Kosten, d.h. die den produzierenden Bereichen direkt zurechenbaren fixen Kosten für Personal, Geräte, Raum usw.,
- laborfixe Kosten, die auch als fixe Laborbereitschafts- kosten bezeichnet werden und die in den Hilfs- und allge- meinen Bereichen anfallen.

Diese Kosten werden auch als Overhead- oder Umlagekosten bezeichnet, da sie - beim Verfahren der Vollkostenrechnung - mittels (ungenauer) Schlüssel auf die Hauptkostenstellen und von dort auf die Leistungseinheiten (Analysen) umgelegt werden müssen.

Gerade hier bringt die Aufteilung in die 3 genannten Kosten- blöcke, die aus der Grenzkostenrechnung stammmt, wesentliche Vorteile gegenüber der oft angewendeten, einfachen 2er- Teilung. Sowohl die variablen als auch die bereichfixen Kosten werden dabei verursachungsgerecht verteilt. Lediglich der dann noch verbleibende Topf der fixen Overhead-Kosten muß nun noch - indirekt und relativ ungenau - anhand von Schlüsseln umgelegt werden.

Gerade hier bringt die Aufteilung in die 3 genannten Kosten- blöcke, die aus der Grenzkostenrechnung stammt, wesentliche Vorteile gegenüber der oft angewendeten, einfachen 2er- Teilung. Sowohl die variablen als auch die bereichsfixen Kosten werden dabei verursachungsgerecht verteilt. Lediglich der dann noch verbleibende Topf der fixen Overhead-Kosten muß nun noch - indirekt und relativ ungenau - anhand von Schlüsseln umgelegt werden.

Abbildung 18 zeigt den Kostenanfall in der vorgenannten Dreierteilung in den einzelnen Laborbereichen. Dabei wird deutlich, daß die Overhead-Kosten in den Hilfsbereichen einen erheblichen Anteil ausmachen, der in vielen Labors bei über 40 % liegt. Diese Tatsache ist vielen Laborleitern nicht bewußt. Abbildung 19 macht die zusätzliche Kostenbelastung deutlich, wenn die Overhead-Kosten im Wege der Vollkostenrechnung auf Basis der Analysenmengen umgelegt werden. Wie oben erwähnt, wären bei einer 2er-Teilung diese Overhead-Kosten, und damit die aus der Umlage resultierenden Ungenauigkeiten, noch viel größer (über 60 %).

Den sich ergebenden Gesamtkosten (alle 3 Hauptgruppen) pro Bereich werden in Abbildung 20 die entsprechenden Erlöse pro Bereich gegenübergestellt. Daraus wird ersichtlich, welcher Bereich - auf Vollkostenbasis - überschüsse erwirtschaftet und welcher Bereich subventioniert werden muß.

Dies mag manchem Laborleiter der Tendenz nach vielleicht schon bekannt sein. Dies reicht jedoch nicht aus, weil für differenzierte Führungsentscheidungen die DM-mäßig exakten über- und Unterdeckungen pro Laborbereich bekannt sein müssen.

Zusätzlich liefert das System noch eine weitere Differenzierung nach dem Prinzip der Grenzkostenrechnung, indem es die einzelnen Deckungsbeiträge pro Laborbereich aufzeigt (siehe Abbildung 21). Diese Ergebnisgrößen errechen sich wie folgt:

DB 1 = Erlöse ./. variable Kosten,
DB 2 = DB 1 ./. bereichsfixe Kosten,
DB 3 = DB 2 ./. Umlagekosten.

DIE KOSTEN IN DEN BEREICHEN VOR UMLAGE
Umlagekosten
Bereichsfixe Kosten
Variable Kosten
300000
250000
200000
DM 150000
100000
50000
0
Klin. Ch.1
Klin. Ch.2
Klin. Ch.3
Elyte
Elph o
Geri nnu ng
Hae ma1
Hae ma2
Hae ma3
Labo r allg.
Tran spor t
PA/P V
EDV
Verw altu ng

Abb. 18

DIE KOSTEN IN DEN BEREICHEN NACH UMLAGE
Umlagekosten
Bereichsfixe Kosten
Variable Kosten
700000
600000
500000
400000
DM
300000
200000
100000
0
Klin. Ch.1
Klin. Ch.2
Klin. Ch.3
Elyte
Elpho
Gerin nung
Haem a1
Haem a2
Haem a3

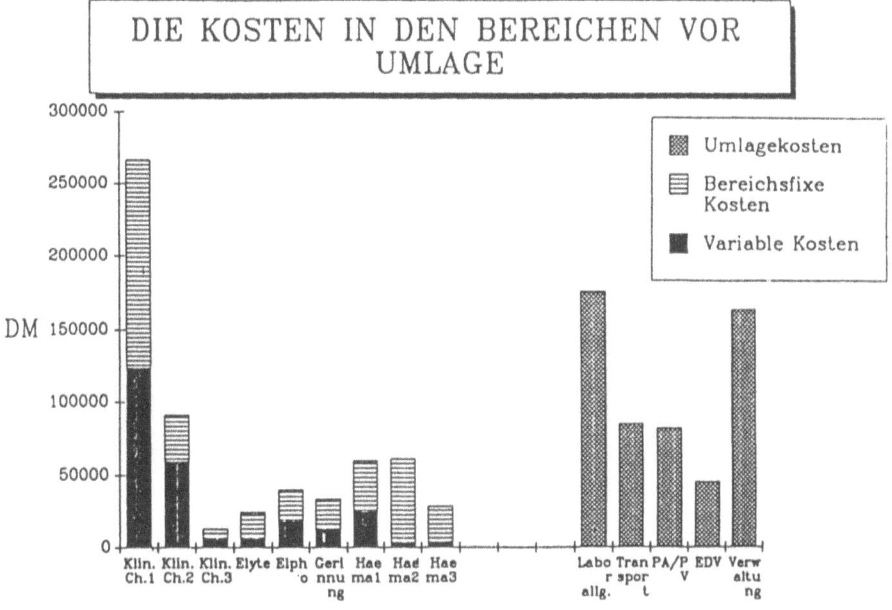

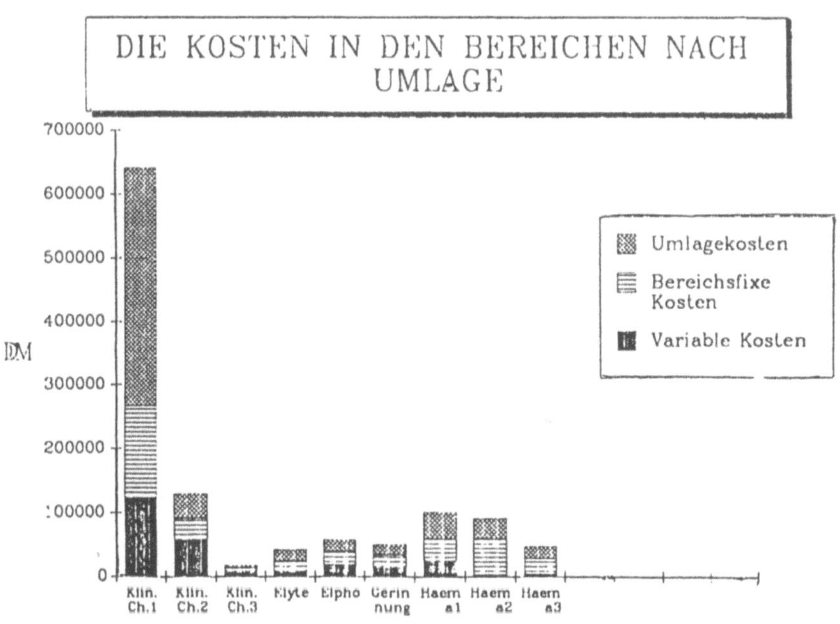

Abb. 19

LABORUMSATZ UND KOSTEN IN DEN BEREICHEN
DM
700000
600000
500000
400000
300000
200000
100000
0
Laborumsatz
Gesamtkosten
Klin. Ch.1
Klin. Ch.2
Klin. Ch.3
Elyte
Elpho
Gerinnung
Haema 1
Haema 2
Haema 3

Abb. 20

WELCHER BEREICH ERBRINGT DECKUNGSBEITRAEGE?
DM
60000
50000
40000
30000
20000
10000
0
-10000
Deckungsbeitrag I
Deckungsbeitrag II
Labor-Ergebnis
Klin. Ch.1
Klin. Ch.2
Klin. Ch.3
Elyte
Elpho
Gerinnung
Haema 1
Haema 2
Haema 3

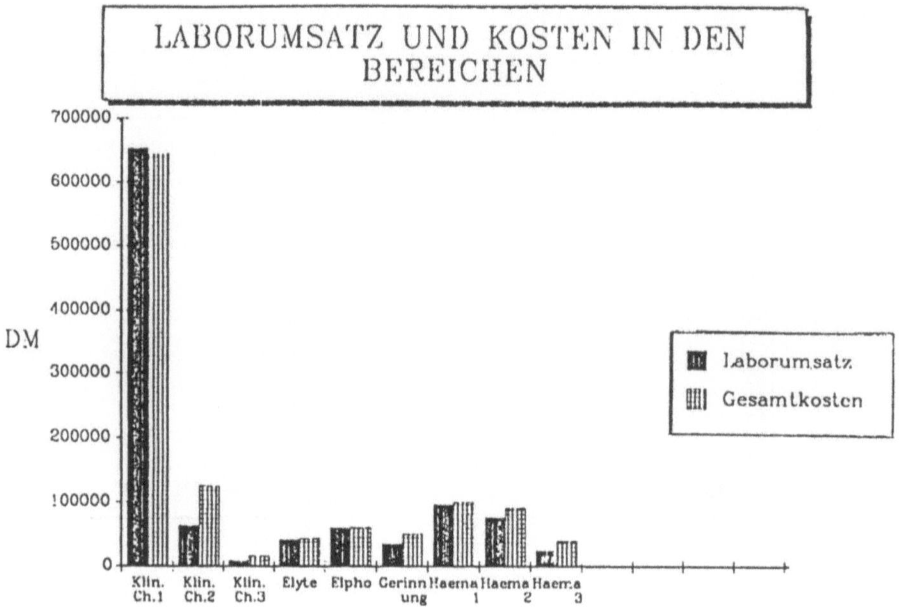

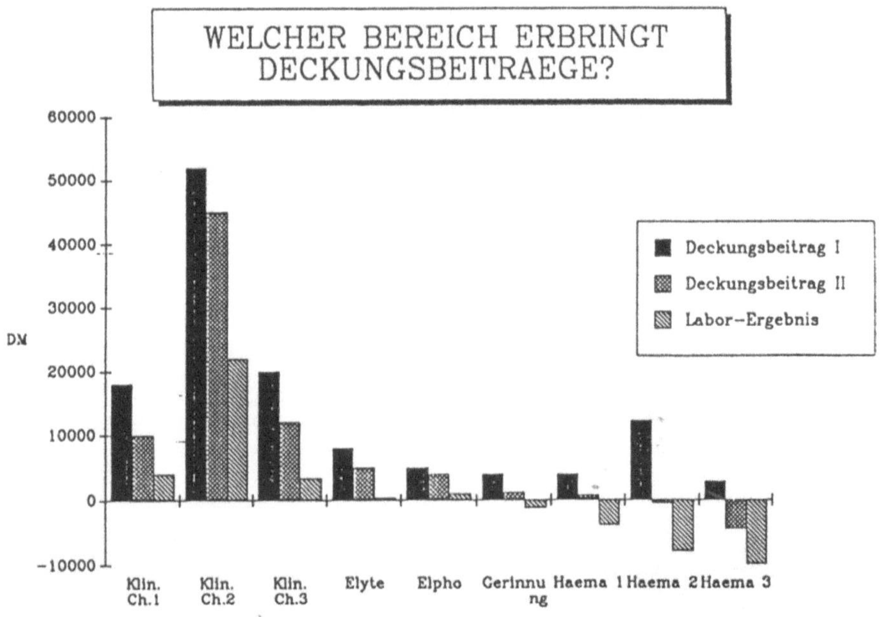

Abb. 21

der Deckungsbeitrag 3 entspricht der oben erwähnten über- oder
Unterdeckung pro Bereich und ergibt in der Summe der Bereiche
das Laborergebnis, d.h. den Gewinn bzw. - falls die Unterdeckungen in der Summe höher sind als die Überdeckungen - den
Verlust.

In der bereits erwähnten dritten Stufe der Kostenrechnung erfolgt die Zurechnung der einzelnen Kosten auf die Kostenträger, d.h. auf die Leistungseinheiten bzw. die durchgeführten Laborbestimmungen.

Die variablen Kosten für Reagenzien und Labormaterial werden
den Anaylsen einzeln, auf empirischen Wege, zugerechnet. Hierbei geht es um das Grundsatzproblem der Ermittlung des Mate-
rialverbrauchs, der bekanntlich nicht mit dem Materialeinkauf
identisch ist. Sofern keine Materialbuchhaltung und - be-
standsführung vorhanden ist - und dies ist in der Regel nicht
der Fall - werden hier entsprechende Näherungsformeln
angewendet.

Die bereichfixen Kosten werden auf maschinellem Wege aus der
Kostenstellenrechnung auf die diesem Bereich zugeordneten
Analysen verrechnet. Abbildung 22 zeigt die Preise und die
Kosten für ausgewählte Einzelanalysen als Stückbetrachtung.
Die Abbildung 23 zeigt dieselben Einzelanalysen, jedoch
bewertet mit den entsprechenden Mengendaten. Dadurch wird die
Erkenntnis aus der Stückbetrachtung relativiert.

Die dargestellten Kosten beinhalten wiederum alle drei
Bestandteile und sind somit Vollkosten. Die Abbildungen 24 und
25 zeigen dann die Anteile der drei o.g. Kostengruppen an den
Selbstkosten einer Bestimmmung, jeweils einzeln und gesamt.
d.h. bewertet mit der Stückzahl.

KENNEN SIE IHRE AUSREISSER-
ANALYSEN? (STUECKKOSTEN)
Laborpreise
Selbstkosten
DM
CREA
FE
K+NA
EBK
SPP
THROMBO

Abb. 22

WIE WIRKEN SICH DIE AUSREISSER-
ANALYSEN UEBER'S JAHR AUS?
Umsatz pro
Analyse
Selbstkosten
DM
CREA
FE
K+NA
EBK
SPP
THROMBO

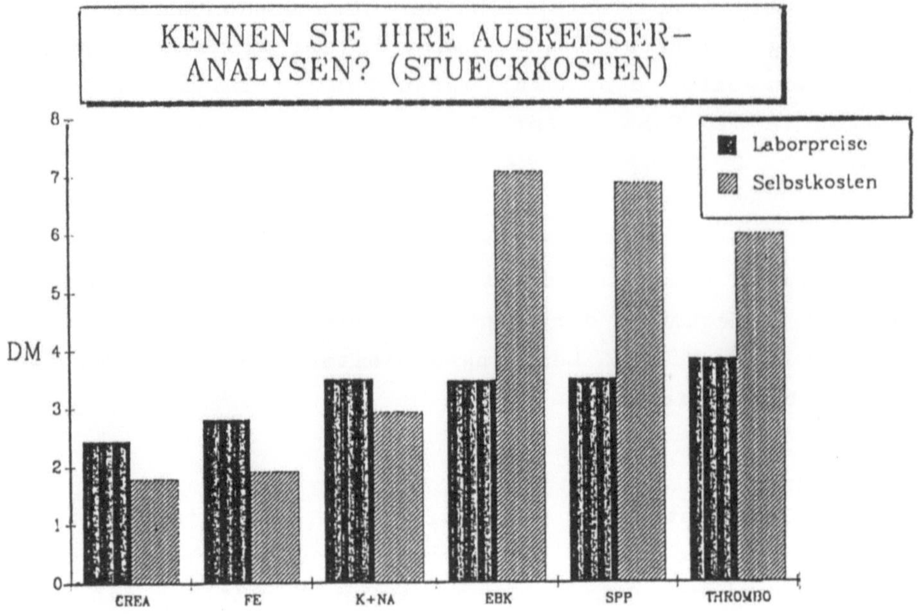

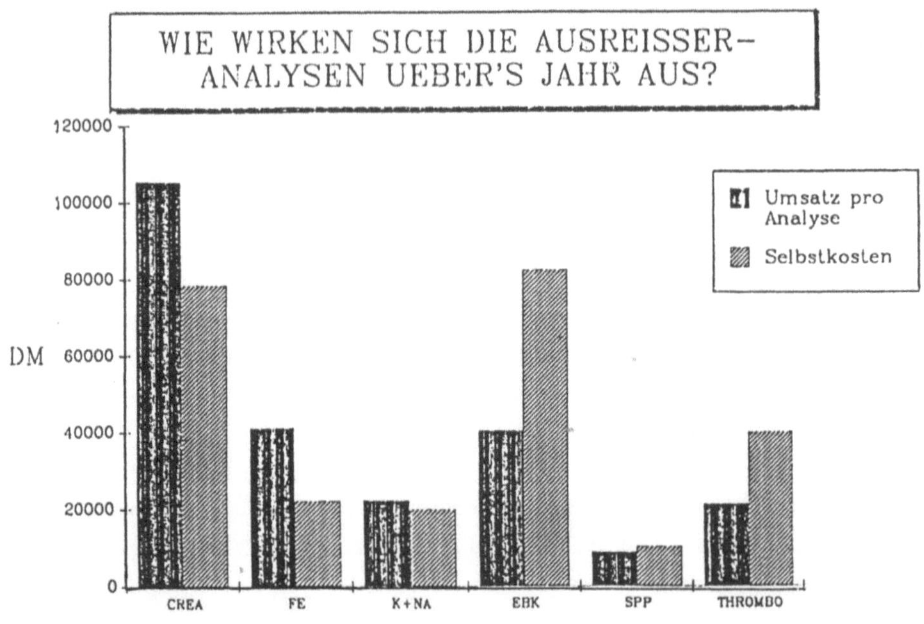

Abb. 23

WIE SETZEN SICH DIE SELBSTKOSTEN BEI DER EINZELNEN ANALYSE ZUSAMMEN?
Umlagekosten
Bereichsfixe Kosten
Variable Kosten
DM
CREA
FE
K+NA
EBK
SPP
THROMHO

Abb. 24

WIE SETZEN SICH DIE JAEHRLICHEN SELBSTKOSTEN ZUSAMMEN?
Umlagekosten
Bereichsfixe Kosten
Variable Kosten
DM
CREA
FE
K+NA
EBK
SPP
THROMBO

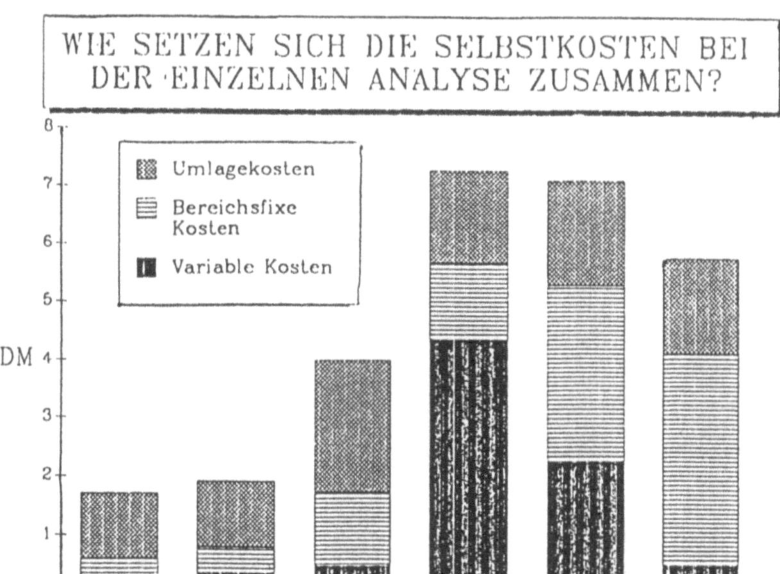

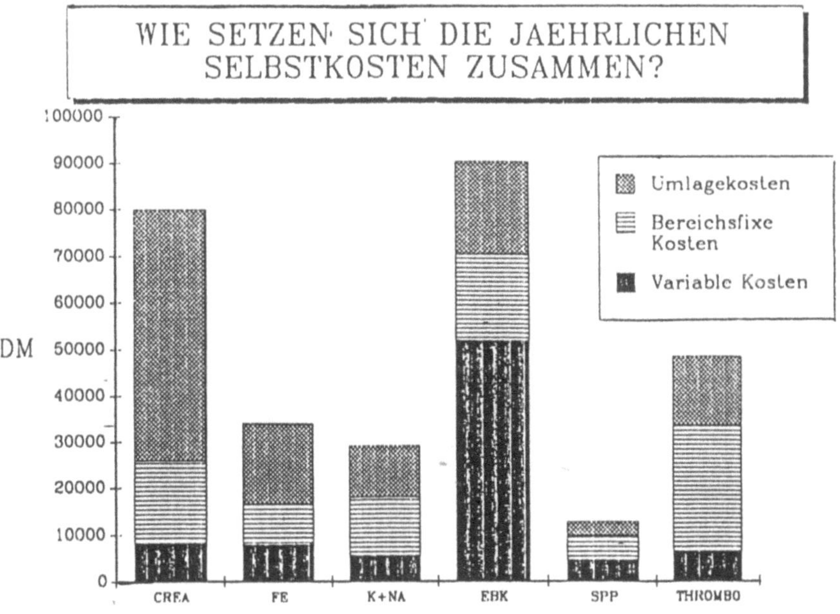

Abb. 25

Aus der Sicht der Deckungsbeitragsrechnung stellen die ausgewiesenen variablen Kosten die absolute und die primären Kosten (variable und bereichsfixe Kosten) die relative Preisuntergrenze einer Bestimmung dar. Jeder Preis, der z.B. über die relative Preisuntergrenze hinausgeht, erbringt einen Deckungsbeitrag, in diesem Falle den DB 2. Die Summe dieser Deckungsbeiträge muß mindestens so groß sein wie die Summe der laborfixen Overhead-Kosten. In diesem Falle würde das Labor mit +/- Null abschließen, d.h. weder Gewinne noch Verluste erwirtschaften, was im Falle des Gemeinschaftslabors so gewollt ist.

Im Facharztlabor muß selbstverständlich ein Gewinn erwirtschaftet werden, was in der Regel auch so ist. Eine solche Ergebnisdarstellung, bezogen auf die verschiedenen Honorargruppen ergibt sich aus Abbildung 26.

Aus dieser Grenzkostenbetrachtung resultieren wichtige Erkenntnisse und Orientierungshilfen für die "Preiskalkulation". Ein Preis pro Analyse sollte also möglichst nicht unter der relativen und darf auf keinen Fall unter der absoluten Preisuntergrenze liegen. Anders ausgedrückt muß der Deckungsbeitrag 1 auf jeden Fall größer als 0 sein.

Im Krankenhauslabor hat die Erlöskomponente - in Ermangelung eines echten Preises/Anaylse - (leider) nicht die entsprechende Relevanz. Da dort - wie eingangs erläutert - das Prinzip der Kostendeckung gilt, müßte die detaillierte Durchleuchtung der Kostenstruktur und -entwicklung noch mehr im Vordergrund stehen.

Die computergestützte Struktur- und Wirtschaftlichkeits-Analyse liefert neben den grafischen Schaubildern selbstverständlich auch das gesamte Zahlenmaterial in Listenform. So

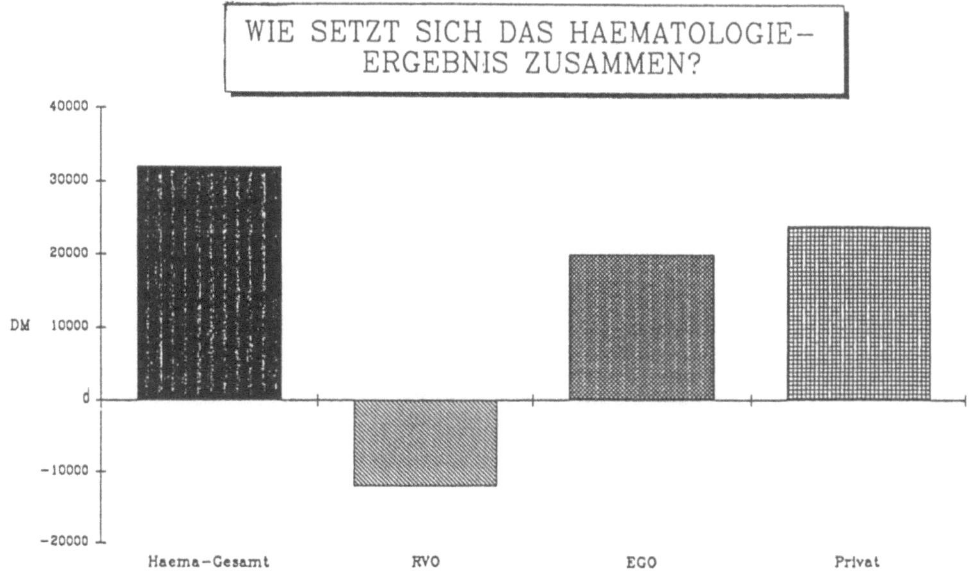

Abb. 26

wird z. B. unter der Bezeichnung "Transparentes Labor" ein
Laborabrechnungsbogen mit allen Kosten-, Erlös- und Mengendaten der Haupt- und Hilfsbereiche ausgegeben. Im Bereich der
Kostenträgerrechnung werden unter der Bezeichnung "Transparente Analyse" verschiedene Listen mit allen im Labor
durchgeführten Parametern ausgegeben und zwar sowohl auf der
Basis Teil- als auch auf Basis Vollkosten (siehe Abbildungen
27,28 und 29).

```
          TRANSPARENTE ANALYSE     VOLLKOSTEN
```

Alle Analysen mit ihren Einzelkosten, Labor-
preisen, Stueckergebnissen und Gesamtergebnissen

Musterlabor

Bereich	Analysen-Bezeichnung	Selbstkosten pro Analyse	Laborgemeinschaft Preis / Stueck	Gewinn / Stueck	Stueck	Gewinn / Abr.Zeitr.
Klin. 1	AMYL	3,15	3,00	-0,15	6.730	-979
	AP	1,68	1,80	0,12	20.421	2.543
	BILI	1,79	1,80	0,01	5.460	79
	BLUTZUCKER i. S	1,75	1,80	0,05	15.634	853
	CA	1,83	1,80	-0,03	9.846	-251
	CHE	3,62	3,60	-0,02	1.015	-16
	CHOL	1,76	1,80	0,04	33.283	1.483
	CREA	1,58	2,40	0,82	43.255	35.666
	EI	1,77	1,80	0,03	638	22
	FE	1,78	3,00	1,22	14.899	18.245
	GE FUER ELPHO	1,77	1,80	0,03	12.471	431
	GGT	1,80	1,80	0,00	47.804	217
	GOT	1,73	1,80	0,07	16.418	1.224
	GPT	1,72	1,80	0,08	23.167	1.959
	HS	1,85	1,80	-0,05	38.743	-1.761
	HST	1,89	1,80	-0,09	12.681	-1.084
	LOH	1,89	1,80	-0,09	4.171	-356
	PHOSPH	2,13	1,80	-0,33	988	-322
	TRI	1,94	1,80	-0,14	25.609	-3.469
Klin.2	HAEMOLYS. i. ZU	3,71	1,80	-1,91	11.000	-21.061
Elyte	K	2,65	1,80	-0,85	7.771	-6.577
	K+NA	2,88	3,60	0,72	7.771	5.624
Elpho	ELPHO INCL. GE	3,97	4,80	0,83	12.471	10.299
Gerinnung	PTT	4,13	3,00	-1,13	2.968	-3.367
	QUICK	4,02	3,00	-1,02	8.807	-9.022
Haema	GRBB	5,53	7,30	1,77	35.000	61.931

```
                                            419.021      92.312 DM
                                        ==============================
```

```
       Verlustbringer (Stck. und DM)        130329     -48.263 DM
       Gewinnbringer  (Stck. und DM)        288692     140.575 DM
```

Abb. 27

7.6 VORGEHENSWEISE, ZEITBEDARF

Die Durchführung einer Struktur- und Wirtschaftlichkeits-
Analyse in einem medizinischen Labor vollzieht sich nach
folgendem Ablauf:

TRANSPARENTE ANALYSE   TEILKOSTEN

Alle Analysen mit ihren 'Kosten ohne Overhead', Labor-
preisen und den Beitraegen zur Abdeckung der Overhead-Kosten

Musterlabor

Bereich	Analysen-bezeichnung	Kosten ohne Overhead		Preis/ Stueck	Beitrag zur Overhead-deckung	Stueck/ Jahr	Gesamt-beitrag zur Overhead-deckung	
Klin. 1	AMYL	2,13	I	3,00	0,87	6.730	5.878	I
	AP	0,66	I	1,80	1,14	20.421	23.349	I
	BILI	0,77	I	1,80	1,03	5.460	5.442	I
	BLUTZUCKER I. S	0,73	I	1,80	1,07	15.634	16.781	I
	CA	0,81	I	1,80	0,99	9.846	9.781	I
	CHE	2,60	I	3,60	1,00	1.015	1.018	I
	CHOL	0,74	I	1,80	1,06	33.283	35.392	I
	CREA	0,56	I	2,40	1,84	43.255	79.735	I
	EI	0,75	I	1,80	1,05	− 638	672	I
	FE	0,76	I	3,00	2,24	14.899	33.424	I
	GE FUER ELPHO	0,75	I	1,80	1,05	12.471	13.136	I
	GGT	0,78	I	1,80	1,02	47.804	48.921	I
	GOT	0,71	I	1,80	1,09	16.418	17.951	I
	GPT	0,70	I	1,80	1,10	23.167	25.562	I
	HS	0,83	I	1,80	0,97	38.743	37.711	I
	HST	0,87	I	1,80	0,93	12.681	11.836	I
	LDH	0,87	I	1,80	0,93	4.171	3.893	I
	PHOSPH	1,11	I	1,80	0,69	988	685	I
	TRI	0,92	I	1,80	0,88	25.609	22.622	I
Klin.2	HAEMOLYS. I. ZU	2,57	I	1,80	-0,77	11.000	-8.451	I
Elyte	K	1,56	I	1,80	0,24	7.771	1.838	I
	K+NA	1,79	I	3,60	1,81	7.771	14.039	I
Elpho	ELPHO INCL. GE	2,81	I	4;80	1,99	12.471	24.810	I
Gerinnung	PTT	2,97	I	3,00	0,03	2.968	102	I
	QUICK	2,86	I	3,00	0,14	8.807	1.271	I
Haema	GRBB	4,26	I	7,30	3,04	35.000	106.280	I

Die Analysen erhalten Beitraege zur Deckung der Overhead-Kosten von insg :   533.877 DM

Die Overhead-Kosten betragen insgesamt :   441.565 DM

Abb. 28   Daraus ergibt sich ein Labor-Ergebnis von :   92.312 DM

- Ist-Aufnahme vor Ort im Labor (1-3 Tage),
- Datenaufbereitung, prüfung und -abstimmung,
- Eingabe in die EDV,
- Auswertung in allen beschriebenen Modulen,

von

fuer   **Musterlabor**

Version:

T R A N S P A R E N T E   A N A L Y S E

Alle Einzelanalysen, deren Kostenbestand-
teile und die Selbstkosten pro Analyse

Analysen-Bezeichnung	Analysen-Kenn-Nummer	gehoert zu Bereich Nr.	(----- variable Kosten -----)		(-------- fixe Kosten ---------)			Kosten ohne Overhead	(------ O v e r h e a d - K o s t e n ------)					Selbstkosten pro Analyse
			analysenspezif. Labor-Material	Reagenz	Personal-Kosten	Geraete-Kosten	Raum-Kosten		Umlage Labor allg	Umlage Transport	Umlage PA/PV	Umlage EDV	Umlage Verwalt.	
ARTL		1	0,12	1,60	0,09	0,29	0,05	2,15	0,41	0,18	0,18	0,10	0,27	3,28
AP		1	0,12	0,13	0,09	0,29	0,05	0,68	0,41	0,18	0,18	0,10	0,27	1,81
BILI		1	0,12	0,26	0,09	0,29	0,05	0,79	0,41	0,18	0,18	0,10	0,27	1,92
BLUTZUCKER i. S		1	0,12	0,20	0,09	0,29	0,05	0,75	0,41	0,18	0,18	0,10	0,27	1,88
CA		1	0,12	0,28	0,09	0,29	0,05	0,83	0,41	0,18	0,18	0,10	0,27	1,96
CHE		1	0,12	2,07	0,09	0,29	0,05	2,62	0,41	0,18	0,18	0,10	0,27	3,75
CHOL		1	0,12	0,21	0,09	0,29	0,05	0,76	0,41	0,18	0,18	0,10	0,27	1,89
CREA		1	0,12	0,03	0,09	0,29	0,05	0,58	0,41	0,18	0,18	0,10	0,27	1,71
EI		1	0,12	0,22	0,09	0,29	0,05	0,77	0,41	0,18	0,18	0,10	0,27	1,90
FE		1	0,12	0,23	0,09	0,29	0,05	0,78	0,41	0,18	0,18	0,10	0,27	1,91
GE FUER ELPHO		1	0,12	0,22	0,09	0,29	0,05	0,77	0,41	0,18	0,18	0,10	0,27	1,90
GGT		1	0,12	0,25	0,09	0,29	0,05	0,80	0,41	0,18	0,18	0,10	0,27	1,93
GOT		1	0,12	0,18	0,09	0,29	0,05	0,73	0,41	0,18	0,18	0,10	0,27	1,86
GPT		1	0,12	0,17	0,09	0,29	0,05	0,72	0,41	0,18	0,18	0,10	0,27	1,85
HS		1	0,12	0,30	0,09	0,29	0,05	0,85	0,41	0,18	0,18	0,10	0,27	1,98
HST		1	0,12	0,34	0,09	0,29	0,05	0,89	0,41	0,18	0,18	0,10	0,27	2,02
LDH		1	0,12	0,34	0,09	0,29	0,05	0,89	0,41	0,18	0,18	0,10	0,27	2,02
PHOSPH		1	0,12	0,58	0,09	0,29	0,05	1,13	0,41	0,18	0,18	0,10	0,27	2,26
TRI		1	0,12	0,39	0,09	0,29	0,05	0,94	0,41	0,18	0,18	0,10	0,27	2,07
EBK		2	0,05	4,28	0,67	0,39	0,27	5,66	0,41	0,18	0,18	0,10	0,74	7,26
HAEMOLYS. I. ZU		2	0,26	0,06	0,67	0,39	0,27	1,65	0,41	0,18	0,18	0,10	0,74	3,25
SP		3	0,30	1,53	0,95	0,26	1,86	4,88	0,41	0,18	0,18	0,10	0,95	6,69
SPP		3	0,30	1,93	0,95	0,26	1,86	5,28	0,41	0,18	0,18	0,10	0,95	7,09
K		4	0,06	0,17	0,69	0,33	0,25	1,51	0,41	0,18	0,18	0,10	0,40	2,77
K+NA		4	0,12	0,34	0,69	0,33	0,25	1,74	0,41	0,18	0,18	0,10	0,40	3,00
ELPHO INCL. GE		5	0,03	1,39	0,87	0,48	0,44	3,20	0,41	0,18	0,18	0,10	0,65	4,72
PTT		6	0,19	0,95	1,02	0,27	0,53	2,96	0,41	0,18	0,18	0,10	0,60	4,42
QUICK		6	0,19	0,84	1,02	0,27	0,53	2,85	0,41	0,18	0,18	0,10	0,60	4,31
KL88		7	0,21	0,55	0,59	0,26	0,24	1,85	0,41	0,18	0,18	0,10	0,43	3,15
DIFF88		8	0,05	0,09	2,40	0,06	0,25	2,85	0,41	0,18	0,18	0,10	0,59	4,31
THROMBO		9	0,06	0,46	2,48	0,69	0,44	4,11	0,41	0,18	0,18	0,10	0,79	5,76

Abb. 29

- Ausgabe von Listen und grafischen Darstellungen,
- Beurteilung des Ist-Zustandes mit Schwachstellen-Analyse,
- Betriebswirtschaftliche Interpretation und Diagnose,
- Plausibilitätsprüfung mit der Laborleitung,
- Formulierung von Vorschlägen und Empfehlungen in Form eines
  Maßnahmenkataloges,
- Zusammenfassung aller vorgenannten Beschreibungen, Listen
  und Schaubilder einer Studie,
- Präsentation vor der Laborleitung und Diskussion der
  gewonnenen Erkenntnisse,
- Gemeinsame Entwicklung einer oder mehrerer Soll-Kozep-
  tionen mit Quantifizierung der zugrunde zu legenden
  Prämissen,
- Durchführung einer SWA-Soll-Berechnung auf der Grundlage
  des für diese Labor bereits gespeicherten Modells.

Bei rechtzeitiger Planung kann die gesamte Struktur- und
Wirtschaftlichkeits-Analyse in 4 - 6 Wochen abgewickelt
werden.

7.7   ERKENNTNISSE, VORTEILE, NUTZEN

Jeder Laborverantwortliche muß sich unter den eingangs beschriebenen Rahmenbedingungen im klaren sein, daß neben seiner
medizinisch-technischen Qualifikation auch betriebswirtschaftliche Kenntnisse dringend erforderlich sind.

Zur Durchsetzung von begründeten Forderungen (Strukturveränderungen) werden Argumentationen, gestützt auf betriebswirtschaftliche Fakten immer dringender.

Nach Auffassung der Verfaser - und dies hat sich in allen bisherigen Anwendungsfällen gezeigt - trägt die oben beschriebene Struktur- und Wirtschaftlichkeits-Anaylyse (SWA) zur Versachlichung der Diskussion bei und kann die Grundlage für die wirtschaftliche Betriebsführung eines Laboratoriums innerhalb der Kostendämpfungssituation bilden.

Die Struktur- und Wirtschaftlichkeitsanalyse bringt eine umfassende Transparenz in die wirtschaftlichen Sachverhalte des medizinischen Labors. Sie beantwortet u.a. die Fragen, die sich jeder verantwortliche Laborleiter heute stellen muß:

- Wie haben sich die wirtschaftlich relevanten Größen wie Erlöse, variable und fixe Kosten, Analysenmengen usw. entwickelt, einerseits bezogen auf das Gesamtlabor, andererseits bezogen auf die einzelnen Laborbereiche?
- Wie versteht sich der Personaleinsatz auf analytische, prä- und postanalytische sowie Verwaltungs- und sonstige Tätigkeiten?
- Gibt es strukturelle und ablauforganisatorische Schwachstellen, die meine Wirtschaftlichkeit beeinträchtigen; wenn ja, wo liegen diese und wie kann man sie beseitigen?
- Was kosten meine Hilfsbereiche wie Probentransport, Probennahme und -verteilung, Befundwesen/EDV und die Verwaltung?
- In welcher Form fallen diese Overhead-Kosten an und wo könnte z.B. eine "Gemeinkosten-Wert-Analyse" ansetzen, um diese zu verringern?
- Wie hoch sind in meinem Labor die Selbstkosten pro Analyse und wie setzen sie sich zusammen?
- Welche Analysenbereiche arbeiten kostendeckend, welche erzielen überschüsse, welche bringen Verluste und wie hoch sind diese über- und Unterdeckungen?

Wirtschaftlichkeit ist keine absolute, sondern eine relative Größe und ergibt sich aus den Verhältnis aus Kosten und Nutzen bzw. Aufwand und Ertrag. Wirtschaftlichkeit ist außerdem ein

Entscheidungstatbestand und somit eine wichtige Managementaufgabe. Entscheidungen werden aber umso sicherer, je fundierter die zugrundeliegenden Informationen sind.

Mehr Information und mehr Sicherheit können natürlich nicht jedes Risiko einer Fehlentscheidung verhindern, aber die Wahrscheinlichkeit dieser doch sehr stark herabsetzen.

Die beschriebene Struktur- und Wirtschaftlichkeits-Analyse liefert diese fundierten Informationen und macht die Wirtschaftlichkeit des Labors transparent. Sie dient der Entscheidungsvorbereitung und gibt der Laborleitung ein hohes Maß an Sicherheit. Insofern ist die Durchführung einer solchen Maßnahme (SWA) als existenzsichernde Zukunftsinvestition anzusehen.

7.8   PLANUNG UND REALISIERUNG NEUER LABORKONZEPTIONEN

Hierfür kann es vielfältige Gründe geben. So werden z.B. sowohl Gemeinschafts- als auch Facharztlabors so gravierend von den strukturellen Veränderungen der Gebührenordnung (neuer EBM ab 01.10.87) betroffen, daß es dringend geboten erscheint, zum einen vorhandene Laborstrukturen zu überdenken und zu verändern und zum anderen die zu erwartende Erlössituation in einer "Was-wäre-wenn-Rechnung" prognostisch durchzurechnen. Eine vorher durchgeführte betriebswirtschaftliche Analyse und Diagnose in Form der beschriebenen Struktur- und Wirtschaftlichkeits-Analyse ist dafür eine hervorragende Ausgangsbasis. Dies gilt auch in besonderem Maße bei geplanten Kooperationen oder auch Fusionen.

Auf der Grundlage der gewonnenen Erkenntnisse kann - unter Berücksichtigung bisheriger Stärken und Schwächen - eine neue Laborkonzeption geplant werden. Nach Bewertung der zugrunde-liegenden Prämissen kann diese neue Laborkonzeption - gegebenenfalls in mehreren Varianten - mit Hilfe des gespeicherten SWA-Modells durchgerechnet und simuliert werden.

Diese neue Laborkonzeption sollte in eine strategische Planung eingebettet sein und kann - nach Genehmigung durch die zuständigen Gremien - relativ problemlos in den vorgesehenen Stufen realisiert werden.

7.9 GRUNDLAGEN, AUSGANGSPUNKT ZUR PERMANENTEN WIRTSCHAFT-LICHKEITSÜBERWACHUNG (CONTROLLING)

Wie bereits erwähnt, ist die Struktur- und Wirtschaftlich-keits-Analyse zugleich Grundlage und Ausgangspunkt zur permanenten wirtschaftlichen Steuerung des Labors, mit Hilfe eines darauf speziell zugeschnittenen Controlling-Systems. Ausgehend von der konzeptionellen, strategischen Planung muß als erste Voraussetzung eine operative Jahresplanung vorgenommen werden, deren Ergebnisse in das PC-gestützte Paket einfließen. Daneben muß das Rechnungswesen aktualisiert und zu einem betriebswirt-schaftlichen Führungsinstrument ausgebaut werden. Regelmäßig (monatlich) werden die Ist-Daten in der entsprechend aufbe-reiteten Form geliefert und den Planzahlen gegenübergestellt. Wesentliche Grundlage hierfür sind die Buchhaltung einerseits und die Laborstatistiken andererseits.

Um den Reagenz- und Materialverbrauch in den Griff zu bekom-men, ist die Einführung einer laborspezifischen, PC-gestützten Materialbuchhaltung und -bestandsführung zu empfehlen. Deren Output läuft auch in das Controlling-System ein. Dieses

liefert regelmäßig, je nach Ausbaustufe, eine kurzfristige Erfolgsrechnung, eine Finanz- und Liquiditätsübersicht und eine einfache, permanente Kosten- und Leistungsrechnung, jeweils auch in Form von Plan-Ist-Vergleichen.
Nach Installation und Einführung bietet ein solches Controlling-System ein Höchstmaß an Sicherheit für die Laborleitung, die nach dem Führungsprinzip des "Management by exeption" ihr Augenmerk lediglich auf gravierende Abweichungen richten muß und die sofort steuernd eingreifen kann, wenn eine Kostenart oder eine andere wirtschaftlich relevante Größe aus dem Ruder laufen sollte.

7.10 ZUSAMMENFASSUNG

Die Verfasser haben mit diesem Beitrag versucht, aufzuzeigen, daß strukturelles, organisatorisches Denken und betriebswirtschaftliche Betrachtungsweisen, verbunden mit entsprechendem Kostenbewußtsein, heutzutage den - vielleicht neuen - aber wesentlichen Tätigkeitsmerkmalen eines Laborverantwortlichen gehören.
Dies gilt vor allem im Zusammenhang mit der gegenwärtigen "Kostenexplosion" im Gesundheitswesen, der heute und in der Zukunft noch mehr wirkungsvoll entgegengesteuert werden muß.
Unzweifelhaft ist Kostentranzparenz die erste Voraussetzung zur Kosteneinsparung. Diese Transparenz ist jedoch in den meisten medizinischen Laboratorien nicht ausreichend detailliert vorhanden. Dies war der Anlaß für die Entwicklung der oben beschriebenen Struktur- und Wirtschaftlichkeits-Analyse.
Dabei handelt es sich um ein wirkungsvolles Führungsinstrument, das - ergänzt um die Komponente "Labor-Controlling" - die Grundlage für ein zeitgemäßes, professionelles Labor-Management bildet und auch die heute notwendige betriebswirtschaftliche Kompetenz vermittelt.

8 Deskriptive Laborstatistik

K.-G. v. Boroviczény (Freiburg) und K. Osburg (Hamburg)

8.1   EINLEITUNG

Grundlage jeder Personalbedarfs- und Kostenrechnung, aber auch
vieler anderer Fragestellungen ist eine zuverlässige Analysenstatistik. Solche Fragestellungen sind ein Gerätevergleich,
die Menge zu bestellenden Verbrauchsmaterials usw. Die
Statistikführung kann je nach Fragestellung unterschiedlich
sein: für die Personalbedarfsberechnung werden an einem
Blockgerät die Profile, für die Verbrauchsmaterialbedarfs-
berechnung die je Kanal ausgeführten Analysen gezählt. In
diesem Kapitel wird die Problematik der deskriptiven Laborstatistik nach Fragestellungen eingeteilt, logisch analysiert und
es werden praktische Hinweise zur Datenerfassung ohne und mit
Computer angegeben.

Wenn etwas mit Hilfe der deskriptiven Statistik bestimmt wird,
müssen immer die **5 w's** (was, wann, wo, wie, womit) beantwortet werden:

- " was " ,   das sind die Zählobjekte
- " wann ",   betrifft die Zählperioden
- " wo " ,   betrifft die Erfassungseinheiten
- " wie " ,   die besonders wichtigen und oft komplexen Zähl-
              regeln, die in Verbindung mit den in der Praxis
              häufig vorkommenden Fragestellungen und in Ver-
              bindung mit sogenannten Analytikkonstellationen

beschrieben werden.

- " womit ", wird im Abschnitt Datenerfassung beantwortet,
  mit Hinweisen zur praktischen Durchführung, je
  nachdem, ob die Laboratorien über Computer verfügen oder nicht.

Wie in allen Zweigen der Wissenschaft, sind auch in der deskriptiven Statistik zahlreiche Fachwörter entstanden, deren
Bedeutung dem Leser bekannt sein müssen. Sie werden am Ende
dieses Kapitels in einem Anhang mitgeteilt.

Die Ausführungen dieses Kapitels beruhen auf den Ergebnissen
mehrerer Ausschüsse, Arbeitsgemeinschaften und Arbeitsgruppen:

- Arbeitsausschuß C 2.8 im Normenausschuß Medizin

- Arbeitsausschuß C 4 im Normenausschuß Medizin

- Arbeitsausschuß LaBororganisation der Deutschen Gesellschaft

  für Laboratoriumsmedizin

- Arbeitsgemeinschaft Berliner Laborleiter

- Arbeitsgemeinschaft Hamburger Laborleiter

- Arbeitsgruppe Analysenzeitermittlung der Deutschen und der

  österreichischen Gesellschaften für Klinische Chemie

8.2 FRAGESTELLUNGEN

Laborstatistik wird geführt, weil man auf bestimmte Fragen objektive Antworten haben will. Im folgenden werden Fragestellungen beispielhaft aufgezählt und Zählregeln in diesem Zusammenhang mitgeteilt. Es soll herausgestellt werden, daß es von der Fragestellung abhängt, in welchem Fall was und wie zu zählen ist. Die zu zählenden Objekte sind:

- Anträge (Anforderungen, Aufträge), die an das Labor gestellt werden,
- Eingänge, Untersuchungsmaterial, das vom Labor übernommen wird,
- Leistungen, die als Ansätze bzw. Analysen vom Labor erbracht werden,
- Ergebnisse, die aufgrund der Analysen festgestellt werden.

Entsprechend können Anträge, Eingänge usw. gezählt werden. Definitionen und weitere Zählobjekte sind im Anhang nachzulesen.

8.2.1 Fragestellung der Antragsstatistik

8.2.1.1

Eine **Antragsstatistik** wird geführt, um einen Hol- und Bringedienst optimieren zu können. Es werden die Analysenanträge (Überweisungsscheine) je Tag gezählt.

8.2.2 Fragestellung der Eingangsstatistik

8.2.2.1

Die **Spezimenstatistik** ist zur Feststellung der Auslastung der Zentrifugen notwendig. Es werden die Probenröhrchen je Eingang und Tag gezählt, evtl. auch die Anzahl der durchzuführenden Analysen je Probenröhrchen.

8.2.3 Fragestellungen der Leistungsstatistik

8.2.3.1

Die Berechnung des **Personalbedarfes** wird aufgrund der Ansatzstatistik durchgeführt. Die in einem Profil- oder Blockgerät in **einem** Arbeitsgang durchgeführten Ansätze werden **zusammen, einfach** gezählt:
Werden z.B. Harnstoff und Kreatinin manuell bestimmt, so handelt es sich um 2 Ansätze; werden diese beiden Analysen auf einem Zwei- oder Mehrkanalgerät zusammen analysiert, so zählt dies bei der Personalbedarfsstatistik als nur ein Ansatz. Wir führen also eine **Ansatzstatistik** mit einer Ausnahmeregel für Mehrkanalanalysatoren, bei denen jeweils nur einer der gerade genutzten Kanäle gezählt wird.

8.2.3.2

Zur Feststellung des **Gerätebedarfes** werden Kosten/Nutzenberechnungen durchgeführt. Neben Personal- und Verbrauchs-

material steht hier auch die Geräteauslastung zur Debatte. Man
muß die Einschalt- und Betriebszeiten der Geräte notieren. Bei
Mehrkanalgeräten muß jeweils einer der gerade genutzten Kanäle
gezählt und mit der Zahl der Kanäle multipliziert werden,
unabhängig, wieviele der Kanäle gerade im Einsatz sind. Bei
dieser Statistikführung werden also Profil- und Blockgeräte
gleich behandelt. Die Primäranalysen-Statistik geteilt durch
eine so geführte Gerätestatistik ergibt den **Geräteauslastungs-
quotienten.**

8.2.3.3

Der **Verbrauchsmaterialbedarf** (Reagenzien- und Einwegmaterialbedarf) kann bei entsprechender Programmierung vom Computer
ständig berechnet werden, um Bestelltermine und -mengen
automatisch anzuzeigen. Es ist eine gerätebezogene, komplette
Ansatz-Statistik, bei der alle Haupt- und Hilfsansätze gezählt
werden.

8.2.3.4

Für die **Analysenkostenermittlung** wird eine analytbezogene
Ansatzstatistik geführt.

8.2.3.5

Die **Bundespflegesatzverordnung** schreibt Krankenhauslaboratorien die Führung einer Leistungs-Statistik vor, wobei die

erbrachten Leistungen nach GOÄ-Ziffern nach dem Umstand aufgeteilt werden, ob sie für einen stationären oder ambulanten Patienten erbracht worden sind. Jede erbrachte Analysenleistung wird gezählt, unabhängig davon, ob das Ergebnis mitgeteilt worden ist oder nicht. Bei einem Profilgerät werden die Profile mit der Anzahl der Kanäle, bei einem Blockgerät nur mit der Anzahl der jeweils benutzten Kanäle multipliziert.

8.2.4 Fragestellungen der Ergebnisstatistik

8.2.4.1

Die Berechnung der **unmittelbaren Analysenkosten** (Personal- und Sachkosten, auch Grenzkosten genannt) ist im Zusammenhang mit der Kostenerstattung der Ärzte (BBPfV § 11) notwendig. Sie kann differenziert der Analysenkostenermittlung entnommen oder pauschaliert ermittelt werden. Im letzteren Fall werden die durchschnittlichen Primäranalysenkosten aufgrund der Zahl der mitgeteilten Ergebnisse ermittelt.

8.2.4.2

Die **Kostenstellenrechnung** wird in der Krankenhaus-Buchführungsverordnung vorgeschrieben. Die mitgeteilten Ergebnisse werden hierfür nach den Kostenstellen (oder Einsendern) gegliedert erfaßt.

8.2.4.2

Eine **AIDS-Statistik** z.B. dient der Erfassung epidemologischer Daten. Jedes Labor, das HIV-AK-Analysen durchführt, muß die Anzahl der Probanden erfassen, bei denen diese Untersuchung durchgeführt wurde, und die Anzahl jener Probanden, bei denen ein positives Ergebnis festgestellt wurde.

8.2.5

Weitere Fragestellungen sind im Abschnitt 3 aufgezählt worden. Sie werden an dieser Stelle nicht einzeln behandelt. Die jeweils anzuwendenden Zählregeln können in Anlehnung an die unter 8.2.1.1 bis 8.2.4.2 gegebenen Beispiele abgeleitet werden. Hier sei nur noch auf die Verknüpfung verschiedener Statistiken hingewiesen. So wird z.B. der Aufwandquotient errechnet, indem die Zahl der Ansätze durch die Zahl der Ergebnisse geteilt wird (meist etwa 1,4).

**8.3   SYSTEMATIK DER GEGENSEITIGEN ZUORDNUNG
         VON ANALYSEN UND ERGEBNISSEN**

Die Komplexität der deskriptiven Laborstatistik ist bei Mehrkanalgeräten auffallend: Ein Flammenphotometer liefert z.B. in einem Arbeitsgang 2 Ergebnisse, von denen oft nur eines (z.B. das Kalium) mitgeteilt wird, oft aber alle beide. Wieviel soll man in welchem Fall zählen? Die Meinungen darüber gehen auseinander, es kommt oft zu heftigen Diskussionen über solche Probleme.

Wir haben im folgenden die sich ergebenden Möglichkeiten systematisch zusammengestellt und kommentiert, um damit die Probleme der deskriptiven Laborstatistik auf eine systematisch-logische Basis zu bringen. Der Einfachheit wegen sprechen wir nur über Analysen, möchten aber darauf hinweisen, daß eine Analyse aus einem oder mehreren Ansätzen bestehen kann, was bei einer Ansatzstatistik zusätzlich zu berücksichtigen ist. Die im folgenden benutzten Benennungen sind im Anhang definiert.

8.3.1

Eine Analyse oder mehrere Analysen, kein Ergebnis. Es kommt oft vor, daß Analysen durchgeführt, die Ergebnisse aber verworfen werden, wegen grober Fehler, Meßbereichüberschreitungen usw. Anträge und Analysen werden gezählt, Ergebnisse aber nicht.

8.3.2

Eine Analyse, ein Ergebnis, dies ist die häufigste, die "normale" Situation, z.B. beim Blutzucker, Quick, Lues-Suchtest usw. Man wird im jedem Fall eine Analyse zählen, u.U. aber mehrere Ansätze (z.B. Doppelbestimmung oder Probenleerwert und Hauptansatz).

8.3.3

Eine Analyse, mehrere Ergebnisse, immer die gleiche Anzahl. Dies ist der Fall z.B. bei der Eiweißelektrophorese oder bei

einem Antibiogramm: Auf einem einheitlich beimpften Nährboden
in einer Petrischale (d.h. eine Probe, ein Reagenzienträger)
werden immer gleich viele Antibiotika aufgebracht. Der
Reaktionsablauf ist einheitlich (im Gegensatz zu Profilgeräten) und auch die Ablesung wird in einem Arbeitsgang vollzogen, es werden aber mehrere Ergebnisse (für jede Eiweißfrak-
tion bzw. für jedes Antibiotikum eines) ermittelt. Wir zählen
einen Antrag, einen Eingang, eine Leistung – aber mehrere
Ansätze und mehrere Ergebnisse. Die Anzahl der Ansätze und
Ergebnisse kann mit einem Multiplikator auch nachträglich
festgestellt werden.

8.3.4

Eine Analyse, mehrere Ergebnisse, verschiedene Anzahlen. Als
Beispiel wird hier auf das Differentialblutbild hingewiesen
und auf die Anzüchtung pathogener Keime. Beim Differentialblutbild werden in einem Blutausstrich in einem Arbeitsgang
die Anteile unterschiedlich vieler Leukozytenarten festgestellt: Bei einer CLL findet man 2 oder 3, bei einer CML 10 –
12 zu differenzierende Zellarten. Wir zählen einen Antrag, einen Eingang, eine Leistung, aber unterschiedlich viele
Einzelergebnisse. Vielfach werden beim Differentialblutbild
einheitlich 6 Ergebnisse angenommen bzw. gezählt (Stab, Poly,
Eo, Baso, Mono, Lympho), was sicherlich ein brauchbarer
Schätzwert, wenn auch nicht genau ist. Beim Anzüchten pathogener Keime findet man meist einen oder zwei, gelegentlich
mehrere Keime. Es genügt manchmal eine Beimpfung, meist müssen
mehrere Nährböden beimpft werden, bis die Keime identifiziert
sind. Wir zählen einen Antrag, aber meist mehrere Ansätze,
mehrere Analysen, mehrere Ergebnisse, deren Anzahl in jedem
Fall festgehalten werden müssen. Multiplikatoren sind nicht
anwendbar.

8.3.5

Mehrere Analysen, ein Ergebnis. Es werden z.B. 2 oder 3 Analysen benötigt, um einen Kreatinin-Clearance-Wert zu ermitteln. Bei einem Antrag und meist nur einem Eingang sind 2 oder 3 Spezimen, 2 oder 3 Analysen aber ein Ergebnis zu zählen, soweit der P-Kreatininwert nicht auch noch mitgeteilt wird. Genau genommen ist der Clearance-Wert ein zusätzliches Ergebnis (s. 8.3.10), das aber so aussagefähig ist, daß es oft allein angegeben und abgerechnet (GOÄ 4242) wird , ohne die zu Grunde liegenden Analysenergebnisse mitzuteilen.

8.3.6

Mehrere Analysen, je ein Ergebnis, immer die gleiche Anzahl. Dieses ist die Situation bei nicht selektiven Profilgeräten (z.B. SMAC, Coulter Modell S). Wir zählen beim Profilantrag einen, sonst mehrere Anträge, einen Eingang, eine Probe (die erst im Gerät aufgeteilt wird), je Kanal eine Analyse und je Kanal ein Ergebnis. Multiplikatoren sind nur bei entsprechender Fragestellung (s. 8.2) anwendbar.

8.3.7

Mehrere Analysen, ein Ergebnis, verschiedene Anzahlen. Bei Blockgeräten (selektiven Mehrkanalanalysatoren) wird ein Antrag und ein Eingang gezählt, es werden vom Gerät je nach Antrag unterschiedlich viele Analysen durchgeführt und ebenso viele Ergebnisse angegeben. Multiplikatoren sind nur bei entsprechender Fragestellung anwendbar.

8.3.8

Mehrere Analysen, mehrere Ergebnisse, immer gleiche Anzahl.
Dies ist z.B. der Fall, wenn Gesamteiweiß und Elektrophorese
bestimmt, Absolutkonzentrationen ausgerechnet und angegeben
werden. Ein Antrag, ein Eingang, zwei Analysen, 6 Ergebnisse
(Ges.Eiweiß, Albumin, α-1-, α-2-, β-, γ-Globuline). Multiplikatoren sind anwendbar.

8.3.9

Mehrere Analysen, mehrere Ergebnisse, verschiedene Anzahl.
Dies kommt z.B. bei Knochenmarkpunktaten mit Blutausstrich und
Zytochemie vor. Es wird ein Antrag gestellt, es kommen (im
Falle der Einsendung) 2 oder mehr Proben (Knochenmark- und
Blutausstriche), es werden mehrere Analysen durchgeführt
(Färbungen, zytochemische Reaktionen), es werden mit der
Befundung je nach Fall unterschiedlich viele Zellarten festge-
stellt und angegeben, also von Fall zu Fall unterschiedlich
viele Ergebnisse. Multiplikatoren können nicht angewendet
werden, die statistischen Kenngrößen müssen in jedem Fall
gesondert festgestellt werden.

8.3.10

Zusätzliche Ergebnisse sind z.B. Indexbildungen. Diese können
im Analysenantrag genannt werden, bedeuten aber keinen geson-

derten Eingang, keine besonderen Analysen, nur zusätzliche Ergebnisse. Es würde anders sein, wenn z.B. die Mitteilung des Färbeindexes beantragt wird, dann wäre ein Eingang, mehrere Analysen und ein Ergebnis zu zählen.

Diese Beispiele sollen die Vielfalt der Labor-Statistik-Problematik aufzeigen, reduziert auf die 10 typischen Situationen, die in Laboratorien tagtäglich vorkommen können.

8.4   TABELLE der ZÄHLREGELN

Im folgenden sind die im Abschnitt 8.2.3.1 bis 8.2.4.2 besprochenen fragestellungsbezogenen Zählregeln und die im Abschnitt 8.3 enthaltenen konstellationsbezogenen Zählregeln in einer übersichtlichen Tabelle zusammengestellt worden. Die Angaben der Tabelle beziehen sich auf die in der ersten Spalte genannten Beispiele. Einzelheiten sind den Abschnitten 8.2 und 8.3 zu entnehmen.

Konstellation / Fragestellungen	Allgemeine Orientierung, Entscheidungshilfen	Personal-bedarfs-berechnungen	Geräte-bedarfs-berechnungen	Verbrauchs-material-bedarfs-berechnungen	BPfV Leistungs-Statistik	Analysen-kosten-ermittlung	Ermittlung unmittelbarer Analysen-kosten	Kosten-Stellen-statistik
Allgemeine Regeln der Statistikführung	Ansatzstatistik, Arbeitsplatzbezogen	Ansatzstatistik, Profilsonderregel	Ansatzstatistik, Blocksonderregel	Ansatzstatistik, Gerätebezogen	Ansatzstatistik, GOÄ-Nummerngruppen	Ansatzstatistik, Analytbezogen	Ansatz- oder Ergebnisstatistik	Ergebnisstatistik
Eine Analyse, ein Ergebnis, z.B.Blutzucker, Lues-Suchtest	HH	HH	HH	HH	HH	HH	HH/N	N
Eine Analyse, mehrere Ergebnisse, gleiche Anzahl, z.B. Artibiogramm	HH	N	AM	EM	HH	HH	HH/N	N
Eine Analyse, mehrere Ergebnisse, unterschiedliche Anzahlen, z.B. Differentialblutbild, Keimanzüchtung	EZ AZ	N AZ	N AZ	HH AZ	HH AZ	HH AZ	HH/N AM/N	N N
Mehrere Analysen, ein Ergebnis, z.B. Kreatinin-Clearance	HH	HH	AM	AM	HH	AM	AM/N	N
Mehrere Analysen, mehrere Ergebnisse, gleiche Anzahl, z.B. Eiweißfraktionen, Absolutangaben	EZ	HH		AM	HH	AM	AM/N	N
Mehrere Analysen, gleiche Anzahl, je ein Ergebnis, Profilgeräte, z.B. SMAC	AM	AM	AM	AM	AM	AM	AM/EZ	EZ
Mehrere Analysen, mehrere Ergebnisse, unterschiedliche Anzahlen, z.B. Knochenmarkpunktat	AZ	AZ	AZ	AZ	HH	AZ	AZ/N	N
Mehrere Analysen, versch.Anzahlen, je ein Ergebnis, selektives Blockgerät, z.B. Hitachi 737	AZ	AZ	AM	AZ	AZ	AZ	AZ/EZ	EZ
Zusätzliche Ergebnisse, z.B. Färbeindex	N		EM					

Abkürzungen: AM = Ansatzmultiplikator   EM = Ergebnismultiplikator   HH = Haupt- und Hilfsansätze
                AZ = Ansatz-Anzahl   EZ = Ergebnis-Anzahl   N = Anzahl der Hauptansätze

8.5   DATENERFASSUNG

Datenerfassung ist der Vorgang, der die **Entitäten nach Zählob-
jekten, Zählperioden und Erfassungseinheiten** getrennt oder
indiziert auflistet. Man unterscheidet die manuelle und
maschinelle Datenerfassung. Die Art und der Umfang der
Datenerfassung richtet sich nach der Art und dem Umfang der
Fragestellungen, die aufgrund der geführten Laborstatistik
beantwortet werden sollen. Erfahrungsgemäß kommt es oft vor,
daß im Laufe der Jahre Fragestellungen auftauchen, an die man
zuerst nicht gedacht hatte. Die Datenerfassung sollte deshalb,
bei einem vertretbaren Aufwand, so detailliert wie möglich erfolgen.

8.5.1

Manuelle Statistikführung ist die Datenerfassung an   allen
Geräten , die nicht an ein DV-System on-line angeschlossen,
und mit keinem Bildschirm-Eingabengerät ausgestattet sind.

Anmerkung: Die manuelle Datenerfassung erfolgt auf Statistik-
bögen.Es gibt Statistikbögen zur Erfassung je Arbeitsplatz
oder Arbeitsgruppe und Tag sowie zur Erfassung je Analyt und
Monat. Die Statistikbögen werden aufgrund von Strichlisten
oder Eintragungen in den Arbeitslisten ausgefüllt. Die
Statistikbögen enthalten meist 31 Zeilen, zur Eintragung der
Analyte oder Tage, und mehrere Spalten, zur Eintragung der
Primär-, Sekundär- und sonstigen Analysen. Um zuverlässige
Daten zu erhalten, müssen die Eintragungen täglich erfolgen.
Werden die Daten nur zeitweise erfaßt und hochgerechnet,
erhält man Annäherungsergebnisse.

8.5.1.1

Tagesstatistik-Bögen werden je Arbeitsplatz täglich ausgefüllt und enthalten Zeilen für mehrere Analyte.

8.5.1.2

Monatsstatistik-Bögen werden je Analyt täglich ausgefüllt und enthalten Zeilen für die Tage eines Monats und mehrere Spalten zur Eintragung der Primär-, Sekundär- und sonstigen Analysen. Um zuverlässige Daten zuerhalten, müssen die Eintragungen täglich erfolgen.

8.5.2

Maschinelle Datenerfassung ist die Datenerfasssung an Arbeitsplätzen, die mit Bildschirm-Eingabegeräten ausgestattet sind und an Arbeitsplätzen, deren Analysengeräte on-line an einen Computer angeschlossen sind. Der Computer sollte für die Statistikerfassung so umfassend wie möglich programmiert werden.

8.5.2.1

Off-line Datenerfassung erfolgt an Bildschirm-Eingabegeräten auf Masken, deren Einteilung jener der Statistik-Bögen entspricht.

8.5.2.2

On-line Datenerfassung erfolgt automatisch durch eine entsprechend programmierte Labor-DV-Anlage, an die die Analysengeräte angeschlossen sind.

8.5.2.3

Verknüpfungen: Verschiedene Daten der Zählobjekte, Zählperioden und Erfassungseinheiten können miteinander kombiniert verknüpft werden, um weitere Ergebnisse, Aufschlüsse, Entscheidungshilfen zu erhalten, z.B. Leistungs-Ergebnis-Quotienten, Leistungsvergleich an mechanisierten und manuellen Arbeitsplätzen, Analysenzahlen je Monat und Jahr usw.

8.6   ANHANG

In diesem Anhang wird eine umfassende Nomenklatur vorgestellt.
Es sei betont, daß von der aufgezählten außerordentlichen
Vielzahl an Möglichkeiten nur ein Bruchteil im Labor zur Anwendung kommt. Es ist aber notwendig, alle Möglichkeiten auf-
zuzählen und zu benennen, denn nur so sind Mißverständnisse
vermeidbar.

8.6.1   Zählobjekte

Zählobjekte sind Einheiten, deren Menge festzustellen ist.

Anmerkung: Zählobjekte der Labor-Statistik lassen sich in vier
Gruppen einteilen; **Analysenanträge**, **Eingänge**, ausgeführte **Leistungen** und erzielte **Analysenergebnisse**.

8.6.1.1

Antrag (auch Anforderungen, Aufträge) ist eine Mitteilung,
aufgrund dessen Arbeiten im Labor durchgeführt werden können.

Anmerkung: Anträge können formlos, auf Vordrucken, auf Daten-
trägern (z.B. Markierungskarte), verbal oder mittels ent-

sprechend programmierter EDV auch automatisch (z.B. Aufnahmeprofil) gestellt werden. Analysenanträge sind Zählobjekte,
die nach unterschiedlichen Gesichtspunkten gezählt und
aufgeteilt werden und entsprechend unterschiedliche Mengen
ergeben können. So können die Anträge als **Antrags-Statistik**
gezählt werden (z.B. die Überweisungsscheine je Einsender und
Monat) oder die Inhalte der Anträge als **Antragsumfang** usw.

8.6.1.1.1

Antragsumfang ist die Bezeichnung für die im Antrag enthaltene
Angabe, wieviel Analysen veranlaßt werden. Die **Antragsumfang-
Statistik** unterscheidet und zählt **Einzelanalytanträge, Geräte-
profilanträge, Organblockanträge** und **offene Anträge.**

8.6.1.1.2

Ein **Einzelanalysenantrag** bezieht sich auf die Bestimmung eines
einzelnen Analyten, einer einzelnen speziellen Meßgröße, z.B.
auf die Bestimmung der Konzentration der U-Glukose.

8.6.1.1.3

Ein **Mehrfachanalysenantrag** bezeichnet mehrere Analyte.

8.6.1.1.4

Ein **Geräteprofilantrag** bezieht sich auf ein Mehrkanalanalysengerät mit starrem, unveränderbaren Analysenprofil, z.B. Flammenphotometer (Kalium, Natrium) oder Zellzählgerät (Hb, Ery, Leuko).

8.6.1.1.5

Ein **Organblockantrag** bezieht sich auf Analysen, die im Zusammenhang mit möglichen Erkrankungen eines Organs durchgeführt werden können.

Anmerkung: Organblöcke sind vom Labor konventionell definierte Analytgruppen, z.B. Kreatinin-Clearance oder Blutzucker-Belastungskurve.

8.6.1.1.6

Ein **Mischantrag** faßt beliebige Analysen zusammen, z.B. bezeichnet ein **offener Antrag** eine Gruppe von Analysen, wobei das Labor über den Umfang entscheidet, z.B. dem "Gerinnungsstatus", der aufgrund der Ergebnisse der Suchtests weniger oder mehr Analysen umfassen kann.

8.6.1.1.7

Antragsteller ist jene natürliche oder juristische Person, die den Antrag veranlaßt. Die **Antragsherkunft-Statistik** unterscheidet und zählt **interne Aufträge** und **externe Anträge**.

8.6.1.1.8

Interner Auftrag ist eine Anweisung des Leiters oder eines Mitarbeiters des Laboratoriums zur Durchführung einer oder mehrerer Arbeiten.

Beispiele: Die Analyse von Referenzmaterialien (REM, Kontrollproben), Mehrfachbestimmungen, Methodenvergleichsanalysen.

Anmerkung: Interne Aufträge können programmiert werden und automatisch erfolgen, z.B. wenn in einem Analysenautomaten die Verdünnung und Wiederholung der Analyse bei einer Meßbereichsüberschreitung automatisch erfolgt.

8.6.1.1.9

Externer Antrag ist eine von anderen natürlichen oder juristischen Personen an das Labor gerichtete Mitteilung zwecks Veranlassung durchzuführender Arbeiten.

Anmerkung: Externe Anträge können programmiert werden und automatisch erfolgen, z.B. als Aufnahmeprofile bei Neuaufnahmen in einem Krankenhaus.

8.6.1.1.10

Antragsbezug bezeichnet die Herkunft des Untersuchungsmaterials. Die **Antragsbezugs-Statistik** unterscheidet und zählt Anträge, die sich auf einen **Probanden** beziehen, sowie **sonstige Anträge**.

8.6.1.1.11

Probandenbezogener Antrag bezieht sich auf eine natürliche Person, von der das zu analysierende Material stammt. In Krankenanstalten sind die zu zählenden Probanden aufzuteilen in ambulante und stationäre Patienten, erstere unterteilbar nach Einsendern, letztere nach Abteilungen und Stationen.

8.6.1.1.12

Sonstiger Auftrag (Synonym: Nichtprobandenbezogener Auftrag) bezieht sich auf Referenzmaterialien (Kontrollproben, Ringversuchsproben, Standardlösungen) und auf Proben für Methodologieanalysen (Methoden-, Geräte- oder Reagenzienerprobung) sowie auf interne Aufträge oder externe Anträge, die im Rahmen von Forschung und Lehre gestellt werden (s. Krankenhausfinanzierungsgesetz vom 23.Dez.1985, § 17 (3) 2.).

8.6.1.1.13

Antragsindikation ist der Grund, weswegen eine Arbeit durchgeführt werden soll. Die **Indikations-Statistik** unterscheidet und zählt **klinische Indikationen, Folgeaufträge** und **sonstige Aufträge**.

8.6.1.1.14

Klinische Indikationen betrifft Anträge, die zwecks Prävention, Früherkennung, Diagnostik (zu unterteilen nach ICD-Nummern der Verdachts- oder vorläufigen Diagnose) oder Therapieüberwachung gestellt werden.

8.6.1.1.15

Folgeauftrag betrifft interne Aufträge, die als Konsequenz eines Analysenergebnisses gestellt werden, z.B. wenn bei Vorliegen einer Maximalsenkung eine Protein- oder Immunelektrophorese durchgeführt wird. Ein Folgeauftrag entsteht auch bei Meßbereichsüberschreitungen oder zwecks Plausibilitätskontrolle usw.

8.6.1.1.16

Sonstige Indikation entspricht dem sonstigen Auftrag (Qualitätssicherung, Forschung, Lehre).

8.6.1.1.17

Antragsausführung ist eine Angabe darüber, ob ein Antrag ausgeführt, teilweise ausgeführt, nicht ausgeführt wird, und falls er nicht ausgeführt wird, was die Ausführung verhinderte. Die **Ausführungs-Statistik** unterscheidet **ausgeführte und nicht ausgeführte Anträge**, wobei letztere nach der Begründung unterteilt werden.

8.6.1.1.18

Ein **Ausgeführter Antrag** ergibt eine oder mehrere Leistungen.

8.6.1.1.19

Ein **Nicht Ausgeführter Antrag** ist ein Antrag, dessen Ausführung aus einem anzugebenden Grund verhindert worden ist. Verhinderungsgründe je Einzelanalyse sind: kein Material, zurückgezogener Antrag, zu wenig Material, ungeeignetes Material, verunglückt oder abgelehnt.

Erläuterung: "Ungeeignet" für die Gerinnungsanalyse ist z.B. ein Spezimen, das Gerinnsel aufweist.

8.6.1.2

Der **Eingang** bezeichnet die unterschiedlich aufteilbare Menge des von einem Laboratorium übernommenen Untersuchungsgutes. Es wird zwischen **Sendung**, **Spezimen**, **Probe** und **Analyt** unterschieden.

8.6.1.2.1

Sendung ist die Bezeichnung für alle Spezimen einer Person, die gleichzeitig im Laboratorium eintreffen. Die **Sendungs-Statistik** zählt die eingehenden Sendungen, die nach Absendern aufgeteilt werden können. Jede ·Sendung enthält ein oder mehrere Spezimen. Es wird unterschieden zwischen absenderbezogener, probandenbezogener und antragsbezogener Sendung.

8.6.1.2.2

Spezimen (Synonym: Untersuchungsmaterial) ist die Bezeichnung für ein einheitliches Untersuchungsgut einer Person, z.B.
ein Röhrchen Blut. Die **Spezimeneingangs-Statistik** zählt die
eingegangenen Spezimen je Sendung oder Art (Blut, Urin
usw.). Ein Spezimen enthält eine oder mehrere Proben.

8.6.1.2.3

Probe ist ein Teil des Spezimen, das in einem Arbeitsgang
untersucht wird. Die **Probeneingangs-Statistik** zählt die Proben
je Sendung, je Spezimen oder je Art des durchzuführenden
Arbeitsganges. In einer Probe kann ein oder können mehrere
Analyte bestimmt werden.

Erläuterung: Ein Spezimen kann (u.U. nach Vorbehandlung, wie
Zentrifugation) in mehrere Proben aufgeteilt werden (z.B.
1 ml Blutserum für einen Enzymanalysator und außerdem 1 ml für
einen Substratanalysator).

8.6.1.2.4

Analyt (Synonym: Analysenbestandteil) ist der Bestandteil
oder die Eigenschaft einer Probe, der oder die bestimmt wird,
mit dem Ziel, ein Analysenergebnis, eine spezielle Meßgröße zu
erhalten. Die **Analyseneingangs-Statistik** zählt die zu bestimmenden Analyte je Probe, Spezimen, Sendung oder Analysenart.

Erläuterung: Wenn auf einem Antragsformular die Bestimmung
der Blutzucker- und Leukozytenkonzentration sowie die Bestimmung des Rh-Merkmals beantragt wird, so handelt es sich dabei
um drei Analysenanträge.

8.6.1.3

Leistung ist eine Tätigkeit, die in einem Laboratorium verrichtet wird. Sie ist ein Zählobjekt der **Leistungs-statistik.**

Anmerkungen: Im folgenden werden mehrere Gesichtspunkte angegeben, nach denen die Leistungsstatistik geführt werden kann. Besonders wichtig ist die Unterscheidung zwischen vorschriftsmäßig durchgeführten Analysen und dem oder den dafür erforderlichen Ansätzen. Aus der Leistung ergibt sich der Aufwand (Geräteaufwand, Kostenaufwand usw.).

8.6.1.3.1

Leistungsart ist die Bezeichnung für die Unterscheidung analytischer von nichtanalytischen Laboratoriumsleistungen. Die **Leistungsart-Statistik** unterscheidet **Analysenleistungen, Rechenleistungen** und **allgemeine Leistungen.**

8.6.1.3.2

Analysenleistung ist eine Leistungsart zur qualitativen und/oder quantitativen Bestimmung der Analyte.

8.6.1.3.3

Rechenleistung ist eine Leistungsart, die einen Bezug aus zwei oder mehreren Analysenergebnissen herstellt (z.B.Färbeindex).

8.6.1.3.4

Sonstige Leistung ist eine Leistungsart, die im Labor anfällt, aber keine analytische oder rechnerische Leistung ist.

Erläuterung: In den Laboratorien werden neben den Analysen auch andere Leistungen erbracht, wie **Verteilung**, Blutentnahmen, Ausgabe von Blutkonserven usw.

8.6.1.3.5

Probenverteilung ist die Leistung, bei der im Labor die eingegangenen Spezimen für die Analytik, den Arbeitsplätzen bzw. Geräten entsprechend aufgeteilt wird.

Anmerkung: Bei der Verteilung werden Teile des Inhaltes der eingegangenen Mutterröhrchen in Tochterröhrchen bzw. Analysenröhrchen umgefüllt. Die **Verteilungsstatistik** zählt die **Mutterröhrchen**, **Tochterröhrchen** und **Analysenröhrchen**.

8.6.1.3.6

Mutterröhrchen (Synonym: Primärgefäß) ist jenes Gefäß, in dem das Untersuchungsmaterial angeliefert wird.

Anmerkung: Ein Mutterröhrchen kann unbehandelt zum Arbeitsplatz gebracht werden (z.B. Blutbild) oder es wird vorbehandelt (z.B. zentrifugiert) um Teile in Tochterröhrchen abzufüllen. Beim Zählen der Mutterröhrchen kann nach deren Art (z.B. EDTA, Heparin- oder Zitratröhrchen) unterteilt werden.

8.6.1.3.7

Tochterröhrchen (Synonym: Sekundärgefäß) ist ein Gefäß, in das Teile des Inhalts des Mutterröhrchens umgefüllt werden.

Anmerkung: Beim Zählen der Tochterröhrchen kann nach deren Bestimmung (z.B. Arbeitsplätze) unterteilt werden.

8.6.1.3.8

Analysenröhrchen (Synonym: Tertiärgefäß) ist ein Gefäß, in das Teile des Inhalts des Tochterröhrchens umgefüllt werden.

Anmerkung: Es gibt Analysengeräte, in die das Mutterröhrchen direkt eingebracht werden kann. In andere Geräte können die Tochterröhrchen direkt eingestellt werden. Es gibt auch Analysengeräte, in die das zu analysierende Material in speziellen Analysenröhrchen eingebracht werden muß.

8.6.1.3.9

Ansatz ist das Element einer analytischen Leistung. Die **Ansatz-Statistik** unterscheidet **Hauptansätze** und **Hilfsansätze**.

Erläuterung: Das Zählen der Ansätze ist bedeutsam, da beim on-line angeschlossenen Analysengeräten diese Zählart die Ausgangswerte für alle anderen Leistungs-Erfassungen bildet.

8.6.1.3.10

Hauptansatz ist der Ansatz, der zu einem Analysenergebnis führt.

8.6.1.3.11

Hilfsansatz ist ein Ansatz, der in sich kein Analysenergebnis darstellt, aber zur Errechnung oder Berichtigung der Analysenergebnisse herangezogen wird. Hilfsansätze sind Probenblindwerte, Reagenzienleerwerte und Kalibrationsansätze. Hilfsansätze können bei jedem oder bei einzelnen Hauptansätzen (z.B. nur bei lipämischen Proben) oder bei jeder oder nur bei einzelnen Analysenserien vorkommen (Kalibration jedesmal oder gelegentlich).

8.6.1.3.12

Analyse (Synonym: Test) ist die Untersuchung eines Analyten zwecks Feststellung seiner Attribute und Bestimmung seiner Merkmalsausprägungen. Die **Analysenleistungs-Statistik** unterscheidet die **Primäranalyse, Sekundäranalyse** und **sonstige Analyse**. Eine Analyse besteht aus einem Ansatz oder mehreren Ansätzen.

8.6.1.3.13

Primäranalyse ist die Analyse, die aufgrund eines externen oder internen Antrages bzw. Auftrages jeweils zuerst durchgeführt wird.

Anmerkung: Nur Ergebnisse von beantragten Primäranalysen sind abrechenbar. Es ist üblich, die Anzahl aller durchgeführten Analysen durch die Anzahl der Primäranalysen zu teilen (Aufwandindex) oder die Anzahl der Primäranalysen als Prozentsatz aller Anaylysen anzugeben (Abrechenbarkeitsanteil).

8.6.1.3.14

Sekundärananlyse ist eine Analyse, die im Anschluß an eine Primäranalyse als Doppel- bzw. Mehrfachbestimmung unter Wiederhol- oder Vergleichsbedingungen durchgeführt wird.

8.6.1.3.15

Sonstige Analyse ist eine Analyse, die aufgrund eines sonstigen Auftrages durchgeführt (Analysen zur Qualitätssicherung, Methodologie, Forschung oder Lehre) wird.

8.6.1.3.16

Der **Mechanisierungsgrad** zeigt an, ob und in welchem Umfang Arbeitsschritte der Analytik vom Analysengerät selbst mechanisch durchgeführt werden. Solche Arbeitsschritte sind: Probenzuführung, Probenverdünnung, Reagenzienzugabe, Mischen, Inkubieren, Einführung des Reaktionsgemisches in das Meßgerät, Messung, Abfallsammlung, Ergebnisberechnung und -ausgabe. Nur wenn das Analysengerät (Analysenstraße) alle aufgezählten Arbeitsschritte nacheinander selbsttätig durchführt, ist es **vollmechanisiert**, sonst nur **teilmechanisiert**.

8.6.1.3.17

Eine **Analysenserie** ist eine Folge von gleichartigen Analysen, die mit denselben kontinuierlich betriebenen Geräten, derselben Kalibrierung von demselben Untersucher in kurzen Zeitabständen durchgeführt werden. Die **Serien-Statistik** unterscheidet **Routineserien, Notfallserien** und **unterteilte Serien**.

Anmerkung: Diese Unterscheidung ist notwendig, da der bei Routine- und Notfall-Serien entstehende Aufwand verschieden ist.

Erläuterungen: Bei Geräten, die eine fortlaufende Untersuchung ermöglichen, besteht eine Serie aus einer Reihe mehrerer nacheinander folgender Analysen und ist begrenzt durch jede im System vorkommende Veränderung, z.B. Neukalibrierung, Reagenzienwechsel, Wechsel des Untersuchers, Aus- und Wiedereinschalten des Gerätes. In stabilen Verfahren, bei denen die Stabilität im eigenen Laboratorium durch Dauerlauf bereits nachgewiesen ist, kann eine Serie so lange dauern, wie die experimentell nachgewiesene Zeit der Stabilität, also maximal eine Arbeitsschicht (Untersucherwechsel!). Als kürzeste Serie gilt die Einzelbestimmung im Notfall-Labor. Unterteilte Serien entstehen, wenn das Gerät automatisch Kalibratoren einschiebt. Analysenserien werden im Routinelaboratorium auf den Arbeitsplätzen und im Notfall-Laboratorium gezählt.

8.6.1.3.18

Leistungsumfang ist die Aussage darüber, ob und welche Analysen zusammengefaßt werden können. Die **Leistungsumfang-Statistik** unterscheidet **Einzelleistungen, Mehrfachleistungen, Profilleistungen** und **Blockleistungen**.

314

8.6.1.3.19

Eine **Einzelleistung** ist eine Leistung, die in einem analytischen **Arbeitsgang** ein Ergebnis (z.B. photometrische Blutzuckerbestimmung) ergibt.

Erläuterung: Ein **Arbeitsgang** ist ein Ablauf, der eine oder mehrere Analysen enthält.

8.6.1.3.20

Eine **Mehrfachleistung** ist eine Leistung, die in zwei oder mehreren getrennten Arbeitsgängen ein Ergebnis oder mehrere Ergebnisse ergibt (z.B. Kreatinin-Clearance).

8.6.1.3.21

Eine **Profilleistung** ist eine Mehrfachleistung, die in einem analytischen Arbeitsgang simultan, zwangsläufig zwei oder mehrere Ergebnisse ergibt.

Erläuterungen: **Profilanalysatoren** sind Mehrkanalanalysatoren, die keine Analysenselektion ermöglichen (z.B. SMAC).

8.6.1.3.22

Eine **Blockleistung** ist eine Mehrfachleistung, die ebenfalls in einem analytischen Arbeitsgang ein oder mehrere Ergebnisse ergeben, wobei der Umfang des Blockes aber jedesmal frei festlegbar ist (voll-selektiv).

Erläuterung: **Blockanalysatoren** sind Mehrkanalanalysatoren, die eine Analysenselektion ermöglichen (z.B. Hitachi 737).

8.6.1.3.23

Bedeutung ist die Angabe darüber, ob die Erbringung einer Leistung notwendig ist oder nicht. Die **Bedeutungs-Statistik** unterscheidet benötigte Analysen und redundante Analysen.

Erläuterungen: Neben den benötigten Analysen gibt es solche, deren Ergebnisse nicht mitgeteilt werden und die auch nicht zu Folgeanalysen führen, die also überflüssig sind, wohl aber durch die Geräteart bedingt miterstellt werden müssen.

Beispiel: Die nicht benötigten Analysen eines Profilana-lysators.

8.6.1.3.24

Die im § 16 (4) der Bundespflegesatzverordnung vom 21.Aug.1985 vorgeschriebene Leistungsstatistik für nicht bettenführende Leistungsbereiche schreibt eine Labor-Leistungs-Statistik, **BPflV-Statistik** genannt, vor. Sie ist nach GOÄ-Nummerngruppen aufgeteilt und muß nach ambulanten und stationären Patienten, sowie z.T. nach dem Mechanisierungsgrad unterteilt werden.

8.6.1.4

Ein **Ergebnis** ist eine aufgrund einer oder mehrerer Analysen aufgestellte Größengleichung, bestehend aus der Nennung der

speziellen Größe (Proband, System, Analyt, Größenart), dem
Zahlenwert und der Einheit.

Anmerkung: Es wird oft unterlassen, die Größenart mitzuteilen. Bei dimensionslosen sowie bei halbquantitativen Ergebnissen wird meist auch auf die Mitteilung der Einheit verzichtet. Bei Ergebnissen qualitativer Analysen entfällt der
Zahlenwert. Die Ergebnisse werden nach Analysen, Mitteilungen,
Abrechenbarkeit oder Kostenstellen aufgeteilt.

Erläuterung: Ergebnisse sind Datensätze, die verbal (tele-
fonisch), schriftlich oder mittels Datenübertragung (z.B.
Bildschirm) mitgeteilt werden können.

8.6.1.4.1

Ein **Analysenergebnis** ist ein Ergebnis nach 8.3 , das aufgrund
einer Analyse entstanden ist. Analysenergebnisse sind
Zählobjekte der **Ergebnis-Statistik**, aufgeteilt nach Analyten.

8.6.1.4.2

Mitteilungsart bezeichnet den Umstand, ob ein Ergebnis
befundet oder unbefundet anderen übermittelt wird oder überhaupt nicht. Die **Mitteilungsstatistik** wird danach eingeteilt.

8.6.1.4.3

Nicht mitgeteilte Ergebnisse werden im Labor zurückgehalten.

Erläuterung: Wenn an einem Profilgerät unbeantragte Ergebnisse entstehen oder wenn der Untersucher die Zuverlässigkeit
eines Ergebnisses als ungenügend beurteilt, wird das Ergebnis
nicht mitgeteilt. Ergebnisse sonstiger Anträge werden in den
meisten Fällen auch nicht mitgeteilt.

8.6.1.4.4

Nicht befundete Ergebnisse sind Ergebnisse, bei denen die
Größengleichung kommentarlos übermittelt wird.

8.6.1.4.5

Die **befundeten Ergebnisse** enthalten das Ergebnis und einen
dazu gegebenen Kommentar, den Befund.

Anmerkung: Die Befundung kann von einem Menschen mental erfolgen oder von einem entsprechend programmierten Computer
automatisch unterstützt werden.

8.6.1.4.6

Abrechenbarkeit bedeutet, daß mitgeteilte Ergebnisse dem Bean-
trager in Rechnung gestellt werden können.

Anmerkung: Verschiedene Einteilungen der **Abrechnungs-Statistik** sind üblich, z.B. die **GOÄ-Abrechnungsstatistik**, die entsprechend den Nummern der Gebührenordnung für Ärzte aufgeteilt wird.

8.6.1.4.7

Kostenstellen sind buchführungstechnische Einteilungseinheiten.

Anmerkung: Die **Kostenstellenstatistik** wird nach den kostenstellenbildenden Einsendern (Abteilungen, Stationen bzw. einsendende Ärzte) aufgeteilt.

8.6.2   Zählperioden

Zählperioden sind Zeitspannen, auf die sich eine Mitteilung der Laborstatistik bezieht.

Erläuterung: Jede Laborstatistik muß sich auf eine definierte Zählperiode beziehen. Aus diesem Grund werden im folgenden die zur Laborstatistik erfahrungsgemäß herangezogenen Zählperioden aufgezählt, benannt und definiert.

8.6.2.1   Jahr

8.6.2.1.1

Das **Kalenderjahr** beginnt am 1. Januar um 0 Uhr und endet am folgenden 31. Dezember um 24 Uhr.

8.6.2.1.2

Ein **beliebiges Jahr** beginnt an einem beliebigen Kalendertag zu einer beliebigen Uhrzeit und endet im darauffolgenden Kalenderjahr am gleichen Kalendertag zur gleichen Uhrzeit.

8.6.2.1.3

Ein **gerundetes mittleres Jahr** hat 365 Tage.

8.6.2.2   **Quartal**

Drei aufeinanderfolgende Kalendermonate.

Erläuterung: Man unterscheidet das erste (Januar-März), zweite (April-Juni), dritte (Juli-September) und vierte (Oktober-Dezember) Quartal.

8.6.2.3 Monat

8.6.2.3.1

Der **Kalendermonat** beginnt an seinem ersten Kalendertag um
0 Uhr und endet an seinem letzten Kalendertag um 24 Uhr.

8.6.2.3.2

Ein **beliebiger Monat** beginnt an einem beliebigen Kalendertag
zu einer beliebigen Uhrzeit und endet im folgenden Kalendermonat am gleichen Tag zur gleichen Uhrzeit.

8.6.2.3.3

Ein **mittlerer Monat** ist der zwölfte Teil eines mittleren
Jahres.

8.6.2.4 Woche

8.6.2.4.1

Die **Kalenderwoche** beginnt am Montag um 0 Uhr und endet am
folgenden Sonntag um 24 Uhr.

8.6.2.4.2

Eine **beliebige Woche** beginnt an einem beliebigen Wochentag zu einer beliebigen Uhrzeit und endet in der darauffolgenden Kalenderwoche am gleichen Wochentag zur gleichen Uhrzeit.

8.6.2.4.3

Eine **mittlere Woche** ist der zweiundfünfzigste Teil eines mittleren Jahres.

8.6.2.5   **Tag**

8.6.2.5.1

Der **Kalendertag** beginnt um 0 Uhr und endet um 24 Uhr.

8.6.2.5.2

Ein **beliebiger Tag** beginnt zu einer beliebigen Uhrzeit und endet nach 24 Stunden.

8.6.2.5.3

Werktage sind die Kalendertage Montag bis Freitag, wenn es sich dabei nicht um gesetzliche Feiertage handelt.

8.6.2.5.4

Wochenendtage sind der Samstag und solche Kalendertage vor Feiertagen, an denen die Arbeitszeit bereits mittags endet (Hl. Abend, Silvester).

8.6.2.5.5

Sonn- und Feiertage sind Kalendertage mit gesetzlicher Arbeitsruhe.

8.6.2.5.6

Arbeitstag ist ein beliebiger Tag, in dessen Verlauf ein Tagespensum an Arbeit zu leisten ist.

8.6.2.6

Laborarbeitsschicht: Die Zeitspanne von 8 Stunden (480 Minuten).

Anmerkungen: Jede Schicht zählt zu dem Kalendertag, an dem sie beginnt. Die Unterscheidung verschiedener Schichten ist im Zusammenhang mit Kostenrechnungen bedeutsam, da das Gehalt je Schicht unterschiedlich ist.

8.6.2.6.1

Als **Tagesschicht** wird die Schicht bezeichnet, die morgens bzw. am Vormittag beginnt.

Erläuterung: Während der Tagesschicht wird in der Regel die Routinearbeit erledigt.

8.6.2.6.2

Als **Spätschicht** wird die Schicht bezeichnet, die mittags oder am Nachmittag beginnt.

8.6.2.6.3

Als **Nachtschicht** wird die Schicht bezeichnet, die abends beginnt.

8.6.2.6.4

Als **Wochenendschicht** wird die Schicht bezeichnet, die an einem Wochenend-Tag beginnt. Man unterscheidet Wochenend-Tages-, Wochenend-Spät- und Wochenendnachtschichten.

8.6.2.6.5

Als **Sonn- und Feiertagsschicht** wird die Schicht bezeichnet, die an einem Sonn- oder Feiertag beginnt. Man unterscheidet Sonn- und Feiertag-Tages, -Spät- und -Nachtschichten.

8.6.2.6.6

Tageszeit (Echtzeit) : Die in Stunden, Minuten oder Sekunden angegebene Zeit, in der im Labor durchgeführte Arbeiten erfaßt werden.

Anmerkung: Die **Echtzeit-Statistik** kann kontinuierlich erfaßt und graphisch dargestellt oder z.B. täglich, monatlich, jährlich kumuliert werden.

8.6.3   Erfassungseinheiten

Erfassungseinheiten sind jene Orte, an denen die Zählobjekte erfaßt werden.

8.6.3.1

Gesamtlaboratorien

8.6.3.1.1

Krankenhauslaboratorien

8.6.3.1.2

Ein **Zentrallaboratorium** ist eine eigenständige Abteilung einer Krankenanstalt, die Analysen in zwei oder mehreren Teilbereichen der Laboratoriumsmedizin für die anderen Abteilungen der Krankenanstalt durchführt.

8.6.3.1.3

Ein **zentrales Speziallaboratorium** ist eine eigenständige Abteilung einer Krankenanstalt, die Analysen in einem Teilbereich der Laboratoriumsmedizin für die anderen Abteilungen der Krankenanstalt durchführt.

Beispiele: Histopathologie, Mikrobiologie.

8.6.3.1.4

Ein **Hauptlaboratorium** ist ein Laboratorium, das in einer Abteilung einer Krankenanstalt eingerichtet ist und Analysen für diese und die anderen Abteilungen der Krankenanstalt durchführt.

Beispiel: In Röntgenabteilungen eingerichtete RIA-Laboratorien.

Anmerkung: Zentrallaboratorien, zentrale Speziallaboratorien und Hauptlaboratorien dienen der zentralisierten Analytik.

8.6.3.1.5

Ein **Abteilungslaboratorium** ist ein Laboratorium, das in einer Abteilung einer Krankenanstalt eingerichtet ist und Analysen nur für diese Abteilung durchführt.

8.6.3.1.6

Ein **Stationslaboratorium** ist ein Laboratorium, das auf einer Krankenstation eingerichtet ist und Analysen nur für diese Station durchführt.

8.6.3.1.7

Andere dezentrale Laboratorien, wie z.B. OP-Blutgaslabor, Labor der Aufnahme.

Anmerkung: Hauptlaboratorien, Abteilungslaboratorien, Stationslaboratorien und andere dezentrale Laboratorien können Satellitenlaboratorien des Zentrallaboratoriums sein, vom Zentrallaboratorium beaufsichtigt werden oder ohne Fachaufsicht des Zentrallaboratoriums arbeiten.

8.6.3.1.8

Laboratorien der niedergelassenen Praxis

8.6.3.1.9

Laborfachpraxen niedergelassener Laborärzte

8.6.3.1.10

Praxislaboratorien niedergelassener Nichtlaborärzte

8.6.3.1.11

Laboratorien in Praxis- oder Apparategemeinschaften

8.6.3.1.12

Sonstige Laboratorien

8.5.3.1.13

Selbständige Speziallaboratorien, wie die DRK-Blutbanken, Medizinaluntersuchungsämter usw.

8.6.3.1.14

Industrielaboratorien von Reagenzienfirmen, Geräteherstellern usw.

8.6.3.1.15

Laboratorien von Gesellschaften und eingetragenen Vereinen (s. auch DIN 58937, Teil 1).

Beispiel: eigene Referenzlaboratorien von INSTAND

8.6.3.1.16

Sonstige Stellen, an denen Laboranalysen durchgeführt werden: z.B. Patienten, die ihren Blutzucker regelmäßig selbst bestimmen.

8.6.3.2

Gliederung der Laboratorien: Zwecks Datenerfassung müssen die möglichen Gliederungen der Laboratorien benannt und definiert werden. Die Datenerfassung erfolgt an den Einzelgeräten nach Einzelanalyten. Die erfaßten Daten werden der hierarchischen Gliederung entsprechend zusammengefaßt und aufsummiert.

8.6.3.2.1

Teilbereiche sind individuell definierte Gliederungen größerer Laboratorien bzw. des Gebietes Laboratoriumsmedizin. Übliche Bezeichnugen für Teilbereiche sind z.B.: Notfall-Labor, Klinische Chemie, Hämatologie, Immunologie, Mikrobiologie, Zytologie, Histologie usw.

8.6.3.2.2

Satellitenlaboratorien sind ausgelagerte Teile eines Zentrallaboratoriums.

Erläuterungen: Satellitenlaboratorien werden errichtet, wenn die Entfernungen innerhalb einer Krankenanstalt dies notwendig machen (z.B. verschiedene örtliche Bereiche; Satelliten-Notfall-Laboratorium bei der Aufnahmestation des Krankenhauses). In einem Satellitenlaboratorium ist meist nur ein Teilbereich vorhanden, es können aber auch mehrere Teilbereiche der Laboratoriumsmedizin vorhanden sein.

8.6.3.2.3

Arbeitsgruppen sind die Zusammenfassung mehrerer **Arbeitsplätze.**

8.6.3.2.4

Arbeitsplätze sind örtlich begrenzte Gliederungseinheiten der
Laboratorien, an denen eine oder mehrere Arbeitskräfte ein
oder mehrere **Analysengeräte** bedienen.

8.6.3.2.5

Analysengeräte im weitesten Sinne des Wortes sind Hilfsmittel
der Analytik, bei deren Nutzung Analysenergebnisse erarbeitet
werden.

Erläuterungen: Analysengeräte sind z.B. Photometer, Mikroskope, Tüpfelplatten, Gefäße mit Nährmedien usw. Analysengeräte können zur Ermittlung von Einzelergebnissen oder zur
simultanen Ermittlung mehrerer Ergebnisse dienen. Man unterscheidet Routinegeräte zur Durchführung der Routineanalysen,
Ausweichgeräte zur Ausfallsicherung und Notfallgeräte, wenn in
Zentrallaboratorien ein Notfall-Labor eingerichtet ist. Ein
Analysengerät kann einen oder mehrere **Gerätekanäle** aufweisen.

8.6.3.2.6

Ein **Gerätekanal** ist eine tatsächliche oder virtuelle Gliederungseinheit eines Analysengerätes, mit dem Ergebnisse von Einzelanalyten ermittelt werden.

8.6.3.2.7

Ein **logisches Gerät** ist die Verknüpfung eines Analyten mit einem System, wenn an einem Analysengerät Proben unterschiedlicher Systeme analysiert werden können. Diese Unterscheidung ist nötig, wenn die Ergebnisse des Analysengerätes über ein DV-System ausgegeben werden. Ein Flammenphotometer enthält z.B. zwei verschiedene logische Geräte, wenn daran Plasma und Urin untersucht wird (P-Na, P-K, U-Na, U-K).

Literaturverzeichnis

Amir-Moazami, B.
Ausländer, W.,
 Boroviczèny, K.G et al.

Überlegungen der ArGe Berliner Laborärzte zur Frage der "Laborleistungs-
statistik".
Berliner Ärzteblatt 99 (1986), 296-301

Anderson, L.G., Settle, R.F.

Benefit-cost Analysis: A practical
guide.
Lexington Books: D.C. Heath and
Company. Lexington, Massachusetts,
Toronto (1977)

Anthony, R.N.

Fundaments of Management Accounting.
Irwin (1977)

Arnold, M.

Leistungsdruck und Kostenbegrenzung im
Krankenhaus.
D.Ärzteblatt (1977), 2699-2707

Ausführungsvorschriften zum
Bundeseuchengesetz

Dienstbl.Sen.Bl.IV, Nr.7,6.Aug.1981, 69-72

Balkain, B.J.

How to perform CAP Workload Recording
Method Time Studies.
Pathologists 34 (1980), 533-537

Bartlett, R.C.

Control of Cost and Medical Relevance
in Clinical Mikrobiologie.
Am.J.Clin.Path. 64/4 (1975), 518-524

Bartlett, R.C.,   Rutz, C.

Processing Control and Cost in
Bacteriology.
Am.J.Clin.Path. 74 (1980), 287-296

Bayer, P.M., Engelhardt, W.,
Fischer, G., Fischer, M.,
Nitsch, P.

Objektive Bewertungsgrundlagen für
medizinische Leistungen.
Boehringer Lab. akt. (1980), 1., 3. und 9.

Bayer, P.M., Engelhardt, W.,
Fischer, G., Fischer, M.,
Nitsch, P.

Objektive Bewertungsgrundlagen für
medizinische Leistungen.
öst.Krhztg. 21 (1980), 343-344

Bayer, P.M., Engelhardt, W.,
Fischer, G., Fischer, M.,
Nitsch, P.

A model for a new Evaluation System in
clinical Laboratories.
J.Clin.Chem.Clin.Biochem. 19 (1981), 610

Becker, H.   Punktbewertungen der Laboratoriums-
                                    leistungen.
                                    Anstaltsumschau (1955), 151-152

Bennington, J.L., Böer, G.B.,   Management and cost control techniques
Louvau, G.E., Westlake, G.E.   for the clinical laboratory.
                                    University Park Press (1977)
                                    Baltimore, London, Tokyo

Benson, E.S., Rubin,M.   Logic and economics of clinical
                                    laboratory use.
                                    Elsevier (1978) New York, Oxford

Boelke, G.   Der Personaleinsatz im Krankenhaus nach
                                    dem Ergebnis von Wirtschaftlichkeitsprü-
                                    fungen.
                                    Krankenhaus 7 (1981), 258f

v. Boroviczény, K.G.   Cost-Analysis in clinical laboratories.
                                    Advances in Path. Vol 1 (1982), 463-464

Brüngger, H.   Die Kosten-Nutzen-Analyse als Instrument
                                    der Planung im Gesundheitswesen.
                                    Schulthess Polygraphischer Verlag,
                                    Zürich (1974)

Bundesgesetzblatt für die   328. Verordnung: Krankenanstalten-
Republik österreich   kostenrechnungsverordnung - KRV 80
                                    (1977) 1441-1972

Bundesminister für Arbeit   Forschungsvorhaben gem. § 26 KHG "Ver-
und Soziales   fahren zur Berechnung des leistungsbe-
                                    zogenen Personalbedarfs für Kranken-
                                    häuser (PPBV)".

Bundesministerium für Arbeit   Abbau von Fixkosten im Krankenhaus
und Sozialordnung   (Forschungsbericht), C. Loffert
                                    (1984) Band 1-4 (1985)

Bundespflegesatzverordnung   Verordnung zur Regelung der Krankenhaus-
                                    pflegesätze (Bundespflegesatzverordnung
                                    - BPflV) vom 21. Aug. 1985.
                                    Bundesgesetzblatt Teil I, Nr. 44, vom
                                    28. Aug. 1985, S. 1666-1694; Gesetz- und
                                    Verordnungsblatt f. Berlin, 1985,
                                    S. 2017-2045

Bundes-Seuchengesetz   Gesetz zur Verhütung und Bekämpfung über-
                                    tragbarer Krankheiten beim Menschen
                                    BGBl I. (1979) 2262ff, GVBl. 36/7, 290ff
                                    (§ Statistik)

Centner, F.R.   Ist die Wiederverwendung von Einmal-
                                    artikeln sinnvoll?
                                    Lab. med. 3 (1979), A+B 125-127

Clade, H.

Immer wichtiger: Kosten-Nutzen-Rechnungen
im Gesundheitswesen.
Arzt u. Krankenhaus 11 (1981), 442ff

College of American
Pathologists

Recommendations on the voluntary effort on
hospital cost containment.
Rundschreiben, August 1978

College of American
Pathologists

Manual for Laboratory Workload Recording
Method, Skokie (1986)

Commitee on Laboratory
Management and Planing

A workload recording method for clinical
laboratories.
College of American Path., Chicago III,
(1970), 1-8

Conn, R.B.

Clinical laboratories, profit-center,
production industrie or patient-care
resource?
New Engl.J. Med. 298 (1978), 422-427

Diagnostika-Merck

"Arbeitsmittel Struktur-Analyse"
Topdruck, Stuttgart-Leinfelden, 1984

DIN - NA-Med.

Allgemeine Laboratoriumsmedizin
Bewertungssystem zur Ermittlung des Perso-
nalbedarfs im medizinischen Laboratorium.
Deutsche Normen - 58 937 - Teil 6,
Entwurf Dezember 1979

DIN - NA-Med.

Allgemeine Laboratoriumsmedizin
Laborkostenermittlung - Begriffe.
Deutsche Normen - 58 937 - Teil 7
Entwurf Dezember 1979

Dinkel, R., Schulze-Röb-
becke, T.

Kosten-Effektivitäts-Analyse der Zytosta-
tikatherapie von akuter Leukämie im
Kindesalter.
Untersuchung der PROGNOS AG, Bereich
Unternehmungsberatung, Basel, 1982

Dorsey, D.B.

Thoughts on cost effectiveness in
laboratory testing.
C.A.P., June (1976), 226-231

Elin,R.J., Robertson, E.A.,
Sever, G.

Workload, space and personnal of
hematology laboratories in teaching
hospitals.
Am.J.Clin.Path. 80 (1983), 190-196

Erlaß der Stadt Wien

Richtlinien zur täglichen Verkehrsflächen-
reinigung mit Flächendesinfektion in den
Krankenhäusern und Wohlfahrtsanstalten der
Stadt Wien.
MA 17-237/79/BW; 2. Oktober 1979

Fäßler, K., Rehkugler, H., Wegenast, C. — Kostenrechnungslexikon. Verlag moderne industrie, 3. Auflage (1973), München

Fischer, M., Bayer, P.M., Engelhardt, W., Fischer, G., Nitsch, P. — Eine Methode zur Erstellung eines Personalplanes im klinischen Laboratorium. öst. Krhztg. 23 (1982), 305-332

Friedewald, H.J. — Wesen und Anwendung der Normzahlen. DIN-Mitteilungen 46 (1967), 164-169

Gemeinsames Ministerialblatt — Besondere Vertragsbedingungen für Kauf u. Wartung von EDV-Anlagen u. Geräten 25. Jg. Nr. 19 (1974), 325-358

Georgopoulus, B.S., Tannenbaum, A.S. — The studie of organizational effectiveness. Am. Sociolog. Review (1957), 534-540

Gibitz, H.J. — Erste Ergebnisse der Kostenstellenrechnung. Ber. d. öst. Ges. f. Klin. Chem. 3 (1980), 44-45

Gibitz, H.J. — Cost analysis in relation to the clinical laboratory. 4th ECCLS Seminar, Dublin, June 22-24, 1983

Gibitz, H.J. — Cost Analysis of the Performance of Toxicological Screening Tests in the Emergency Laboratory of a Hospital with 1600 Beds. J. Clin. Chem. Clin. Biochem. 23 (1985), 561

Gibitz, H.J. — Wirtschaftliche und ergonomische Aspekte des Personaleinsatzes im Krankenhauslaboratorium. Symposium: Fortschritte in Organisation und Wirtschaftlichkeit im Krankenhauslabor. Medica, Düsseldorf (1985)

Gibitz, H.J. — Wirtschaftliche und ergonomische Aspekte des Personaleinsatzes im Krankenhauslaboratorium. GIT (1987), im Druck

Gibitz, H.J., Ashby, P., Barclay, J., Goldschmidt, M.J., Haeckel, R. et al. — Guidelines for cost analysis of analytical instruments in clinical laboratories. In Vorbereitung

Göpel, H., Knipps, J. — Leistungsfähigkeit der Praxis als Alternative zum medizinisch-technischen Zentrum Der Prakt. Arzt 14 (1976), 15-16

Göpel, H., Koenig, R. — Individuallabor und Gemeinschaftslabor – Versuch eines Kostenvergleichs. Arzt und Wirtsch. (1977) Nr. 11

Haberstock, L.,   Kostenrechnung I, Einführung mit Fragen,
                                Aufgaben und Lösungen.
                                Betriebswirtschaftlicher Verlag
                                Dr. Th. Gabler, Wiesbaden, 5.Aufl. (1978)

Haberstock, L.   Kostenrechnung II, (Grenz-)Plankostenrech-
                                nung mit Fragen, Aufgaben und Lösungen.
                                Betriebswirtschaftlicher Verlag
                                Dr. Th. Gabler, Wiesbaden, 3.Aufl. (1978)

Haeckel, R.   Die Grenzen der Wirtschaftlichkeit bei
                                Analysengeräten.
                                Arzt und Wirtschaft 3 (1975), 26-32

Haeckel, R.   Berechnungen über die Kosten d. Qualitäts-
                                sicherung im medizinischen Laboratorium.
                                ärztl.Lab. 21 (1975), 57-63

Haeckel, R.   Rationalisierung des medizinischen
                                Laboratoriums.
                                GIT-Verlag Darmstadt, 2.Aufl. (1979),
                                428-437

Haeckel, R., Höpfel, P.   Analysenautomaten, Grenzen der Anwendung.
                                Diagnostik 6 (1973), 674-678

Haeckel, R., Höpfel, P.,   Berechnung über die Wirtschaftlichkeit von
Höner, G.   mechanisierten Analysensystemen. Ein Vor-
                                schlag zur Schätzung der kritischen
                                Serienlänge.
                                Z.Klin.Chem.Klin.Biochem. 12 (1974), 14-22

Haeckel, R., Weirich, A.   Modell einer vollständigen Kostenrechnung
                                für das medizinische Laboratorium.
                                GIT Lab.med. 5 (1982), 199-211

Haeckel, R., Fischer, G.,   Arbeitsgruppe Analysenzeitermittlung: Vor-
Fischer, M., Gergely, T.,   schläge zur Erfassung von Analysenzahlen.
Gibitz, H.J., Osburg, K.,   D.Ges.f.klin.Chem.e.V. - Mitteilungen 1/84
Weidemann, G.   (1984), 24-26

Haeckel, R., Fischer, G.,   Arbeitsgruppe Analysenzeitermittlung: Vor-
Fischer, M., Gergely, T.,   schläge zur Definition von Zeitbegriffen.
Gibitz, H.J., Osburg, K.,   D.Ges.f.klin.Chem.e.V. - Mitteilungen 5/84
Weidemann, G.   (1984), 187-192

Haeckel, R., Bayer, P.M.,   Vorschläge zur Erfassung von Analysenzah-
Fischer, G.,Fischer, M.,   len der Arbeitsgruppe für Analysenzeiter-
Gergely, T.,Gibitz, H.J.,   mittlung.
Osburg, K.,Weidemann, G.   D.Ges.f.klin.Cheme.V. - Mitteilungen 2/86
                                (1986), 61-64

Haeckel, R., Bayer, P.M.,   Arbeitsgruppe für Analysenzeitermittlung:
Fischer, G., Fischer, M.   Beschreibung eines Verfahrens zur Erfas-
Gibitz, H.J., Hinsch, W.,   sung von direkten Personalzeiten.
Osburg, K., Weidemann, G.   D.Ges.f.klin.Chem.e.V. - Mitteilungen 17
                                (1986)

Haeckel, H., Bayer, P.M. Fischer, G., Fischer, M., Gibitz, H.J. , Osburg, K., Weidemann, G.
Vorschläge zur Ermittlung von indirekten Personalzeiten und Zuschlagzeiten. In Vorbereitung

Härter, G.
Das Labor der Allgemeinpraxis: Notwendig-keit-Wirtschaftlichkeit. Laboratoriumsblätter 27 (1977), 76-80

Haller-Wedel, E.
Das Multimoment-Verfahren in Theorie und Praxis, Statistische Verfahren für Arbeitsstudien, Prüf- und Meßtechnik. Band II, 2.Aufl., München (1969)

Hansen, K.
Entscheidungsorientierte Kostenrechnung im Krankenhaus. Aus Meyer,M.: Krankenhausplanung, G. Fischer-Verlag, Stuttgart (1979), 18-30

Hansen, K.
Bewertung von Investitionen in Kranken-häusern und geltendes Finanzrecht. Aus Meyer, M.: Krankenhausplanung, G. Fischer-Verlag, Stuttgart (1979), 153-166

Heihn, H., Nothvogel, D.
Laororganisation: Situationsanalyse und Sollkonzeption. Krankenh. 2 (1981), 62-68

Heise, H., Walker, M.
Projektabwicklung bei organisatorischen Veränderungen in medizin. Laboratorien GIT Labor-Medizin, 5/1982, 101

Henker, O.
Wirtschaftlichkeit im Gemeinschaftslabor - Grundlagen, Probleme, Verfahren. Arzt und Wirtschaft 3/1979 und Die Gruppenpraxis 2, 3, 4/1979

Henker, O.
Die Untersuchung der Wirtschaftlichkeit im Krankenhauslabor. Merck-Handbuch "Krankenhauslabor", Eigendruck, Kap. 26 (1979)

Henker, O., Walker, M., Hartmann-de Vries, A. u.a.
Interview mit der Arbeitsgemeinschaft Wirtschaftlichkeit im Labor (AWL). GIT Labor-Medizin 3/1980

Henker, O.
Wirtschaftlichkeitskriterien unterschied-licher Laborgemeinschaften. Die Gruppenpraxis 4/1983 und Arzt und Wirtschaft 6 (1984), 27 Arzt und Wirtschaft 7 (1984), 27

Henker, O.
Wie steht es um die Wirtschaftlichkeit des medizinischen Labors? Grundlagen und Ver-fahren zur Wirtschaftlichkeitskontrolle. MCS-Dialog 10, Zeidler-Verlag(1985),5

Henker, O.   ökonomie in der Arztpraxis, Grundlagen und
                              Möglichkeiten zur Messung und Verbesserung
                              der ökonomischen Wirtschaftlichkeit im
                              Betrieb Arztpraxis.
                              Lose-Blatt-Sammlung, 12. Erg.Lfg. 5/86,
                              Kap. ökonomie/Grundlagen II -3-1
                              Köhle, Management in der Arztpraxis 5/86,
                              Ecomed-Verlag, Landsberg

Henker, O.   Der Arzt als Unternehmer - Wirtschaftlich-
                              keit ärztlichen Handelns betrifft auch die
                              Praxiskosten.
                              Ärztebetriebswirtschaft, Ecotax-Verlag,
                              Nordkirchen, 1/86, 5

Henker, O.   Schreibt unser Labor künftig rote oder
                              schwarze Zahlen?
                              Arzt und Wirtschaft/Gruppenpraxis 26/86,93

Henker, O.   Zur Situation der Laborgemeinschaften
                              - unter dem Aspekt der ab 1.10.1987 gel-
                              tenden neuen Laborhonorarsätze.
                              GIT Labor-Medizin 4/1987, 153

Henker, O.   Es geht auch mit dem neuen EBM, aber man
                              muß richtig rechnen.
                              Arzt und Wirtschaft 12/1987, 23

Hildebrand, R.   Praxisorientierte Krankenhaus-Kennzahlen I
                              In: Handbuch Krankenhaus-Management,
                              4.Nach. (1981)

Höhn, H.G.   Punkttabelle für Laboratoriumsunter-
                              suchungen.
                              Anstaltsumschau (1954), 220-223

Höhn, H.G.   Noch einmal die Punktabelle.
                              Anstaltsumschau (1954), 429-432

Höhn, H.G.   Die neuen Hamburger Punkttabellen für
                              Laboratoriumsuntersuchungen.
                              Anstaltsumschau (1956), 98-102

Höhn, H.G.   Zeitbewertung für Laboratoriums-
                              untersuchungen.
                              Ärzt.Lab. 11 (1965), 4-12

Hoffmann, H.   Das Personal im Brennpunkt der Kostendis-
                              kussion.
                              Krankenhaus TECHNIK 1-2/87

HPM Research Report   Who makes buying decisions for the
                              hospital clinical laboratory?
                              Hosp.Purch.Managem. 3 (1978), 5-10

338

Hübner, Heinz

Kostenrechnung im Krankenhaus
2. Aufl., Verlag Kohlhammer

Jäger, H.

Stufendiagnostik spart Kosten.
ärzt.Praxis 32 (1980), 2393

Kaminsky, G.

Praktikum der Arbeitswissenschaft.
2.Aufl. München, Wien (1980)

Keller, H.

Betriebsführung im ärztlichen Laboratorium.
ärztl.Lab. 14 (1968), 201-205

Keller, H.

Organisation von Krankenhaus-Laboratorien.
Arzt und Krankenhaus 9 (1980), 20-27

Kim, H., Meyer, M.

Zur Ermittlung des Personalbedarfs in der Anästhesie.
In M. Meyer: Krankenhausplanung.
G. Fischer-Verlag, Stuttgart (1979), 207-221

Kirberger, E.

Einrichtung und Einrichtungskosten eines Krankenhauslaboratoriums.
ärztl.Lab. 14 (1968), 216-225

Klemann, H.P.

Unbekannte Spielregeln über Systeme und ihre Eigenschaften.
MTA-Journal 5 (1982), 27

Kracht, P., Kampe, M.

Unternehmen Krankenhaus
FAZ 04.06.1085

Krankenhaus-Buchführungsverordnung - KHBV

Verordnung über die Rechnungs- u. Buchführungspflichten v. Krankenhäusern.
10.Apr.1978 BGBl Teil I (1978), 473

Krankenhaus-Finanzierungsgesetz - KHG

Gesetz zur wirtschaftlichen Sicherung der Krankenhäuser u. zur Regelung der Krankenhauspflegesätze.
7.Febr.1986 GVBl 42.Jg.Nr.7 , 234-240; §28 Auskunftspflicht und Statistik

Kranken-Geschichtenverordnung - KGVO

Verordnung über Führung, Inhalt und Aufbewahrung von Krankengeschichten in Krankenhäusern. 24.Okt.1984 GVBl 40.Jg.Nr.62,1627

Krankenhaus-Neuordnungsgesetz - KHNG

Gesetz zur Neuordnung der Krankenhausfinanzierung. 20.Dez.1984, BGBl , 1716-1722

Krieg, A.F., Israel, M., Fink, R.

A worksheet summary system for clinical laboratory management.
Am.J.Clin.Path. 66/1 (1976), 132-143

Laboratory Workload Recording Method.

Jährliche Ausgabe durch College of Amer. Pathologists (14 North Skokie Blod. Skokie, Illinois 60077, USA)

Linder, A.

Statistische Methoden für Naturwissen-
schaftler, Mediziner und Ingenieure.
Verlag Birkhäuser, Basel (1951)

Maynard, H.B., Schwab, J.L.
Stegemerte, G.J.

Methods-Time-Measurement.
New York (1948)

Meyer, H.P.

EDV-Einsatz im klinischen Labor wirtschaftlich sinnvoll?
Laborpraxis i.d. Med. (1982), 16-34

Meyer, M.

Elemente und Methoden der Krankenhaus-
planung.
In M. Meyer: Krankenhausplanung
G. Fischer-Verlag, Stuttgart (1979), 3-17

Meyer, M., Meyer, R.

Das Klinikmanagementspiel KLIMA-1 Plus
ZögU.
Zeitschrift für öffentliche und gemein-
wirtschaftliche Unternehmen.
Beiheft 2 (1979)

Mishan, E.J.

Cost-Benefit Analysis.
Praeger Publishers, New York, London
(1976)

MTM-Grunglehrgang

Herausgeber: Deutsche MTM-Vereinigung,
Elbchaussee 352, 2000 Hamburg

Nachtigall, W.

Betriebswirtschaftliche Formeln und
Darstellungen.
Bd. 2: Montagewechselfließreihen bis
Wachstumsraten
Wilhelm Heine Verlag München (1972)

Nickerson, C.B.

Accounting Handbook for Nonaccountants.
Cahners Books internat. Inc.
Boston/Ma. (1975)

Niewerth, H., Schröder, J.

Lexikon der Planung und Organisation.
Verlag Schnelle, Quickborn (1968)

Osburg, K.

Organisation eines Krankenhauslaboratoriums.
Ärztl.Lab. 16 (1970), 253-265

Osburg, K.

Bewertungssystem für Chemische Laboratoriumsleistungen.
Ärztl.Lab. 16 (1970), 325-333

Osburg, K.

Bewertungssysteme für Laborleistungen.
Ärtzl.Lab. 20 (1974), 132-143

Osburg, K.

Bewertungssystem zur Berechnung des
Personalbedarfs im medizinischen
Laboratorium.
INSTAND-Schriftenreihe, Heft 1,
Triltsch-Verlag, Düsseldorf (1976)

Osburg, K.
Die Personalbedarfsermittlung in der klinischen Laboratoriumsdiagnostik. Zentrallehrgang der Fachvereinigung der Verwaltungsleiter Deutscher Krankenanstalten e.V. Studienstiftung d. Verw. Leit. (1977), 67ff

Osburg, K.
Personalbedarf im klin. Laboratorium. INSTAND-Symposium Berlin, 20.05.1977 Lab. Med. 2 (1978), 225

Palmquist, L.E.
Strategis Planning - Issues for Hospitals in the 1980. Pathol. 37 (1983) Nr. 7

Rabkin, M.T.
Clinical Laboratories: Myth, Fact and Future. New Engl.J.Med. 298 (1978), 454f

Range, C.
Stellen- und Dienstpostenpläne. österr.Khs.Z. 16 (1975), 283-304

Reed, L.B.
Assessing productivity and staffing through workload recording. Med.Lab.Obs. (1979), 147-153

REFA
Methodenlehre des Arbeitsstudiums, Teil 2, Datenermittlung, München 1971/1976

Resinger, H.E.
Budgeting: Cost Control through Planning. C.A.P. Aug. (1977) 444-470

Robert-Bosch-Stiftung
Beiträge zur Gesundheitsökonomie, 1979-84, Bleicher Verlag, Gerlingen

Rubin, M., Lous, P.
IFCC Education Committee: The education and training of personal for clin. chem. Z.f.Klin.Chem.u.Klin.Biochem. 13 (1975) 465-470

Scherpf, P.
Zur Kostenrelation von Standard und Schnellreagenzien im Klinik-Labor. Acta Mediotechn./Med.Markt 3 (1962), 114-116

Schulze, W.C.
Kostendämpfung im Krankenhaus GIT Labor-Medizin 1/1982, 1

Spitzley, H.
Wissenschaftliche Betriebsführung. REFA-Methodenlehre und Neuorientierung der Arbeitswissenschaft, Köln (1979)

Templin, J.L.
Specified hours. A new approach to calculating productivity. Med.Lab.Observer, June (1980)

Tierstein, D.   Streamlining the clinical laboratory:
                                     Increasing medical usefullness by
                                     eliminating medical uselessness.
                                     C.A.P. Oct. (1978), 609f

Tydemann, J., Morrison, J.I,   The cost of quality control procedures in
Hardwick, D.F., Cassidy, P.A.   the clinical laboratory.
                                     Am.J.Clin.Path. 77 (1982), 528-533

Vester, Frederic   Neuland des Denkens Kybernetik
                                     DVA 1980, 4

Vankann, W.   Wegweiser durch den Kosten- und Leistungs-
                                     nachweis.
                                     Berl. Krh.Ges.e.V. (BKG), Keithstr. 1-3,
                                     1000 Berlin 30, (1985)

Weinhold, E.-E.   Fortschritt und Humanität in der Kranken-
                                     versorgung. Was genügt den medizinischen
                                     Erfordernissen?
                                     Niedersächs. Ärzteblatt (1983) Nr. 4

Weißbauer, W.   ökonomische Grenzen der Medizin.
                                     Diagnostik 10 (1977), 792-795

Weller, H.   über die Prüfung einer Methode zur Ermitt-
                                     lung des Personalbedarfs an Krankenhaus-
                                     Laboratorien.
                                     Krankenhausumschau (1963) Heft 5

Weller, H.   über die Prüfung einer Methode zur Ermitt-
                                     lung des Personal-Bedarfs an Krankenhaus-
                                     Laboratorien.
                                     Ärztl.Lab. 9 (1963), 33-47

Werner, M.   Strategien für den Einsatz klinisch che-
                                     mischer Untersuchungen.
                                     In: Lang, H., Rick, W., Büttner, H.,
                                     Springer Verlag Berlin Heidelberg New York
                                     (1982), 26-27

Werner, M.,   Der Nutzen von Screening-Untersuchungen
Altshuler, Ch.,H.   mit Hilfe der klinisch-chemischen Profil-
                                     analyse.
                                     Krankenhausarzt 51 (1978), 892-900

Wilding, P.   The economics of quality control.
                                     Ann.clin.Biochem. 6 (1969), 123-125

Willeke, R., Jäger, W.   Ein Optimum an Sicherheit Nutzen/Kosten-
Lindenlaub, K.-H.   Untersuchungen für Verkehrssicherheits-
                                     maßnahmen.
                                     Schriftenreihe des Verbandes der Auto-
                                     mobilindustrie e.V. (VDA) (1978)

Witby, L.G.   Clinical Chemistry: Time for Investment.
                                     Lancet II (1963), 1239-1243

Wobbe, G.

Arbeitswissenschaftliche Untersuchungen im Krankenhaus.
Z.f.Arbeitswissenschaft 32 (4.NF) (1978), 49ff

Wobbe, G., Kaminsky, G.

Die Anwendung arbeitswissenschaftlicher Untersuchungsmethoden (Zeitstudien) zur Analyse eines Labors in einem Krankenhaus der Grund- und Regelversorgung.
KU 11 (1977), 354ff

Wüst, H.

Personalbedarf im Klinischen Laboratorium: Berechnungsverfahren für Personalbedarf.
Medica 1 (1980) Nr.8 , 682-686

Wüst, H.

Leistungsstatistik im klinischen Laboratorium I. Definition und Kennzeichnung der Zählobjekte, statistische Leistungszuordnung.
Lab.med. 9 (1985), 264-266

Wüst, H. et al.

Empfehlungen zum Führen von Leistungsstatistiken in klinischen Laboratorien.
Lab.med. 10 (1986), 239-243

Wüst, H., Appel, W., Kaltwasser, F. et al.

Zur Leistungsstatistik in klinischen Laboratorien. Diskussionsbeitrag des Ausschusses "Labororganisation" der D.Ges.f.Laboratoriumsmedizin.
Lab.med. 9 (1985), 403-405

Wüst, H., Appel, W. Kaltwasser, F. et al.

Empfehlungen zum Führen von Leistungsstatistiken in klinischen Laboratorien. Ausschuß "Labororganisation" der D.Ges.f. Laboratoriumsmedizin.
Lab.med. 10 (1986), 239-243

Zusammenstellung d. DKI

Krankenhausumschau 2/86 (1986), 605-607

Sachregister/Stichwortverzeichnis

Abfallbeseitigung 191
Abfallsack 84
Abfallsammlung 312
Abgabe 222
Abgang 197, 199
- im Grundriß 199
Ablauforganisation 9
Abnahmekosten 181
Abnahmevorschrift 210
Abrechenbarkeit 316, 317
Abrechenbarkeitsanteil 312
Abrechnungs-Statistik 318
Absaugküvette 113
Abschreibesatz 155
Abschreibung 191
Abschreibungskosten 221, 222
Abschreibungsprozent 189,
    190, 221
Abschreibungssatz 190, 208
Abschreibungszeit 208
Absolutkosten 218
Abteilung 205, 304
Abteilungslaboratorium 325,
    326
Abteilungsschreibkraft 150
Abwasser 191
Abwesenheitsstatistik 202
Abwesenheitszeit 208
administrative Aufgabe 71
- Tätigkeit 14, 20, 25, 31,
    32, 138
administratives Personal 150
AFP 100
Agenz 50
Agglutination 103
aggressiver Dampf 85
Akademikerstelle 225, 226
akademischer Mitarbeiter 82
Akut-Aufnahme 76
Aldolase 90
Aldosteron 90
alkalisches Phosphat 90

Alkohol 90
allgemeine Kostenstelle 262
- Leistung 308
Alternativdienst 146, 147
ambulanter Patient 304, 315
Ambulanz 205, 213
δ-Aminolaevulinsäure 92
Ammoniak 90
α-Amylase 90
Analogieverfahren 243
Analyse 12, 33, 38, 39, 41,
    52, 53, 54, 56, 66, 77, 79,
    80, 109, 110, 112, 124,
    127, 129, 153, 156, 202,
    212, 213, 220, 226, 227,
    237, 238, 255, 262, 267,
    271, 286, 287, 290, 291,
    292, 293, 294, 295, 298,
    301, 302, 308, 309, 311,
    313, 315, 316
-, sonstige 311, 312
Analysenantrag 202, 286, 294,
    300, 301
Analysenarbeitsplatz 182
Analysenarbeitszeit 53, 54,
    68, 109
Analysenart 12, 33, 34, 202,
    307
Analysenaufkommen 236
Analysenbereich 280
Analysenbestandteil 176, 211,
    214, 225, 307
Analysenbestimmungszeit 25
Analysendaten-Erfassungsblatt
    252
Analysendurchführung 13, 243
Analyseneingangs-Statistik
    307
Analyseneinzelkosten 180
Analysenergebnis 109, 133,
    186, 199, 236, 300, 311,
    316

Analysenfrequenz 112, 242
Analysengemeinkosten 180
Analysengerät 41, 176, 182,
    188, 189, 190, 208, 221,
    242, 298, 299, 310, 312,
    329, 330
-, mehrkanaliges selektives
    41
Analysengesamtkosten 216
Analysengesamtzahl 225
Analysenkanal 182
Analysenkosten 176, 215, 217,
    218, 219, 228, 229, 289
Analysenkostenermittlung 178,
    288, 289
Analysenleistung 289, 308
Analysenleistungs-Statistik
    311
Analysenmaterialkosten 156
Analysenmenge 33, 253, 280
Analysenmethode 236
Analysennebengerät 208, 221
Analysenplatz 49, 191
Analysenprofil 168, 302
Analysenprogramm 213
Analysenqualität 236
Analysenraum 188, 208, 222
Analysenresultat 165
Analysenröhrchen 309, 310
Analysenserie 130,
    137,311,313
Analysenspektrum 158
Analysenstatistik 229, 284
Analysensteigerung 58
Analysensystem, mechani-
siertes 109
Analysenteilkosten 179
Analysentätigkeit 13, 50
Analysenvollkosten 179
Analysenwert 13
Analysenzahl 56, 107, 109,
    130, 132, 299
analysenzahlenabhängige
    Kosten 180
analysenzahlenunabhängige
    Kosten 180
Analysenzeit 54, 64, 66, 87,
    127, 130,154
Analysenzeitaufnahme 153
Analysenzeitermittlung 129,
    153
Analyt 198, 225, 298, 306,
    307, 316
Analytik 309, 312
Analytikkonstellation 284

analytische Tätigkeit 20, 21,
    22, 25, 31, 32, 34, 258
- -, quantifizierbare 14
analytischer Arbeitsplatz 206
Äthanol 90
Anforderung 286, 300
Anforderungsschwerpunkt,
    periodischer 13
Anforderungsstatistik 39
Anforderungsvordruck 79
angeforderte Analyse 125, 129
Anhaltszahl 86, 123, 124
Anlagegut 191, 220, 221
Annahme 188
Annahmeabwicklung 210
Annahmekosten 181
anorganisches Phosphat 90
Ansatz 286, 287, 290, 292,
    310, 311
Ansatzstatistik 287, 288,
    291, 310
Anschaffungsjahr 221
Anschaffungskosten 221
Ansetzen von Lösungen 171
Antihämolysintest 103
Antithrombin III 90
α-1 Antitrypsin 91
Antrag 286, 292, 300, 303,
    304, 311
Antragsausführung 305
Antragsbezug 303
Antragsbezugs-Statistik 303
Antragsformular 210, 307
Antragsherkunft-Statistik 302
Antragsindikation 304
Antragsstatistik 286, 301
Antragsteller 302
Antragsumfang 301
Antragsumfang-Statistik 301
Anwesenheitsdienst 129
Anwesenheitszeit 128
Anzahl 291
- der durchgeführten Analysen
    134
- der Untersuchungen 59, 65
Anzüchtung einer Zellkultur
    102
Apparategemeinschaft 326
Arbeitsablauf 15, 16, 19, 28,
    29, 44, 128, 131, 169, 211
- im Laboratorium 71
Arbeitsablaufabschnitt 19
Arbeitsanalyse 52, 54, 61,
    62, 87, 105
Arbeitsanfall 76, 77, 158
Arbeitsaufwand 141

Arbeitsbedingung 243
Arbeitsbereich 188
Arbeitseinsatz, menschlicher
  19
Arbeitserfassungsbogen 17,
  133
Arbeitsgang 314
Arbeitsgruppe 182, 192, 297,
  329
Arbeitskapazität 73
Arbeitskraft 12, 22, 39, 43,
  44, 47, 49, 50, 52, 53, 55,
  56, 59, 61, 64, 66, 70, 73,
  75, 76, 77, 79, 110, 111,
  112
Arbeitsleistung 138, 147
Arbeitsliste 297
Arbeitsminute 35, 43
Arbeitsminuten je Jahr 42,
  65, 66
Arbeitsmittel 188
Arbeitsplatz 14, 15, 16, 19,
  29, 39, 50, 68, 70, 85, 88,
  107, 127, 128, 132, 133,
  134, 144, 145, 152, 153,
  154, 159, 170, 176, 188,
  194, 206, 209, 211, 216,
  225, 229, 258, 297, 298,
  299, 309, 310, 329
Arbeitsplatzberechnung 129,
  133
Arbeitsplatzkapazität 68
Arbeitsplatzpflege 211
Arbeitsplatzrechnung 134
Arbeitsplatzrotationsregelung
  22
Arbeitsplatzstatistik 16
Arbeitsplatzstudie 19
Arbeitsplatzvorbereitung 171
Arbeitsprogramm 86
Arbeitsschicht 13, 50, 313
Arbeitsschritt 20, 21, 106
Arbeitstag 35, 43, 155, 322
Arbeitsvorgang 22
Arbeitsvorschrift 211
Arbeitswoche 144
Arbeitszeit 16, 23, 44, 65,
  87, 128, 155, 159, 172
Arbeitszeitablauf 19
Arbeitszeitanalyse 11, 13
Arbeitszeitaufwand 13, 15
Arbeitszeitausnutzung 23
Arbeitszeitbedarf 10, 30, 34,
  35, 36
Arbeitszeitbelastung 12
Arbeitszeitbogen 19

Arbeitszeiten, Schätzen von
  14
Arbeitszeiterfassung 21
Arbeitszeiterfassungsbogen
  15, 16
Arbeitszeitermittlung 5, 7,
  8, 12, 26, 30
Arbeitszeitermittlungsverfah-
  ren 11, 12
Arbeitszeitraum 25
Arbeitszeitregelung 45
Arbeitszeitstruktur 23
Arbeitszeitstudie 19, 21, 23
Arbeitszeitverteilung 208
Archivierung 212
Arzt 150, 255
– für Laboratoriumsmedizin 37
ASL 103
Atemschutzmaske 210
Atomabsorptionsspektrophoto-
  meter 116
audio-visuelles Material 209
Aufbauorganisation 8
Aufbewahrungszeit 127
Aufenthaltsraum 188
Aufnahme 213
Aufnahmeprofil 301, 303
Auftrag 286, 300
–, sonstiger 304
Aufwandindex 312
Aufwandsrelation 125, 129
Aufwandsstatistik 39, 125
Ausbildung 72, 208
– von Fremdpersonal 49
Ausfallzeit 169
Ausführungs-Statistik 305
Ausgabe von Blutkonserven 309
Ausgang 210
– der Befunde 68
ausgeführter Antrag 305
Aushang 212
Ausnutzung 91
Ausweichgerät 329
auswärtiges Laboratorium 214
automatische Probenzuführung
  106
Azeton 91, 92

Bakterienkultur 101
bakteriologisch-serologisches
  Verfahren 89
bakterologische Untersuchung
  78
Bang 104
Barbiturat 91
Basisdaten 247

346

Bauplan 188
Beamter 150
Bearbeitungszeit 127, 130,
  131, 132, 133, 152, 153
Beckman-Glucose-Analysator
  106
Bedeutungsstatistik 315
Bedienungsanleitung 211
Befundübertragung 159, 170
Befunderstellung 212
befundetes Ergebnis 317
Befundsstatistik 39
Befundung 214, 243
Befundungskosten 181
Befundwesen/EDV 280
Befundzeit 127, 130
Befundzettel 109
beliebige Woche 321
beliebiger Monat 320
– Tag 321
beliebiges Jahr 319
Bence-Jones-Protein 91
Berechnung der Ergebnisse 136
–, Durchführung der 65
Berechnungsbogen 65, 68, 121,
  122
Berechnungsmodell 123, 169
Berechnungsmodus 67
Berechnungssystem 123
Berechnungsvorgang 66
Berechnungszahl 134
bereichsfixe Kosten 268, 271,
  274
Bereitschaftsdienst 35, 194
Bereitstellungszeit 127
Beschaffungsjahr 221
Beschaffungsplan 210
Beschaffungspreis 189, 190
Beschaffungswesen 210
Beschilderung 210
Beseitigung von Störungen 50
Bestelltermin 288
Bestimmungsparameter 12
Betriebsabrechnungsbogen 222,
  223, 227, 229
Betriebsfläche 208, 222
Betriebskosten 157, 177, 181,
  220, 222, 223, 234
Betriebskostenfinanzierung
  233
betriebswirtschaftliche
  Interpretation 279
– Kenntnis 279
– Methodik 247
Betriebswissenschaftler 178

Betriebszeit 133, 144, 145,
  152, 288
Bewertung 111
Bewertungssystem 37, 38, 44,
  46, 49, 61, 89
Bewertungstabelle 56, 58, 59,
  60, 61, 64, 66, 106
Bewertungszahl 62, 64, 65,
  66, 88, 110, 135, 138, 141,
  142, 147, 149, 152, 153,
  157
bezahlte Produktivität 173
– Stunde 173
Bikarbonat, Standard- 91
Bildschirm-Eingabegerät 298
Bilirubin 55, 91
Bilirubinbestimmung 165, 166
biochemische Prüfung einer
  Kultur 101
Biuret-Methode 107
Blockanalysator 315
Blockgerät 288, 289, 293
Blocking-Test 104
Blockleistung 313, 314
Blut 90
–, okkultes 91
Blutausstreichgerät 117
Blutausstreichschleuder 118
Blutbank 166
Blutbestandteil 200
Blutentnahme 161, 227, 309
Blutfarbstoff 91
Blutgasanalyse 91
Blutgruppe 104
Blutgruppenantikörpertitra-
  tion 103
Blutgruppenserologie 78, 82,
  188
Blutkonservendepot 197, 214
Blutkörperchensenkung 91
Blutkörperchenzählgerät 118,
  119
Blutplättchenzählgerät 118
Blutungszeit 91
Blutverwechselung 70
Blutvolumen 165
Bodenversiegelung 140
Brauchbarkeitsdauer 188, 189
Bringedienst 286
Brom 91
Buch 209, 214, 222
Buchhaltung 241, 260, 262,
  282
Bürobedarf 209
Büroleiter 83
Büromaterial 200, 222

Büropersonal 45, 46
Bundespflegesatzverordnung
  288, 315

Caeruloplasmin 91
Calcium 91
Calcium-Titrator 116
Carbamazepin 91
CEA 100
Checklistenverfahren 243
Chemie 206
Chemiker 150
chemische Methode 89
chemischer Arbeitsbereich 82
Chlorid 91
Chloridmeter 116
Cholinesterase 91
Cholesterin 91
Chymotrypsin 92
Cito-Laboratorium 45, 76
CO2 92
Coagulometer 117
CO-Hämaglobin 92
Computer 285, 288, 298, 317
Computer-Graphik 247
Computerunterstützung 246
Controlling 282
Controlling-System 282, 283
Controlling-Verfahren 249
Coombs-Test 104
Corticoide 92
Cortisol 92, 100
Coulter-S 190
Creatinkinase 92
CRP 103

Datenaufbereitung 276
Datenerfassung 284, 285, 297
Datenflut 236
Datengruppe 197, 204
Datenmenge 33
Datensammlung 187, 216
Datenübertragung 316
Datenverarbeitung 39
Datenverarbeitungsanlage 83
Deckungsbeitrag 248, 268,
  271, 274
Deckungsbeitragsrechnung 248,
  274
demineralisiertes Wasser 209
Desinfektion 139, 140, 211
- der Beleuchtung 84
- der Handwaschbecken 84
- der Laborwaschbecken 84
- gekachelter Wandteile 84
- von Labormöbel 84

deskriptive Laborstatistik
  284, 290, 291
destilliertes Wasser 200, 209
dezentrales Laboratorium 326
dicker Tropfen 92
Dienst außerhalb der regu-
  lären Arbeitszeit 75, 77
Dienstanweisung 212
Dienstausfall 148
Dienstbefreiung 35
Dienstbesprechung 209
Diensteinteilung 133, 144,
  145
Dienstfolge 146
Dienstleistungsbetrieb 37
- Krankenhaus 9
Dienstplan 133, 134, 144,
  145, 146, 202, 209
Diensturlaub 202
Dienstzimmer 188
Differentialblutbild 92, 292
-, pathologisch 92
Digitalmeßplatz 106, 113
Digitalphotometer mit
  Faktoreingabe 113
Digoxin 100
Dilutor 113, 119, 189, 190
Dimethylketon 92
direkte Kosten 238, 267
- Personalzeit 127, 131, 134
Dispensor 113, 120
Divergenz, interpersonelle 22
-, intrapersonelle 22
Dokumentation 161, 212, 243
Dokumentationskosten 181
Doppelarbeit 243
Doppelbestimmung 126, 199,
  291
Dosierautomat 113, 120
Drucker-Rolle 200
Duodenalsaft 90
Durchführung der Berechnung
  65
- einer Analyse 147
durchgeführte Analyse 125,
  129, 130, 132, 133, 136,
  141, 149
durchgehender Dienst 145
Durchlaufküvette 61
Durchsatzgeschwindigkeit 134
Durchsatzrate 154
Durchsatzzeit 153
Durchschnittskosten 229
Durchschnittsprofil 132, 153

Echtzeit-Statistik 324
EDV-Anlage 108, 109, 185,
    205, 222, 276
Effektivität 9, 172
Effizienz, höhere 9
Eigenagglutination 104
Einarbeitung 20, 25, 49, 72
- neuer Methoden 72, 74
- von Fremdpersonal 49
Einarbeitungszeit 22
Einengung 92
Einflußgröße 22
Eingang 286, 292, 293, 295,
    300, 306
Einheitszeitwert 161, 163,
    166
Einmalmaterial 155, 156
Einnahmen-Überschuß-Rechnung
    241
Einrichtungsgegenstand 220
Einrichtungskosten 181, 220
Einsammeln der Proben 136
Einsendekosten 181
Einsender 304
Einsendevorschrift 210
Einstufung 110, 111
Einweghandtücher 84
Einwegmaterial 85, 192, 200,
    209
Einwegmaterialbedarf 288
Einzelanalyse 13, 15, 21,
    33, 53, 87, 110, 216, 271,
    306
Einzelanalysenantrag 301
Einzelbestimmung 159, 313
Einzelkosten 228, 237
Einzelleistung 313, 314
Einzelmessung 19
Einzelzeit 21
Einzelzeitermittlung 19
Einzelzeitmessung 20, 21
Eisen 92
Eisenbindungskapazität 92,
    198
Eiweiß 92
-, qual. 92
Eiweißbestimmung 107
ekelerregendes Material 85
Elektrolytmessung 116
elektronenmikroskopische
Untersuchung 100
Elektrophorese 55, 117
-, -Auswertung 116
-, Eiweiß 92
-, Hämoglobin 92
-, Lipid 92

Energie 209
Energiekosten 191, 200, 201,
    222
Energienebenkosten 191
Enteiweißung 105, 107, 108
Entsorgungskosten 182
Enzym-Analysengerät 115, 307
Eosinophilenzahl 93
Eppendorf Chloridmeter 190
- Enzymstraße 190
-, -Substratautomat 108
Ergebnis-Statistik 316
Erfassungsbogen 16, 39
-, Arbeitszeit- 15, 16
Erfassungseinheit 284, 297,
    299, 324
Erfassungsformular 250
Ergebnis 262, 289, 290, 291,
    292, 293, 294, 295, 312,
    314, 315, 316
Ergebnisbearbeitung 109
Ergebnisberechnung 312
Ergebniserstellung 212
Ergebnisregistrierung 170
Ergebnisstatistik 199, 289
Ergebnisübermittlung 79
Erhebungsbogen 16
Erkrankung 35
Erlös 260, 262
Erprobung 198, 199
Ersatzteilbeschaffung 200
Erste-Hilfe-Schrank 200, 210
Erste-Hilfe-Stelle 213
Erstellung der Befunde 136
Erythrozyten-Resistenzbestim-
    mung 93
Erythrozytenzählung 199
Erythrozytenzahl 93
Exkrement 206
externer Antrag 302, 303

Facharzt für Laboratoriums-
    medizin 81
Facharztlabor 241, 262, 274,
    281
Faeces 90, 162
Fehl-Tag 202
Fehlzeit 128, 174, 208
Fehlzeitstatistik 202
Feiertag 35, 145, 147, 174, 322
Feiertagsdienst 45, 74, 75,
    122, 146
Feiertagsschicht 323
Ferien 174
Fernschreiber 222
Ferritinbestimmung 198

α-Fetoprotein 90, 93
Fett im Stuhl 93
Feuerlöschgerät 210
Fibrinogen 93
Fibrinogenspaltprodukt 93
Finanzbuchhaltung 240, 241
fixe Analysenkosten 215
- Analysenzeit 138
- Bearbeitungszeit 134
- Gerätezeit 154
- Kosten 217, 220, 223, 237,
  238, 255, 267, 280
- Personalzeit 132
Fixzeit 130
Flächenbedarf 188, 189
Flächenreinigung 84, 140,
  141, 148
Flächenreinigungspersonal 222
Flammenphotometer 116
Fluktuation 74, 122, 203
Folgeanalyse 38, 194, 216,
  315
Folgeauftrag 304, 305
Formular 214, 215
Formularsystem 243, 250
Formularwesen 160, 210, 212
Forschung 206, 304, 305, 312
Fortbildung 73
Fortbildungsseminar 160
Fortbildungsveranstaltung 209
Fortschritt, technischer 8
Fortschrittszeitmessung 19,
  21
Fremdanalyse 214
Fremdbeobachtung 19, 21, 23,
  30, 33
Fremdlabor 239
Fremdpersonal 122
Fructose 93
Früherkennung 304
FSH 100
Führungsinformation 240
Führungsinstrument 283
Fußbodenreinigung 84

Galaktose 93
Gas 191, 200, 209
Gasanalyse 82, 93, 117
Gastrin 100
Gasverbrauch 200
gearbeitete Produktivität
  173, 174
- Stunde 173
Gebühr 222
Gebührenordnung 238, 281
Gemeinkosten 237, 253

Gemeinkosten-Wert-Analyse 280
Gemeinschaftslabor 239, 240,
  255, 262, 274, 281
Gerät 188, 199, 211, 214,
  222, 247, 267
Gerätausfall 30
Geräteauslastung 154, 288
Geräteauslastungsquotient 288
Geräteausstattung 36, 78, 177
Gerätebedarf 287
Geräte-Erfassungsblatt 251
Geräteerprobung 304
Geräteevaluation 154
Gerätekanal 329, 330
Gerätekosten 176, 201, 220,
  237, 250
Gerätepflege 211
Geräteprofilantrag 301, 302
Gerätereinigung 141
Gerätestruktur 258
Gerätevergleich 284
Gerätewartung 143
Gerätezeit 154, 155
Gerinnungszeit 93
gerundetes mittleres Jahr 319
Gesamtanalyse 229
Gesamtanalysenzahl 76, 112,
  142, 157, 225, 228
Gesamtarbeitszeitbelastung 11
Gesamtbetrieb 205, 227
Gesamt-Boden-Nutzfläche 139,
  148
Gesamt-Eiweiß-Bestimmung 108
Gesamtkosten 156, 157, 227,
  228, 229, 237, 253, 268
Gesamtlaboratorium 260, 280,
  324
Gesamtmitarbeiterzahl 149,
  150
Gesamtpersonalbedarf 68
Gesamtpersonalkosten 222, 225
Gesamtpersonalstand 129
Gesamtzahl der Untersuchungen
  69
Geschäftsverteilungsplan 209,
  210
gesetzliche Arbeitszeit 66
Glasreinigung 141
Glassache 200
Glasware 155
Gliederung des Laboratoriums
  328
Glucose-Bestimmung 93, 105,
  107, 108
Glutamat-Dehydrogenase 93

Glutamat-Oxalacetat-Transami-
nase 93
γ-Glutamyltranspeptidase, 93
Grad der Mechanisierung 167
Grenzkosten 228, 289
Grenzkostenbetrachtung 274
Grenzkostenrechnung 267, 268
Grundeinstufung 52, 53,
54,55, 56,59,61, 62, 64,
65, 66, 87, 88, 106, 109,
110
Grundeinstufungen, Liste der
86, 88, 89
Grundmethode 52, 55, 87, 105,
110
Grundreinigung 139
Grundriß 197, 206

Hämagglutiationshemmung 103
Hämatokrit 94
Hämatologie 162, 166, 206,
328
hämatologische Blutgerin-
nungsuntersuchung 78
- Methode 89
hämatologischer Arbeits-
bereich 82
Hämoglobin 94
Hämoglobin-Elektrophorese 94
Hamburger Punkttabellen 1
Handwaschmittel 84
Haptoglobin 94
Harnstoff 94
Harnsäure 94
Hauptansatz 288, 291, 310,
311
Hauptkostenstelle 182, 200,
215, 220, 244, 267
Hauptlaboratorium 325, 326
Hauptzeit 50, 52, 65, 109
Hausarbeiter 150
Hb-A-1 94
Hb-F-Zellen 94
HCG 100
HDL-Cholesterin 94
Heizung 191, 200, 209
Hemmstoffnachweis 102
Herstellen der Reagenzien 136
Hexokinase-Methode 105, 106
Hilfsanalyse 38, 40, 126
Hilfsansatz 288, 310, 311
Hilfskostenstelle 200, 220,
262
- im Labor 182
Histologie 162, 328
Hitachi-Analysensystem 110

Hochschulbildung, Personal
mit 44
höhere Effizienz 9
Holdienst 286
Honorargruppe 274
HPL 100
Humanität 9
Hydroxybutyrat-Dehydrogenase
90, 94
5-Hydroxy-Indolessigsäure,
(halbquant.) 94
-, (quantitativ) 94

Immundiffusions-Technik 94
Immunelektrophorese 94
Immunfluoreszenzuntersuchung
94, 103
Immunglobuline IgA, IgM, IgG
94
Immunologie 162, 206, 258,
328
immunologischer Antigen-
nachweis 103
- Antikörpernachweis 103
Immunpräzipitation 103
Indexbildung 294
Indikan, qualitativ 94
Indikations-Statistik 304
indirekte Kosten 238
- Personalzeit 128
Industrielaboratorium 327
infektiöses Material 84
Informationstechnologie 246
Ingenieur 46, 81
Inkubationszeit 54
Inkubieren 312
Instandhaltungskosten 192,
200, 222, 223
Institutsvorstand 150
Instrument der Zeitaufnahme
28
Insulin 94, 100
Intensivpflegeeinheit 76
Intensivstation 213
interner Auftrag 302, 303
interpersonelle Divergenz 22
intrapersonelle Divergenz 22
intuitives Verfahren 243
Inulin 94
Inventar 188, 208
Inventarliste 188, 191
Investition 177
Investitionsentscheidung 8
Investitionsmittel 216
Investitionsplan 210
Investitionsplanung 154

Investitionsrechnung 157
ionenselektive Elektrode 117
Isoagglutinin 204
Ist-Analyse 9, 30, 176, 177,
    184, 186, 187, 192, 216,
    231, 232, 250
Ist-Arbeitsleistung 143
Ist-Aufnahme 26, 176, 177,
    184, 185, 186, 187, 192,
    204, 205, 216, 217, 232,
    246, 250, 276
Ist-Berechnung 246
Ist-Beschreibung 206
Ist-Darstellung 246
Ist-Daten 30, 249, 282
Ist-Ergebnis 241
Ist-Erlös 241
Ist-Gruppe 199
Ist-Kosten 180, 241, 245
Ist-Kritik 176
Ist-Leistung 129
Ist-Situation 248
Ist-Tätigkeitsverteilung 31
Ist-Zahl 225
Ist-Zeit 22, 23
Ist-Zeitbedarf 11, 16
Ist-Zustand 204, 231, 260,
    279
Ist-Zustandsbeschreibung 9,
    36

jährliche Arbeitszeit 34
Jahr 319
Jahresabschluß 240, 241, 245,
    250, 253, 260
Jahresanalysenzahl 157
Jahresarbeitsminuten 67
Jahresarbeitszeit 43
Jahresarbeitszeitminute 35
Jahresstatistik 38, 39
Jod, proteingebunden 95

Kalenderjahr 43, 44, 205, 319
Kalendermonat 320
Kalendertag 35, 321
Kalenderwoche 320
Kalibration 171, 311
Kalibrationsansatz 311
Kalibrator 313
Kalibrierung 40, 50, 126, 313
Kalium 95
kalkulatorische Kosten 180
Kapitalkosten 190, 222
Katecholamin 95
KBR 103
Keimauswertung 102

17-Ketogene-Corticoide 95
Ketonkörper, qualtitativ 95
17-Ketosteroide 95
kinet. Messung mittels Kur-
    venregistrierung 113
Kinetik-Meßplatz 115
Klassifikationsschema 21
Kleinstzeitenverfahren 26
Klimatisierung 209
klinisch-chemische Analyse 78
klinische Chemie 162, 166,
    328
- Indikation 304
klinischer Chemiker 81
Koeffizient zur Mehrdienst-
    leistungsberechnung 142
Kommunikationskosten 200
Konserve 200
Konsiliarleistung 214
kontinuierliche Zeitmessung
    19
Kontrollkosten 181
Kontrollprobe 38, 40, 41,
    159, 199, 304
Koproporphyrin 95
Korrelationskoeffizient 137
Korridor 188
Kosten 155, 197, 200, 202,
    215, 220, 225, 229, 234,
    237, 260, 262
Kostenanalyse 185
Kostenanfall 268
Kostenart 180, 237, 250, 260,
    267, 283
Kostenartengruppe 255
Kostenartenrechnung 248, 262
Kostenbelastung 268
Kostenberechnung 200, 217,
    229, 232
Kostenbewußtsein 242, 283
Kostendämpfung 9, 235
Kostendämpfungssituation 280
Kostendeckung 274
Kostendeckungsprinzip 234,
    239
Kosteneinsparung 283
Kostenerfassungsbogen 201,
    217, 224, 225, 226, 228
Kostenermittlung 176, 184,
    192, 215, 216
Kostenermittlungsbogen 220,
    229
Kostenexplosion 233
Kostengruppe 194, 199, 204,
    271
Kostenkalkulation 154

Kosten/Nutzen-Analyse 8, 111,
  185, 216
Kosten/Nutzen-Berechnung 177,
  178, 287
Kosten/Nutzen-Überlegung 232
Kostenrechnung 5, 216, 220,
  229, 238, 239, 240, 247,
  260, 262, 271 283, 284,
  285
Kostenrechnungsmodell 244,
  267
Kostenrechnungssystem 245,
  248
Kostenreduktion 234
Kostenschätzung 156
Kostenspektrum 199
Kostenstelle 181, 200, 208,
  220, 222, 226, 237, 262,
  289, 316, 318
Kostenstellenplan 200
Kostenstellenrechnung 29,
  156, 181, 248, 262, 271,
  289
Kostenstellenstatistik 318
Kostenstruktur 217, 236, 274
Kostenträger 182, 271
Kostenträgerrechnung 237,
  248, 262, 275
Kostentransparenz 283
Krankenanstalt 304
Krankenhaus 205, 229, 234
-, Dienstleistungsbetrieb 9
Krankenhaus-Buchführungsver-
  ordnung 289
krankenhauseigene Werkstatt
  208
Krankenhausfinanzierungsge-
  setz 304
Krankenhausinformationssystem
  186
Krankenhauslaboratorium 37,
  216, 233, 238, 262,
  274, 288, 324
Krankenhausmanagement 234
Krankenhausstruktur 205
Krankenstand 143
Krankenstation 70
Krankheit 202, 203, 229
Krankheitstag 174
Kreatinin 95
Kreuztest 104
kritische Serienlänge 130
Kryoglobuline 95
Kühlschrank 190
Kundendienst 208
Kupfer 95

Kur 35
KV-Abrechnung 239

Laborabteilung 182
Laborant 46
Laborarbeitsplatz 23
Laborarbeitsschicht 42, 45,
  49, 322
Laborarzt 178, 205, 214
Laboratorium 204, 324
-, Gliederung des
  328
-, sontiges 327
Laboratoriumsarbeiter 81
Laboratoriumsarbeitsplatz 29
Laboratoriumsgehilfe 81
Laboratoriumsleiter 81
Laboratoriumsmedizin, Arzt
  für 37
laboratoriumstechnisches
  Personal 65
Laboratory Workload Recording
  Method 4, 158
Laboraufsicht 47, 71, 74, 122
Laboraufwand 208
Laborausstattung 169
Laborbereich 160, 182
Laborbeschreibung 206
Laborchef 184, 185, 204
Labor-Controlling 283
labordiagnostische Ein-
  richtung 205
Labor-DV-Anlage 299
Labor-Ertrag 230
Laborfachpraxis 326
laborfixe Kosten 267
Laborfortbildung 74, 122
Laborgehlife 150
Laborgemeinschaft 37
Laborgerät 85, 105
laborinterne Fortbildung 49,
  73
laborinterner Transport 211
Laborinventar 220
Laborjournal 212
Laborkühlschrank 85
Laborkonzeption 281, 282
Laborkostenermittlung 178
Laborleistung 37, 86, 161,
  176, 205, 213
Labor-Leistungs-Statistik 315
Laborleiter 80, 87, 89, 105,
  107, 109, 202, 216, 231,
  246, 260, 268, 280
Laborleitung 241, 242, 279,
  281, 283

Labor-Management 283
Labormaterial 253, 271
Labormeßtechnik 62
Labormethode 86
Labormitarbeiter, Leistungs-
  bandbreite der 7
Labormüll 84
Labororganisation 169, 177,
  209, 250
Laborpersonal 216
Laborrechner 186
Laborschrank 85
Laborspektrum 236
Laborstatistik 88, 110, 129,
  282, 286, 295, 297, 318
Labortätigkeit 162, 163, 165,
  166
Labortisch 85
Laboruntersuchung 235
Lagerhaltung 210
Lagerungskosten 181
Lagerungsmöglichkeit 210
Laktat 95
Laktat-Dehygenase 95
Latextest 103
Lauge 85
LE 103
Leerlauf 243
Lehre 304, 305, 312
Leistung 45, 47, 286, 292,
  300, 305, 308
Leistungsart 44, 46, 50, 308
Leistungsart-Statistik 308
Leistungsbandbreite der
  Labormitarbeiter 7
Leistungseinheit 12, 237,
  238, 262, 267, 271
-, meßbare 12
-, variierende 12
Leistungseinheitsberechnung
  135
Leistungseinheitsrechnung
  128, 129, 130, 132, 134,
  142, 144, 145,147, 149
Leistungserfassung 214, 243,
  310
Leistungserstellung 239
Leistungsfähigkeit 154
Leistungsgrad 22, 23, 28
Leistungsgruppe 44
Leistungskapazität 110
Leistungskatalog 213, 214
Leistungsmenge 21
Leistungsparameter 8
Leistungsrechnung 238, 260,
  262, 283

Leistungsspektrum 160, 242
Leistungsstatistik 25, 287,
  288, 308, 315
Leistungsumfang 313
Leistungsumfang-Statistik 313
Leistungsvergleich 299
Leistungszahl 46, 49, 77, 88,
  112, 124, 141
Leitungswasser 209
Leuchtgas 209
Leucin-Amidopeptidase 95
Leukozytenkonzentrat 200
Leukozytenphophatase,
  alkalisch 95
Leukozytenzählung 199
Leukozytenzahl 95
LE-Zelle 95
LH 100
LH-Test 95
Lieferschein 199
Liegezeit 205
Lipase 95
Lipide, Ges. 95
Lipid-Elektrophorese 95
Lipidphosphor 95
Liquor 90
Liquor-Zellzählung 96
Liste der Grundeinstufungen
  86
- der Mechanisierungsstufen
  66, 104
Lithium 96
Löschdecke 210
Lösung 50
LPX 96
Lüftung 209
Lupus-Erythematodes Zellen 96

Magensaft 90
Magensäure 96
Magnesium 96
Makro-Hand-Methode 52
makromanuelle Methode 52
Makromethode 52
Malat-Dehydrogenase 96
Managementaufgabe 241, 281
Maßnahmenkatalog 279
mangelndes Kostenbewußtsein
  241
Manntag 203
Mann-Wochenstundenzahl 145
manuelle Statistikführung 297
Markierungsbeleg 112
maschinelle Datenerfassung
  298
Materialannahme 71

Materialbestandsführung 282
Materialbuchhaltung 271, 282
Materialkosten 181, 201, 237,
  267
Materialverbrauch 271, 282
mechanisches Analysengerät
  113
mechanisierte Analysentechnik
  166
mechanisierter Arbeitsplatz
  131
mechanisiertes Analysensystem
  109
- Färbegerät 118
- System 105, 154
Mechanisierung 53, 56, 58,
  61, 65, 78, 86, 104, 107,
  160, 166
- der Analysendurchführung
  236
- der Laborarbeit 62
Mechanisierungseffekt 109
Mechanisierungsgrad 8, 58,
  85, 211, 242, 312, 315
Mechanisierungshilfe 53, 54,
  56, 61, 64, 65
Mechanisierungsschritt 105,
  107
Mechanisierungsstufe 56, 60,
  61, 62, 64, 105, 106, 107,
  108, 110, 113, 163
Mechanisierungsstufen, Liste
  der 104
Medien 50
Medikament 200
Medizinaluntersuchungsamt 82
medizinisch-diagnostisches
  Laboratorium 82, 83
medizinische Einrichtung 205
medizinischer Assistenzberuf
  81
medizinisches Laboratorium
  160, 233, 235
Medizinisch-Technische
  Assistentenstelle 73, 225
- Fachkraft 150
Medizinisch-Technischer
  Assistent 46, 47, 71, 72,
  150
- Laboratoriumsassistent 81
Mehrdienstleistung 151
Mehrdienstleistungsentschädi-
  gung 152
Mehrdienstleistungskoeffi-
  zient 134, 145, 147, 149,
  157

Mehrfachanalysenantrag 301
Mehrfachbesetzung 77
Mehrfachbestimmung 199, 302,
  312
Mehrfachleistung 313, 314
Mehrjahresentwicklung 253,
  255
Mehrkanalanalysator 167, 287,
  293, 302, 314
Mehrkanalgerät 153, 288, 290
mehrkanaliges Analysensystem
  110
- selektives Analysengerät
  41
Mehrleistung 145
Melanogen 96
menschlicher Arbeitseinsatz
  19
Messung 312
Meßanordnung 41
meßbare Leistungseinheit 12
Meßbereichsüberschreitung 305
Meßgenauigkeit 153
Meßinstrument 188
Meßpunkt 21
Meßserie 153
Meßverfahren 136
Meßvorgang 167
Meßwert 110
Meßwertgewinnung 170
Meßzeitaufnahme 137
Methämoglobin 96
Methode 38, 65, 211
Methodenerprobung 14, 20, 25,
  304
Methodenvergleichsanalyse 303
Methodenvorbereitung 109
Methodologie 206, 211, 312
Method-Time-Measurement 28
Metoxyhydroxymandelsäure 96
Mietkosten 191, 211
Mikrobiologie 162, 206, 328
mikrobiologisch-serologischer
  Arbeitsbereich 82
Mikroelisa 103
Mikropipette 61
Mikroskop 188, 189, 190, 329
mikroskopische Untersuchung
  100
Mikrotiter 103
Mindestserienlänge 52
Mischantrag 302
Mischen 312
Mitarbeiter 35, 145, 155,
  185, 255

Mitarbeiteranzahl 144, 148,
  152
Mitarbeiterfluktuation 169
Mitarbeiterzahl 145, 253
mitgeteiltes Analysenergebnis
  126
Mitteilungsart 316
Mitteilungsstatistik 316
mittlere Woche 321
mittlerer Monat 320
MNs-Antigene 104
Mobiliar 206, 208
Möbel 188, 189
Monat 320
Monatsstatistik-Bogen 298
MTA-Stelle 73, 225
Multimomenthäufigkeitsverfah-
  ren 23, 25, 30
Mutterröhrchen 309, 310
Mutterschutz 202, 203
Myoglobin 96

Nachtdienst 45, 74, 75, 122
Nachtschicht 77, 323
Nachtschichtzeit 144
Nährbodenherstellung 101
Nährmedia 329
Naßwischen 139, 140
Natrium 55, 96
Nebenfläche 189
Nebenkostenstelle 215
Nebenzeit 50
Nephelometrie 103
neue Methode 122
Neueinarbeitung 73, 74
Neueinrichtung eines
  Laboratoriums 86
nicht ausgeführter Antrag 306
Nichtanalysengerät 208
Nichtanalysenraum 188, 191,
  208, 222, 223
nichtanalytischer Arbeits-
  platz 206
nicht-quantifizierbare
  Tätigkeit 13, 14, 22
Normalarbeitszeit 134,
  144,145
Normaldienst 11, 12, 35
Normalschicht 30
Normzahl 57, 58
Notausgang 210
Notdusche 210
Notfall 262
Notfall-Analyse 76, 78, 213
Notfallanalysenprogramm 79,
  213

Notfallgerät 329
Notfall-Laboratorium 45, 74,
  76, 77, 78, 79,80,122, 194,
  206, 313, 328, 329
Notfall-Programm 79
Notfallserie 313
Notfalluntersuchung 53, 236
Nuklearmedizin 162

Oberarzt 150
Objektträger 200
Östriol 100
Östrogen 96
offener Antrag 302
Off-line Datenerfassung 298
On-line Datenerfassung 299
Operationssaal 213
optimale Verwendbarkeit 191
Organblockantrag 301, 302
Organisation 242
Organisationsablauf 70
Organisationsform 152
Organisationsstruktur 9, 258
- von Krankenhauslaboratorien
  9
organisatorische Aufgabe 73
Osmolalität 96
osmotische Resistenz der
  Erythrozyten 96
Overhead-Kosten 267, 268,
  274, 280

pagatorische Kosten 180
Pankreolauryl-Test 96
PAP 100
Paraminohippursäure 96
Parathormon 100
Patientenprobe 110, 111, 159
Patientenprofil 132
Patientenversorgung 214
Pause 25, 31, 32, 35
periodischer Anforderungsschwerpunkt 13
Peroxydasereaktion 96
Personal 51, 151, 208, 267
- für untersuchungszahlenabhängige Leistung 49
- im Reinigungsdienst 45, 83
-, laboratoriumstechnisches
  65
- mit Hochschulbildung 44,
  46, 81, 150
-, untersuchungszahlenab-
  hängiges 65
-, untersuchungszahlenunabhängiges 67

Personalaufwand 73, 155
Personalausstattung 7, 22
Personalbedarf 30, 35, 36,
    37, 45, 52, 55, 68, 72, 73,
    74, 75, 85, 88, 108, 123,
    128, 132, 133, 134, 147,
    160, 172, 225, 287
Personalbedarfsberechnung
    160, 284
Personalbedarfsermittlung 36,
    77, 158
Personalbedarfsrechnung 284
Personalbedarfsstatistik 287
Personal-Bruttokosten 192
Personaleinsatz 185, 258,
    260, 280
Personalersparnis 83
Personalfläche 189
Personalfluktuation 49, 73
Personalgesamtkosten 226
Personalgruppe 151
Personal-Ist-Kosten 225
Personalkosten 156, 176, 181,
    192, 202, 237, 244, 260
–, Quantifizierung der 8
Personalkostensumme 157
Personalmanagement 209
Personalmitteldurchschnitts-
    satz 193
Personalplan 123, 134, 149
Personalplanung 36
Personalstruktur 208, 242
Personaltag 202
Personalzahl 226
Personalzeit 127, 136, 153,
    244
–, direkte 127,131, 134
–, fixe 132
–, indirekte 128
Personalzeitanteil 138
Pflege 208
Pflegesatz 233, 234, 253
Pflegesatzberechnung 238
Pflichtenheft 177, 232
Phenobarbital 96
ph-Messung 96
Phonotypist 83
Phosphat, anorganisch 97
Phosphatase, alkalische 97
–, saure 97
–, tartrathemmbar 97
Phosphatide 97
Phospholipide 97
Photometer 329
Physiker 150

Pilzkultur 101
Plandaten 249
Plan-Ist-Vergleich 249
Plankosten 180
Planversion 248
Planzahl 282
Plasma 90
Plastikware 200
Plausibilität 200, 245
Plausibilitätskontrolle 211,
    305
Plausibilitätsprüfung 279
Plättchenzahl 97
PO2-Bestimmung 97
Porphobilinogen 97
Porphyrine, Ges. 97
Porphyrine-Suchtest 97
Porto 222
Portogebühr 200
postanalytische Kosten 181
Postspesen 209
präanalytische Kosten 181
Prävention 304
Präzisionskontrolle 41, 79
Praxislaboratorium 326
Preiskalkulation 274
Preisuntergrenze 248
Preßluft 200, 209
Primäranalyse 40, 125, 194,
    199, 216, 225, 228, 229,
    311, 312
Primäranalysenkosten 289
Primäranalysen-Statistik 288
Primärgefäß 309
Primidon 97
Privatabrechnung 239
Proband 303, 304, 316
probandenbezogener Antrag 304
Probe 38, 41, 292, 293, 306,
    307, 330
Probenannahme 14, 20, 25, 31,
    32, 162
Probenaufbereitung 159, 170
Probenblindwert 311
Probeneingangs-Statistik 307
Probenleerwert 291
Probenmaterial 30, 161, 202,
    236
Probennahme 227, 280
probenorientiertes Großgerät
    78
Probenprofil 167
Probenröhrchen 287
Probentransport 227, 280
Probenverdünnung 312

Probenverteilung 14, 25, 31, 32, 143, 243, 244, 280, 309
Probenvorbehandlung 162
Probenvorbereitung 143, 243
Probenzuführung 312
Probe-Reagenz-Dosierer 105,106,107, 108
Produktivität 160, 172
produzierender Analytikbereich 262
Profil 38, 41, 66, 110, 111, 119, 125
Profilanalysator 314, 315
Profilantrag 293
Profilgerät 288, 289, 293, 317
Profilleistung 313, 314
Progesteron 100
Prognosemodell 255
Prognose-Rechnung 248
Prolaktin 100
Prostata-Phosphatase 97
Prothrombin 97
Protokollbogen 170
Prüfung 49
Prüfung neuer Methoden 72,74
PSA 100
Punktesystem 152
Punktetabelle 152
Punkttabellen, Hamburger 1
Pyruvat 97

Qualifikation 279
Qualifikationerfordernis 149
Qualifikationsanforderung 129
qualifizierte Schätzung 87
Qualitätskontrolle 79, 126
Qualitätskontrollmaßnahme 73
Qualitätskontrollprobe 166
Qualitätssicherung 41, 49, 122, 176, 305, 312
Qualitätssicherungsmaßnahme 211
Qualitätsstandard 233
quantifizierbare analytische Tätigkeit 13, 14
Quantifizierung der Personalkosten 8
Quartal 319

radioimmunologische Untersuchung 89
räumliche Ausstattung 177
Rationalisierungsform 155

Rationalisierungsgrad 135, 148
Raum 267
Raumbedarf 208, 221, 222
Raumkosten 180, 191, 220, 221, 223, 237
Raumnumerierung 208
Raumreinigungskosten 222
Raumverzeichnis 188
Reagenz 156, 192, 198, 200, 209, 211, 247,271
Reagenzerprobung 304
Reagenzienbedarf 288
Reagenzienkosten 176
Reagenzienträger 292
Reagenzienzugabe 312
Reagenzkosten 155, 237, 267
Reagenzleerwert 126, 311
Reagenzmaterial 253
Reagenzsatz 199
Reagenzverbrauch 282
Reagibilität 180
Reaktionsgemisch 312
Rechenleistung 308
Rechnungswesen 212, 240, 249, 262, 282
Referenzmaterial 303, 304
regelmäßiger Arbeitsplatzwechsel 22
Registrierung 109
reguläre Arbeitszeit 38, 45, 53, 73, 74, 75
Reinigung 85
- und Desinfektion von Türen 84
- von Glaswaren 171
- wiederverwendbarer Gerätschaft 148, 149
Reinigungsarbeit 211
Reinigungsbedarf 209
Reinigungsdienst 83
Reinigungseinrichtung 85
Reinigungsfläche 139, 142
Reinigungskraft 84
- im Sonderdienst 84, 85
Reinigungspersonal 46, 129, 139, 142, 148, 150
Reinigungszeit 85
relative Preisuntergrenze 274
Rentabilität 255
Reparatur 171, 192
Reparaturaufwand 155
Reparaturbericht 199
Reparaturrechnung 200
Reptilasezeit 97

Resistenzbestimmung,
  Erythrozyten- 97
Retikulozyten 97
RF 103
Röhrchentest 103
Richtigkeitskontrolle 41, 79
Richtwert 49, 50, 52, 143
Ringversuch 199
Ringversuchsprobe 40, 41, 304
Routine-Analyse 78, 80
Routinearbeit 323
Routinediagnostik 258
Routinegerät 329
Routinelaboratorium 88, 313
Routinemethode 87
Routineprogramm 80
Routineserie 313
Rüstzeit 35, 44

Sachkosten 215
Säure 85
Samstag 35, 145, 147
Samstagsdienst 146
Sanguis 97
Satellitenlaboratorium 326,
  328
Sauerstoff 209
Schicht 52, 59, 61, 64, 65,
  66, 76, 77, 79, 88, 112,
  133, 194
Schichtdauer 43, 132, 133,
  134, 138, 140, 144, 153
Schichtdauersumme 154
Schichtdienst 75, 76
Schichtzeit 152
Schlüsselzahl 52, 141
Schnittpunkt 21
Schnittstelle 154
Schnittstellenpunkt 20, 21
Schreibarbeit 14, 143
Schreibdienst 83
Schätzen von Arbeitszeiten 14
Schätzwert 292
Schwachstelle 177, 231, 232,
  240, 280
Schwachstellenanalyse 9, 176,
  243, 279
Schweißuntersuchung 97
Sediment 97
Sekretärin 225
Sekundäranalyse 126, 200,
  228, 311, 312
Sekundärgefäß 310
selbständiges Speziallabora-
  torium 327

Selbstaufschreibeverfahren
  16, 133
Selbstaufzeichnung 15, 19
Selbstkosten 233, 248, 280
Sendung 306,307
Sendungs-Statistik 306
Serie 313
Serienanalyse 21, 33
Serienanalysenzeit 130
Serienbearbeitungszeit 134,
  136
Serienlänge 12, 53, 123, 124,
  159
Serienmenge 15
Serien-Statistik 313
Serienzahl 8, 136
serologische Prüfung einer
  Kultur 101
Serum 38, 90
Sicherheitsübung 210
Sicherheitseinrichtung 210
Sicherheitsvorschrift 210
Sicherheitswesen 210
Soll-Arbeitszeitbedarf 33
Soll-Erlös 239
Soll-Konzept 9, 30, 176, 177,
  232
Soll-Konzeption 30, 35, 36,
  260, 279
Soll-Leistung 129
Soll-Personalbedarf 129
Soll-Personalstand 129
Soll-Personaltag 202
Soll-Tätigkeitsspektrum 34,
  36
Soll-Tätigkeitsstruktur 30
Soll-Tätigkeitsverteilung 31
Soll-Umsatz 239
Sollwertermittlung 125
Soll-Zahl 225
Sonderanalyse 73
Sonderdienst 45
Sonntag 35, 145, 147, 322
Sonntagsdienst 45, 146
Sonntagsschicht 323
Sorbit-Dehydrogenase 98
Sortierarbeit 14
Sortieren 68
Sortiertätigkeit 14
Spätdienst 45, 53, 74, 75,
  122
Spätschicht 77, 323
Sperma 90
Spez. Gewicht 98
spezifizierte Produktivität
  173, 175

- Stunde 173
Spezimen 306, 307, 309
Spezimenabnahme 49, 74, 122, 214
- von Patienten 73
Spezimeneingangs-Statistik 307
Spezimengewinnung 127, 210
Spezimenstatistik 287
Spezimenvorbereitung 170
Spezimenzeit 127
Spitzenbelastung 50
sprungfixe Analysenkosten 215
sprungfixe Kosten 180, 217, 220
- Personalkosten 225
Spülküche 85
Stärken-Schwächen-Analyse 176
Standard 38, 40, 199
Standardkosten 180
Standardlösung 304
Standardprobe 159
Standzeit 127, 130, 154
Station 304
stationärer Patient 304, 315
Stationslaboratorium 325, 326
Statistik 12, 13, 15, 33, 285, 290
-, Arbeitsplatz- 16
Statistikbogen 194, 297, 298
Statistikbuch 194
Statistikerfassung 298
Statistikerfassungsbogen 194, 195, 196, 197
Statistikführung 214, 216, 284, 288
Statistikgruppe 194, 204
statistische Analyse 28
Steigerung der Untersuchungs-zahlen 61
Steinanalyse 98
Stellenbedarf 177
Stellenplan 129, 151, 177, 192, 202, 208
-, vorläufiger 86
Stellfläche 189
Stenotypist 83
Sterilisierung 85
Sternalpunktat-Färbung 98
Steuer 222
Steuerung 249
Steuerungsinstrument 249
Stichprobenumfang 23
Stichprobenverfahren 23
Streifentest 98
Strom 191, 200, 209

Struktur-Analyse 242, 243, 244, 245, 248, 253, 258, 260, 267
Strukturschwäche 243
Strukturveränderung 30, 243
Strukturverbesserung 246
Stückbetrachtung 271
Stuhlausnutzung 98
Stundenzahl 145
Substratanalysator 307
Substratautomat 106
System 316
- vorbestimmter Zeiten 26

Tätigkeit, administrative 31
-, analytische 31
-, nicht-quantifizierbare 13, 14, 22
-, quantifizierbare 13
Tätigkeitsart 24
Tätigkeitsblock 14, 26
Tätigkeitselement 26
Tätigkeitsspektrum 24, 31
Tätigkeitsstruktur 23, 25
Tag 321
Tagesschicht 77, 322, 323
Tagesschichtzeit 144
Tagesstatistik-Bogen 298
Tageszeit 323
tatsächlicher Personalstand 225
technische Überwachung 171
technischer Angestellter 46
technischer Assistent 81, 187
technischer Beamter 150
technischer Fortschritt 8
technisches Personal 15, 19, 23, 30, 31, 44, 46, 47, 73, 80, 81, 82, 83, 84, 129, 138, 147, 150, 157, 158, 202, 203, 210, 225
- -, sonstiges 81
Teil-Kostenrechnung 248
Teilleistung 133
Teilmechanisierung 105, 113
Telefon 222
Telefonat 14
Telefongebühr 200, 209
telefonische Anfrage 50
Tertiärgefäß 310
Testosteron 100
Theophyllin 98
Therapieüberwachung 304
Thrombelastogramm 98
Thrombinzeit 98
Thromboplastinzeit 98

-, partielle 98
Thrombozytenzahl 98
Thyroxin 98
Tierhaltung 200, 206
Tierhaltungskosten 181
Tierversuch 102
Tischzentrifuge 190
Tochterröhrchen 309, 310
Toilette 188
toxikologische Untersuchung
    82
toxikologisches Screening 98
TPHA 103
Transferrin 98
Transferrinbestimmung 198
transparentes Labor 275
Transparenz 280
- der Leistungsermittlung 234
Transport 127
Transportkosten 200
Transportwesen 210
Triglyceride 98
Trijodthyroxin 98
Trockenchemie 235
Trypsin 98
Turbidimetrie 103
Turnusdienst 144, 145, 146

Überbesetzungsfaktor 225
Überstunden 202
Überweisungsschein 301
Umfeld-Daten 204
Umkleideraum 188
Umlagekosten 268
Ummsatzrendite 255
Umorganisation 197
Umschlagekosten 267
unmittelbare Analysenkosten
    181
Unterbesetzungsfaktor 225
Untersuchung 55
Untersuchungsmaterial 22,
    163, 286, 307
Untersuchungsmethode 49, 61,
    65
Untersuchungsserie 108
Untersuchungszahl 61, 62
untersuchungszahlenabhängige
    Leistung 46, 47, 51, 68,
    128,135
untersuchungszahlenabhängiges
    Personal 65, 71, 72, 73
untersuchungszahlenunabhängi-
    ge Leistung 129, 134
untersuchungszahlenunabhängi-
    ges Personal 67, 68

unterteilte Serie 313
Unterverteilung 211
Urin 90, 162
Urin-Analyse 98
Urin-Sediment 98
Urlaub 35, 143, 202, 203
Urlaubsvertretung 149
Urobilin 99
Urobilinogen 99
Ursachenanalyse 26

Vanillinmandelsäure 55, 96,
    99
variable Analysenkosten 215
- Analysenzeit 138
- Bearbeitungszeit 134
- Gerätezeit 154
- Kosten 217, 222, 227, 237,
    238, 267, 268, 271, 274
- Zeit 130
variierende Leistungseinheit
    12
Veränderung 197, 199
- im Grundriß 197, 199
Verbandszeug 200
Verbrauchsmaterial 209, 227,
    247, 284
Verbrauchsmaterialbedarf 288
Verbrauchsmaterialkosten 192,
    200
Vergleichslaboratorium 242
Verkehrsraum 222
Versuchstierpersonal 81
Verteilen 68
Verteilung 188, 211, 309
-, Proben- 25
Verteilungskosten 181
Verteilungsorganisation 211
Verteilungsplatz 211
Verteilungsschlüssel 243
Verteilungsstatistik 309
Verteilzeit 32, 35
Vertreter des Laboratoriums-
    leiter 82
Verwaltung 205, 216, 280
Verwaltungsdienst 83
Verwaltungsleitung 242
Verwaltungspersonal 83, 129,
    150
Virusuntersuchung 102
Vollkosten 271, 275
Vollkostenbasis 268
Vollkostenrechnung 248, 267,
    268
vollmechanisiertes Analyse-
    gerät 228

- Analysensystem 114
Vorarbeit 108, 187
Vorarbeiter 149, 150
Vorbereiten des Meßgerätes
  136
Vorbereitung der Geräte 50
Vorbereitungskosten 181
Vorbereitungsphase 16
Vorbereitungszeit 127, 130
Vordruck 73, 222
Vorgabezeit 112
Vorhalteleistung 46, 75, 77

Wachsbeschichtung 140
Wägen 50
Warmwasser 200
Wartezeit 22
Wartung 171, 208
Wartungsarbeit 192
Wartungsaufwand 155
Wartungsvertrag 200
Wasser 191, 200, 209
Wasserverbrauch 209
Weiterbildungsveranstaltung
  209
Werkstatt 208
Werktag 321
Werktagsdienst 146, 147
Wiederholung 199
Wirschaftlichkeits-Analyse
  245
wirtschaftliche Anpassung 244
- Betriebsführung 280
wirtschaftlicher Nutzen 38
Wirtschaftlichkeit 9, 245,
  253, 280, 281
Wirtschaftlichkeits-Analyse
  248, 253, 260, 267, 274,
  279, 281, 282, 283
Wirtschaftlichkeitsberechnung
  130, 160, 240
Wirtschaftlichkeitsbetrach-
  tung 238
Wirtschaftlichkeitsfaktor 242
Wirtschaftlichkeitsparameter
  255
Wirtschaftlichkeitsrechnung
  243
Wirtschaftlichkeitsunter-
  suchung 233, 235, 242, 245,
  247
Wirtschaftsbetrieb 241
Woche 320
Wochenarbeitsstunden 67
Wochenenddienst 35, 74, 75,
  122

Wochenendschicht 323
Wochenendtag 322
Wochentagsdienst 145
wöchentliche Arbeitszeit 145
Work-Factor-Verfahren 28
Wurmeier 99

Xylose 99

Zählart 310
Zählobjekt 124, 126, 130,
  132, 135, 147, 148, 284,
  286, 297, 299, 300, 301
Zählperiode 284, 297, 299,
  318
Zählregel 286, 290, 295
Zeitabschnitt 166
Zeitaufnahme 19, 141
Zeitaufwand 12
Zeitbedarf 12, 15, 21, 276
Zeiteinheit 158, 159
Zeiten, System vorbestimmter
  26
Zeiterfassung 211
Zeiterhebung 133
Zeitmessung 19, 20, 170, 171
Zeitmeßverfahren 29
Zeitnorm 28
Zeitraum 205
Zeitschrift 209, 222
Zeitstudie 52, 54, 61, 62,
  87, 105, 158, 159, 167,
  169, 170, 171
Zeitzuschlag 143
Zellpackungsvolumen 99
Zellwaschkopf 113
Zellwaschzentrifuge 119, 190
zentrale Annahme 68, 78
- Materialannahme 47,69, 70,
  74, 122
- Qualitätssicherung 72, 74
- Verteilung 47
zentrales Speziallaboratorium
  324
Zentrallaboratorium 82, 186,
  200, 324, 326
Zentrifugal-Analysator 115
Zentrifugation 14, 106, 307
Zentrifuge 189
Zentrifugieren 68
zentrifugiert 309
Zugang 197, 199
- zum Grundriß 197, 199
Zugriffsmöglichkeit 186
Zuschlagkoeffizient 142, 148

– für nicht quantifizierbare
  Tätigkeiten 142, 143
Zuschlagszeit 128
Zwischenreinigung 140
Zytochemie 99
zytochemische Leukozyten-
  differenzierung 119
Zytologie 328

INSTAND Schriftenreihe
Institut für Standardisierung
und Dokumentation
im Medizinischen Laboratorium

Band 5
K.-G. v. Boroviczény, R. Merten, U. P. Merten (Hrsg.)

Qualitätssicherung im medizinischen Laboratorium

1987. 112 Abbildungen, 337 Tabellen. XXXII,
1.071 Seiten. Gebunden DM 198,–. ISBN 3-540-13496-4

„Qualitätssicherung im medizinischen Laboratorium" ist
ein modernes, systematisches Lehrbuch und zugleich
Nachschlagewerk und Ratgeber für die Gebiete **Klinische Chemie, Hämatologie, Mikrobiologie** und **Photometerkontrollen.**
Im allgemeinen Teil werden grundsätzliche Fragen, aber
auch Randgebiete wie Computerisierung, Sicherheit,
Kosten-Nutzen, juristische Aspekte und Normung dargestellt.
Die speziellen Teile für klinische Chemie, Hämatologie
und Mikrobiologie behandeln systematisch alle Gebiete
der Laboratoriumsmedizin und in der Routine vorkommenden Analysenbestandteile. Diese speziellen Teile
bieten umfassende Nachschlagemöglichkeiten für jene,
die eine neue Analysenmethode in ihr Labor einführen
wollen oder Schwierigkeiten mit der einen oder anderen
bereits eingeführten Analysenmethode haben.
Die Kapitel sind nach einem einheitlichen Schema
aufgebaut, was Übersicht und rasches Auffinden erleichtert. Sie sind von Fachleuten geschrieben, die in der
Praxis stehen, von Laborchefs und Oberärzten, niedergelassenen Laborärzten und klinischen Chemikern. Im
Anhang werden Begriffsdefinitionen, Formeln und
ähnliches erläutert. Ausführliche Literatur- und Sachverzeichnisse bilden den Abschluß des Bandes.

Springer-Verlag
Berlin Heidelberg New York
London Paris Tokyo

MIX
Papier aus verantwortungsvollen Quellen
Paper from responsible sources
FSC® C105338

If you have any concerns about our products,
you can contact us on
ProductSafety@springernature.com

In case Publisher is established outside the EU,
the EU authorized representative is:
Springer Nature Customer Service Center GmbH
Europaplatz 3, 69115 Heidelberg, Germany

Printed by Libri Plureos GmbH
in Hamburg, Germany